연결 본능

연결 본능

호르몬이 어떻게
인간관계에
영향을 미치는가

페터르 보스 지음 ∞ **최진영 옮김**

The Science of Connection

시크릿하우스

일러두기

- 본문의 'verbonden'은 맥락에 따라 '연결감'과 '유대감'으로 나누어 번역했다. '유대감'이 '누군가와 연결된 느낌'이라면, 저자가 의미하는 'verbonden'이 '누군가와 연결됨, 그리고 연결되고자 하는 마음'까지 포용하는 의미로 쓰일 때 '연결감'이라는 혼용어로 번역했다.
- 본문의 주는 모두 저자의 주이며, 옮긴이 주는 본문에 괄호로 표기한 후 옮긴이 주임을 밝혔다.
- 인용된 책 중 국내 출간된 책은 번역 출간된 제목을 따랐다.

이 책을 밀리아, 오토, 그리고 안케에게 바칩니다.
너희 덕분에 이 책을 쓰는 게 거의 불가능할 정도였지.
하지만 너희가 없었다면
이 책을 완성하는 데 들인 노력이 의미 없었을 거야.

무한한 우주 공간 속에 무수한 빛나는 구체들이 있다. 각각의 구체 주위에는 대형의 빛나는 작은 구체들이 몇 개씩 돌아가고 있다. 그들은 내부에서 뜨거워진 작은 구체들을 둘러싼 차가운 껍질 위에 생명을 가진 지식 있는 존재를 배출한다. 이것이 경험적인 진리, 현실, 그리고 세계이다. 생각하는 존재에게는 그 무수한 구체 중 하나에 자리 잡고 있음을, 어디서 왔는지나 어디로 가는지를 알지 못하는 것은 어려운 위치다. 무수한 유사한 존재들 사이에서 홀로인 것은 위험하다. 그들은 불안하고 급박하게 삶을 살며, 어디서 출생하고 어디로 소멸하는지 모를 시간 속에서 끊임없이 태어나며 소멸한다. 또한, 물질과 항상 다른 유기적 형태로 돌아가는 것 이외에는 아무것도 남아 있지 않다. 그것은 특정한 방법과 경로를 통해 간단히 존재하는 것이다.

_아르투어 쇼펜하우어[1]

사랑스러운 몸을 만질 욕망이 있었고, 사랑스러운 팔에 안
기고 싶었습니다. 유혹보다는 부드러움이 먼저입니다. 그
래서 절망하기 어렵습니다.

_미셸 우엘벡[2]

차례

호르몬이 만든 연결고리

이미 십오 년이 넘었지만, 커튼을 젖히는 순간 그의 얼굴이 아직도 기억난다. 얼룩덜룩한 수염 색깔을 보아 의사라는 직업을 선택했으면서 흡연을 그만두지 못했다는 사실을 짐작할 수 있었다. 그 아이러니에 대해 생각했던 기억이 난다. 물론 생각하기 쉬운 상황은 아니었지만. 그때 난 부모님 댁 근처 병원 응급실에 누워 있었다. 아침 7시쯤이었고, 숨을 쉬기가 매우 힘들었다. 노인처럼 몸을 구부리고 빠르게 숨을 몰아쉬어야만 공기를 들이마실 수 있었다. 전날 밤 새벽 4시, 숨쉬기가 어려워 잠에서 깼고 상황은 급속도로 나빠졌다. 처음에 병원에서는 무엇이 문제인지 전혀 파악하지 못했다. 다행히 호출된 호흡기내과 의사가 X-레이 사진을 찍게 한 덕분에 명확한 진단을 내릴 수 있었다. 우리가 예상했던 결과는 아니었지만. "상황이 매우 심각합니다. 정말로 심각해요…." 의사는 놀란 목소리로 말했다. "환자분의 가슴에 자몽만 한 크기의 종양이 있습니다."

이어진 날들은 매우 혼란스러웠다. 인생에 대해 배우는 단기 특강이었달까. 친구들과 함께 맥주를 마시며 스무 번째 생일을 기념한 지 24시간이 지난 후, 나는 중환자실에 있는 모든 전선과 연결된 채로 누워 있었다. 나와 별로 나이 차이가 나지 않는 간호사가 내 엉덩이를 닦아주었다. 다시 한번 아기가 된 기분이었다.

　24시간이 지난 후, 나는 난임학과 의사와 마주 앉아 있었다. (사실은 누워 있었지만.) 의사는 이 치료로 내가 불임이 될 수도 있으며, 나중을 위해 정자를 동결 보관하는 것이 현명할 수 있다고 조언했다. 구급대원 두 명이 미소를 지으며 나를 들것에 싣고 자위실(믿기 어렵겠지만 이 방은 정말 존재한다)로 밀어 넣었다. 자신들은 커피를 마시고 오겠다며, 서둘러줄 수 있느냐고 물으며. 그때의 매정하고 슬픈 상황에서는 미래의 내게 세 명의 아이들이 생기리라고 상상조차 할 수 없었다. 입원한 지 4일 만에, 첫 번째 항암 주사약이 내 팔에 들어갔다. 병명은 림프종이었는데 다행히 통계는 내 편이었다. 이 병의 사망률은 단지 20%에 불과했으니까. 하지만 불행히도 통계가 내가 사망 그룹에 속할지, 생존 그룹에 속할지 말해주지는 않았다. 심리학과의 졸업반 학생이던 나는 그 상황을 '너무나도 잘' 이해할 수 있었다. 나는 불행하게도 0.02%의 확률로 림프종에 걸렸는데 그 누가 내게 '운 좋게' 생존하는 80%가 될 거라고 약속할 수 있겠는가?[1]

지금에 와서 돌아보니, 나는 운이 좋았다. 그리고 이 인생 속성 특강이 내게 많은 것을 가르쳐주었다. 그중 두 가지가 특히 인상 깊었다. 우리는 삶을 통제할 수 없으며 타인에게 완전히 의존하고 있다는 점이다. 그 타인이 가족이든, 의사든, 간호사든, 교사든, 친구든, 청소부든 상관없이 말이다. 타인이 없다면 우리는 아무것도 아니다.

치료를 마치고 완치 판정을 받은 지 5년 후, 나는 첫 아이를 품에 안았다. 남모르게 기대했던 딸이었다. 그런데 아이가 태어난 직후 느꼈던 그 행복감은 금방 사라졌다.

아내의 팔에 안긴 분홍빛 아이를 처음 본 순간, 우리는 무의식적으로 품었던 새로운 삶에 대한 기대와는 다른 무언가를 감지했다. 아이의 눈 모양이 평범하지 않아 보였다. 다운 증후군일지도 모른다는 생각이 잠시 우리의 머릿속을 스쳤지만, 나는 바로 그 생각을 지워버렸다. 며칠 뒤, 소아과 의사가 조심스럽게 말했다. "따님은 다운 증후군입니다. 우선 아이와 함께 집으로 돌아가 행복을 만끽하세요. 아기에게 문제가 있더라도 많은 문제를 의학적으로 해결할 수 있습니다. 아이에게 좀 더 관심을 쏟아야겠지만 그래도 행복하고 의미 있는 삶을 살 수 있을 겁니다." 그 말대로 우리는 아이와 함께 인생을 즐겼고, 그건 지금도 여전하다. 물론 초반에는 슬프기도 했지만. 밀리아는 이제 십 대가 됐고, 소아과 의사의 말대로 그 아이가 겪은 의학적 문제는 대수롭지 않은 것들이었다. 병원 방문도 그렇게 잦지

연결 본능

는 않았지만 많은 돌봄이 필요했던 것은 사실이다. 하지만 그게 얼마나 엄청난 양이었는지 실감할 수 있었던 것은 시간이 흐른 뒤였다. 나는 밀리아의 동생들인 오토와 안케가 표준적인 염색체 수를 가지고 건강하게 자라는 걸 보며, 밀리아에게 필요했던 시간과 관심의 일부만으로도 문제가 충분히 해결되는 것을 보고 놀랐다. 심지어 너무 자연스럽게 이루어졌다. 속도가 너무 빠르다고 느껴질 정도로.

우리의 삶은 분주하지만, 본질적으로 다른 가족들과 크게 다르지 않다. 모두 경험하는 것처럼, 우리 가족의 일도 서로를 돌보는 것이기 때문이다. 간병인이든 부모든 자녀든 전문가든 돌보는 일은 항상 쉽지만은 않을 것이다. 어쩌면 그래서 '돌보다'라는 말이 때로는 부정적인 의미를 내포할 수도 있다. 하지만 다른 사람을 돌보는 일은 단순히 부담스럽거나 에너지를 소모하는 일만은 아니다. 받는 사람뿐만 아니라 돌보는 사람에게도 아름답고 가치 있는 경험이 될 수 있다. 사람들이 가질 수 있는 가장 소중한 특성이며, 삶에 깊은 의미를 부여할 수도 있다. 또한 이는 우리가 타인에게 더 깊이 공감하고 이해하며, 인내심을 기르도록 도움을 줄 수 있다. 또한 서로와의 연결을 강화시키는 역할을 한다. 적어도 나의 개인적인 경험으로도 이건 분명하다.

나는 네덜란드의 만화가 험바Gummbah를 특히 좋아한다. 그는 죽음을 기다리는 사람의 절망적인 모습을 담은 만평을 그렸는데, 침대

밑의 웅덩이와 "더 많이 살걸"이라는 말풍선이 있었다. 그 만평을 보면 누군가가 죽기 직전에 그런 말을 하는 상황에 웃음이 나오면서 우리가 삶에서 무엇을 중요시하는지 다시 생각해 보게 된다. 호주의 호스피스 간호사 브로니 웨어Bronnie Ware는 죽어가는 사람들과의 대화를 통해 그들이 가장 후회하는 것이 무엇인지를 공유한 책을 썼다.[2] 그들은 특히 인간관계에 대해 많이 언급했다. 웨어가 공유한 다섯 가지 주요한 후회 중에는 가족과 더 많은 시간을 보내지 못한 것, 감정을 충분히 표현하지 못한 것, 친구들과의 관계를 잃어버린 것 등이 포함됐다.

이런 관찰은 죽음을 앞둔 사람들이 삶의 관계를 얼마나 중요하게 생각하는지를 보여준다. 심지어 쇼펜하우어Schopenhauer가 말한 차갑고 무의미한 우주에서조차, 우리가 붙잡을 수 있는 건 관계뿐이다. 쇼펜하우어 자신은 이를 크게 위로 삼지 않았을지라도. 그는 '수없이 많고 비슷한 존재들'보다는 외로움, 책, 음악, 그리고 반려견과의 산책을 선호했다. 이는 아마도 그의 다소 복잡한 어린 시절과 연관이 있을 것이다. 사랑이 결여된 가정에서 태어난 그는, 엄격하면서도 자주 집을 비우던 아버지, '자라나는 아이에게 묶여 있는 삶을 원치 않는' 어머니 아래에서 자랐다.[3]

물론 쇼펜하우어의 청소년기가 그가 가진 인간에 대한 부정적인 시각의 근원인지 확실히 알 수는 없으나, 그럴 가능성은 충분히 있다. 적어도 그런 경험이 인류에 대한 신뢰를 심어주지 않았을 것은 분명하다. 쇼펜하우어는 "인간의 마음속에는 항상 기회를 엿보며 날뛰고 싶어 하는 야생의 본능이 숨어 있다"고 말했다. 다른 이들을 '해치거나 자신에게 방해가 된다면 기꺼이 파괴할 준비가 된 본능'이다.[4]

뉴스를 보거나 역사를 들여다보면, 쇼펜하우어의 이러한 비관적인 인간관에 공감하게 될 때가 많다. 다른 어떤 동물도 인간이 보여준 잔인함에 비하는 행동을 하지는 않는다는 것은 명확하다. 하지만 이것만으로 인간의 존재를 전부 설명할 수는 없다. 우리는 서로에게 최악이 될 수 있지만, 반대로 최선이 될 수도 있다. 인간에겐 잔혹함뿐만 아니라 돌봄, 협력, 연결, 그리고 다정함도 있다. 쇼펜하우어 자신도 서로를 돌보는 행위를 예외로 두며 공감의 가치를 인정했다. 우리가 서로 공격하지 않는 것은 우리 내부의 야생성을 문명으로 얄팍하게 억누르는 데 성공한 결과라는 것이다.

20세기 말까지, 인문학에서도 이런 관점을 널리 받아들였다. 특히 제2차 세계대전 이후의 연구는 인간의 공격성에 초점을 맞추었다. 그러나 이런 공격성만이 우리의 모든 것을 대변할 수는 없다. 우리는 끔찍한 잔혹함을 보일 수도 있지만, 필요하다면 자신을 희생하며 이타적으로 행동할 수도 있다. 이 책의 5장에서는 인간이 이기적이기보다는 오히려 이타적일 수 있는 특정 상황을 다룰 것이다. 늘 가능한 것은 아니지만, 우리는 충분히 이타적일 수 있다. 그리고 그게

'우리를 지배하는 법의 자물쇠' 때문만은 아닐 것이다.[5] 우리의 본성은 선하거나 악하지 않다. 단지 좋거나 나쁜 행동을 할 수 있는 능력을 지녔을 뿐이다.

최근 미국 메릴랜드에서 1933년 찍힌 한 장의 사진이 경매에 부쳐졌다. 같은 날 생일을 기념한 남자와 한 소녀가 찍힌 사진이다. 사진 속 남자는 소녀를 사랑스럽다는 듯 포옹하고 있다. 이후에도, 둘은 오랜 시간 연락을 주고받았다. 이렇게만 보면 별거 아닌 사진 같지만, 사진 속 남자가 아돌프 히틀러이고 소녀가 유대인이라는 사실이 이 사례를 특별하게 만든다. 사진이 찍힐 당시 히틀러는 소녀가 유대인이라는 것을 알고 있었지만, 여전히 소녀를 매우 아꼈다고 한다. 또한 나치의 다른 행위 때문에 소녀와 연락이 끊긴 것에 대해 실망하기도 했다.[6] 그토록 잔인한 모습을 지닌 사람조차 타인에게 애정을 품을 수 있다는 사실이 놀라울 따름이다. 이 이야기의 핵심은 인간관계에 있다. 사람과 사람 사이의 교류 말이다. 우리의 문화적 진보는 지구 온난화를 가속화시키고 일부 국가가 물에 잠기게 만들었으며, 한 번도 가본 적 없는 나라를 드론으로 파괴할 수 있게 만들었다. 하지만 인간의 진정한 가치는 이러한 진보가 아니라 사람들이 형성하는 관계에서 찾아야 한다. 때로는 이러한 관계 속에서 우리가 진정으로 추구해야 할 빛나는 순간들을 발견할 수 있을 것이다.

나는 어릴 때부터 사람의 행동이 어떻게 그리도 다양할 수 있는지

연결 본능

항상 궁금했다. 하지만 어린 시절에는 그 이유를 전혀 이해할 수 없었다. 나는 자연을 사랑했고, 왜 더 많은 사람이 자연을 사랑하지 않는지, 왜 그 감정을 함께 나누지 않는지 이해할 수 없었다. 그래서 동물에 관한 책을 열심히 읽고, 동물과 영원히 함께하며 그들을 인간에게서 보호할 수 있는 야생생물학자가 되고 싶었다. 그러나 나는 결국 다른 길을 걷게 됐다. 아이러니하게도, 내가 가장 이해할 수 없었던 바로 그 종, 즉 인간을 연구하게 된 것이다.

호모사피엔스는 복잡한 존재다. 그래서 그들의 행동을 예측하기가 어렵다. 현대 인간은 진화 과정에서 가장 마지막에 발달한 두꺼운 대뇌피질을 가지고 있다. 이를 통해 추상적 사고, 대화, 협력, 그리고 미래를 계획한다. 이러한 능력이 모여 복잡한 문화를 형성했고, 이런 문화가 다시 우리의 사회적 행동에 큰 영향을 미쳤다. 바로 이런 이유로 인간의 행동을 이해하기가 어려운 것이다.

예를 들어, 소리에 반응해 눈을 깜빡이는 현상을 탐구하는 건 비교적 간단하다. 일단 동물을 통해 같은 현상을 관찰할 수 있다. 이를 파악한다면, 인간도 같은 방식으로 반응하는지를 확인해볼 수 있다. 청각신경이 뇌간을 거쳐 운동신경 세포로 신호를 전달하고, 이 신호가 찰나의 시간에 근육의 움직임을 일으키는 과정을 이해할 수 있다. 이걸 파악한다면, 모든 사람이 같은 방식으로 반응한다는 결론을 내릴 수 있다.

하지만 사람들이 공감하는 이유를 알고 싶다면, 접근 방식을 달리해야 한다. 공감의 정의부터 시작해, 이를 측정할 수 있는 방법을 찾아내고, 뇌 스캔, 유전연구, 그리고 다른 생물학적 변수를 통해 인간의 공감에 영향을 미치는 요소를 연구해야 한다. 그러나 이런 연구가 성공하더라도, 한 지역의 대학생에게 적용되는 결과가 다른 집단의 사람들에게도 동일하게 적용되리라는 보장은 없다. 칼라하리 사막의 쿵!Kung원주민이 느끼는 공감과 흐로닝언에 사는 우리 할머니가 공감하는 방식은 다를 수 있다.

그렇기에 인간의 행동을 연구하는 사회과학자들은 이를 위해 인간 행동에 영향을 미치는 다양한 요소를 조사하는 복잡한 과제를 수행해야 한다. 그렇기 때문에 사회과학은 어쩌면 가장 어려운 학문일지도 모른다.

하지만 어려우며 복잡하다는 사실이 연구를 등한시할 이유가 될 수는 없다. 그런 이유로 포기할 만큼 사람 간의 관계가 사소한 문제는 아니기 때문이다. 이 분야를 연구하지 않는다면 아이에 대한 지나친 관심이 좋지 않다는 주장이 사실인지, 여성이 생물학적으로 부모 역할에 더 적합한지, 엄격한 교육이 사람을 더 강하게 만드는지, 남성은 사냥꾼의 본능을 가졌고 여성에 비해 성관계에 더 관심이 많은지, 호르몬이 여성을 감정적으로 만드는지에 대해 어떻게 알 수 있겠는가? 이러한 질문에 관해 연구하는 일이 어렵고 결과가 명확하지 않을 수 있지만, 그렇더라도 우리는 이러한 중요한 질문에 답

연결 본능

하기 위해 노력해야 한다. 그러지 않는다면 단순한 상식으로서 심리학에 의존하게 되어 자신의 행동도 이해하지 못하게 될 것이다.

오늘날의 심리학은 대중적이다. 매주 소셜미디어는 우리의 행동에 대한 과학적 연구 결과를 담은 뉴스 기사를 쏟아낸다. 최근 한 기사가 내 관심을 끌었다. '많은 자폐증 사례가 특정 단백질 부족으로 설명될 수 있다'는 보도였다.[7] 기사에 따르면 이 연구 결과가 새로운 치료 방법으로 이어질 가능성이 있다고 한다. 자폐를 반드시 '치료'해야 하는지에 대한 논란은 일단 뒤로하고, 자폐증에 대한 치료법이 발견된다면 정말 반가운 소식일 것이다. 하지만 조금 더 연구에 대해 찾아보니, 이 연구는 '자폐 성향을 보이는' 소수의 쥐를 대상으로 한 것이었다. 특성 난백질을 세한한 유전자 변형 쥐들이 덜 사회적이었고, 일부 자폐증이 있는 사람들에게서도 이 단백질이 적게 발견됐다고 한다. 중요한 발견이긴 하지만,[8] 기사의 제목만큼 엄청난 것은 아니었다.

　해당 기사를 읽는 독자가 자폐증이 있든 없든, 해당 연구 결과를 일상에서 직접적으로 경험하게 될 가능성은 거의 없겠지만 정작 이런 미묘한 차이를 다룬 기사는 조회 수가 높지 않다. 그런데도 행동과 관련한 문제는 겉으로 보기보다 훨씬 복잡하기 때문에 이런 차이를 이해하는 것이 중요하다. 이러한 미묘한 차이가 소셜미디어에서는 주목받지 못할 수 있겠지만, 그럼에도 불구하고 중요한 두 가지

이득을 가져다준다. 첫 번째 이득은 뉘앙스가 개인에게 부여하는 정의이다. 우리의 행동은 생물학적, 심리학적, 환경적 요인이 복합적으로 작용한 결과이며, 이 중 단 하나의 요인만으로 설명될 순 없다. 지금 당신의 모습은 유전자, 호르몬, 부모님, 그리고 어린 시절의 나쁜 경험 등이 모두 합쳐진 결과다. 두 번째, 과학적 뉘앙스를 정확히 담은 뉴스 보도는 과학계에도 필수적이다. 과학자들과 언론인들은 때로 충족시킬 수 없는 기대를 조성해서 대중의 신뢰를 손상시킬 수 있기 때문이다.

부디 이 책을 통해 독자가 과학적 뉘앙스를 이해하고, 그에 대한 신뢰를 유지하며, 이 매혹적인 연구 분야에 대한 통찰을 얻길 바란다. 우리가 자신과 주변 세계를 더 잘 이해하려면 모든 이가 과학적 지식에 접근할 수 있어야 한다. 과학 논문뿐만 아니라, 그 밖에서도 일반 대중이 인간에 관한 지식을 쉽게 찾을 수 있어야 한다.

내가 개인적으로 가장 관심이 있는 분야는 진화한 인간관계 중에서도 가장 오래된 사회적 유대, 즉 부모와 자식 간의 관계다. 대부분의 포유류 새끼는 호르몬의 작용으로 적절한 돌봄을 받는다. 그렇다면 인간은 어떨까? 어머니의 사랑에서 호르몬이 어떤 영향을 미칠까? 사회과학 분야 중에서도 인간관계에 영향을 미치는 생물학적 요인이 내 관심 분야다. 특히 테스토스테론, 코르티솔, 그리고 옥시토신과 같은 호르몬이 인간관계에 미치는 영향을 주로 연구해왔다. 나는 이 책을 통해 가장 잘 알려진 사회적 행동과 관련된 호르몬들에 대한 지식을 나누고자 한다.

오랜 역사를 가진 관계의 생물학에서 내 이야기가 시작한다. 1장에서는 지난 세기 동안 사회과학 연구가 인간관계에 대한 우리의 이해를 어떻게 변화시켰는지에 대해 탐구한다. 2장에서는 어머니의 역할이 전통적으로 어떻게 돌봄의 원형으로 여겨져 왔는지, 그리고 이러한 인식이 정당한지에 대해 집중한다. 3장과 4장에서는 우리의 뇌와 호르몬이 어떻게 관계 형성을 가능하게 하고 영향을 미치는지 알아본다. 부모와 자식 간의 관계뿐만이 아니라 그 외의 다양한 관계도 들여다본다. 5장과 6장에서는 부모가 자녀를 돌보는 데 필요한 생물학적 작용들이 어떻게 성인 간의 관계, 연인, 직장 내 관계, 그리고 낯선 사람들 사이의 관계에서도 중요한 역할을 할 수 있는지를 보여준다. 7장에서는 스트레스가 우리의 관계와 생물학적 시스템에 미치는 영향에 대해 질문한다. 8장은 인생 초기의 혼란스러운 관계와 장기간의 스트레스가 우리의 생물학적 시스템에 미치는 영향에 대한 정보를 제공한다. 9장은 인간이 각자 독특하다는 점, 생물학이 돌봄과 공감의 큰 차이에 미치는 영향, 그리고 유전학과 호르몬의 균형, 그리고 환경이 우리의 관계에 미치는 영향에 대해 우리가 지금 알고 있는 것을 탐구한다. 마지막 장은 이 모든 것이 인간으로서의 우리에게 무엇을 말해주는지, 우리가 어떻게 사회를 구성했는지에 대한 중요한 질문을 다룬다.

인간관계는 오늘날 많은 압박을 받고 있다. 우리 사회가 의존성을 약점으로 여기고 돌봄은 경제적인 문제라고 인식하는 경향이 있기 때문이다. 하지만 난 이런 시선에 동의하지 않는다. 지난 수십 년 동안 강조된 개인주의는 공동체의 희생, 종교적 신념 체계의 붕괴, 그리고 세속화를 통한 발전이 인류의 성취라는 인식을 불러왔다. 이러한 발전은 나르시시즘의 증가,[9] 네덜란드 성인 40% 이상이 느끼는 외로움의 증가,[10] 노령화에 따른 외로움의 증가, 그리고 항우울제 사용의 증가와 같은 부정적인 결과를 동반했다.[11] 번영하는 사회에서조차 우리의 행복은 보장되지 않으며, 우리가 원하는 만족을 항상 얻지는 못한다. 증가하는 개인주의가 이 모든 현상의 유일한 원인이라 보진 않지만, 연결감과 돌봄의 중요성에 대한 인식이 이 현상에 대안을 제공할 수 있다고 생각한다. 돌봄과 연결감은 선택이 아니라, 생물학적으로 필요한 현상이다.

나는 경험을 통해, 우리가 얼마나 서로에게 의존하는지를 알고 있다. 그래서 이 책을 통해 그러한 우리의 기원과 호르몬에 대해서 설명하고, 뇌가 어떻게 의존성에 뿌리내리고 있는지 보여주고자 한다. 의존성은 인간의 본질적인 특성이다. 우리 모두가 한때 아기였던 것처럼, 수정부터 죽음에 이르기까지, 우리는 타인의 돌봄에 의존한다. 바로 이 돌봄이 우리를 연결한다. 우리는 우리 본연의 연결된 인간성을 재평가해야만 한다. 우리의 호르몬 시스템은 수백 만년에 걸친

연결 본능

진화의 결과로서 이런 연결을 가능하게 하며, 이는 매우 소중하다. 우리 모두, 이를 기억하고 서로 연결돼야만 한다.

1

관계의 생물학

The Science of Connection

갈퀴로 몰아낸다 해도 자연은 다시 돌아온다.
_호라티우스[1]

기분 나쁜 곰, 게으른 개, 더러운 쥐, 냄새나는 원숭이, 멍청한 당나귀. 우리는 누군가 칭찬하기보다는 흉을 보려는 의도로 동물과 비교한다. 누군가를 칭찬할 때 비유하는 동물은 사자 혹은 말이 유일하다. 동물과 비슷한 존재로 인식되는 것을 선호하지 않기 때문이다. 왜일까? 우리도 생물학적 존재라는 사실이 불편한 걸까? 우리 역시 동물과 마찬가지로 살과 피로 이루어져 있고 생물학적 규칙에 종속된 존재다. 먹이사슬의 그저 한 고리에 지나지 않는 셈이다. 그러나 우리는 우리 자신이 언젠가 흙 아래 두 팔 길이만큼 묻혀 벌레들의 먹이가 되는 모습을 상상한다. 그리고 만약 그게 생물학이라면,

별로 끼고 싶지 않을 것이다. 또한, 우리는 생물학을 유전자, 호르몬, 뇌의 복잡함 등 자신이 통제할 수 없거나 거의 또는 전혀 영향을 미칠 수 없다고 생각하는 것들과 연관 짓는다. 생물학은 종종 타고난 것, 변하지 않는 것, 불가피한 것을 의미한다. 다시 말하면, 생물학은 긍정적인 것이 별로 없어 보인다. 그러니 우리 행동을 생물학을 통해 설명하려 할 때, 주저하게 되는 건 당연한 일일지도 모른다.

우리의 행동에 생물학이 어떻게 영향을 미치는지에 대해 설명하기 전에, 생물학을 바라보는 인간의 시각이 우리의 행동에 어떻게 영향을 미치는지 먼저 살펴보자. 현대의 우리가 가진 관계와 생물학을 바라보는 시각이 어디에서 왔는지를 알아보기 위해 심리학 역사를 통해 짧은 여행을 떠나볼 것이다. 우리 일상의 관계에 영향을 미치는 현대적 관념들은 종종 깊은 뿌리를 가지고 있다.

동물보다 우월한 인간, 여성보다 우월한 남성

심리학의 역사는 2,500년을 거슬러 올라간다. 그리고 고대 그리스인들은 현재까지 그들의 작업이 남아 있는 최초의 심리학자들이다.[2] 기원전 600년부터 300년까지 피타고라스, 알크마이온, 히포크라테스, 플라톤, 아리스토텔레스와 같은 철학가들은 인간의 정신세계가 실제로 무엇을 의미하는지를 주제로 글을 썼다. 감각은 어떻게 작동하며, 생각은 어떻게 변화하는가? 이 우주에서 인간은 어디에 위치하며 실제로 지식이란 무엇일까?[3] 그들은 '좋은 삶'이 무엇인지, 그리고 삶을 어떻게 살아야 하는지를 주로 궁금해했으나 인간 행동의 이유에 관한 질문은 별로 다루지 않았다. 그중 많은 질문이 인간의 미덕, 허용되는 것과 그렇지 않은 것, 그리고 무엇이 좋고 나쁜지에 대해 다뤘다. 현대 용어로 말해보자면, '어떻게 해야 하는가?'와 다르지 않을 것이다.[4] 고대 그리스인들의 사상은 철학과 심리학계에는 소중한 자산을 남겼지만, 관계의 생물학과 관련해서는 좋은 영향만을 미치진 않았다. 그 중 첫 문제점은 자연에서 인간이 차지하는 지위와 관련된 것이다. 아리스토텔레스의 업적 중 '자연의 사다리scala naturae'가 있는데 이는 자연에 있는 존재의 계급을 나열한 것이다. 여기서 아리스토텔레스는 선택받은 인산을 사다리의 맨 위, 모는 동물종의 위에 두었고 가능한 한 신에 가까이 배치했다. 편안한 위치, 지배적인 역할을 만드는 위치다. 하지만 안타깝게도 이 책과 같은 '인간'에 대한 연구를 하는 입장에서는 인간이 이렇게 지배적인 위치를 차지하는 것이 불편하기만 하다. 인간이 다른 종과 다른 특별한 존재라는 개념이 사실이라면 호모사피엔스를 연구할 때 다른 동물 종들을 연구하는 건 큰 가치가 없을 것이다.

　그리고 이런 개념은 인간 자체를 연구하는 데도 문제를 낳았다.[5] 현재 지배적인 기독교 사상은 인간을 '하나님의 형상'으로 창조된 존재로 여기고, 오랜 시간 인간 신체의 해부 및 연구를 불가능하게 만들었다. 이렇듯 인간을 특별한 존재로 여기는 개념은 우리의 세계관에 깊이 뿌리박혀 있으며 그 여파를 매일 목격할 수 있다. 예를 들어, 보편적 권리는 인간에게만 적용된다. 또한 동물원에 원숭이나 코끼리가 없을 때 우리는 부족함을 느끼지만, 아르티스 동물원(네덜란드에 위치한 동물원-옮긴이)의 쇠창살 안에 인간이 없는 데에 질문을 던지는 사람은 거의 없다. 커트 코베인이 말했던 것처럼, '생선은 먹어도 돼. 걔들은 아무것도 느끼지 못하거든.' (너바나의 노래 〈Something in the way〉의 가사 중 일부-옮긴이)

피해를 보는 것은 물고기나 다른 동물들뿐만이 아니다. 최근까지도 서구 학계에서는 인간 내의 계급 구조에 대한 명확한 개념이 존재했다. 그리고 그 정상에 백인 남성이 서 있다는 사실을 알아도 별로 놀라지 않는다. 우리는 모두 비상 상황에서는 '여성과 어린이 먼저'라고 외치지만, 역사상 그 격언이 적용된 경우는 거의 없었다. 아리스토텔레스부터 쇼펜하우어까지, 그리고 칸트에서 다윈까지도 여성은 남성보다 열등하며, 지적으로도 필적할 수 없다는 감정을 공유했다. 보통 성직자와 사상가들이 서로의 의견에 동의하는 일은 드물었지만, 이 문제에 대해서만은 서로 다툼이 없었다. 아리스토텔레스가 남성이 여성을 '지배자가 지배받는 자에게 그러하듯' 대한다고 기록했던 그때부터 긴 시간이 흘렀지만 바뀐 것은 많지 않다.

아이의 역할은 이러한 여성의 역할과 다소 유사하다. 아이란 주로

연결 본능

미성숙한 성인, 즉 불완전한 인간으로 간주되었다. 프랑스의 역사학자 필리프 아리에스(1914~1984)에 따르면, 중세에는 인간에 '아동'이라는 특수한 그룹이 실제로 존재하는지에 대한 의문이 있었다고 한다.

아동은 일할 나이가 되자마자 가사와 일상적인 노동에 참여하게 되었고, 성인과 비슷한 지위를 누렸다.[6] 시간이 지나면서 아동에 대한 인식은 크게 변했다. 특히 특히 18세기부터는 점점 더 독립적인 존재로 여겨지기 시작했으며, 별도의 지위를 가질 자격이 있다고 여겨졌다.[7] 미다스 데커스Midas Dekkers의 책《애벌레De Larf》에서는 이러한 개념을 발전시켜 아동을 다른 동물종으로 봐야 한다는 결론을 도출한다. "아동을 인간처럼 대해서는 안 된다. 그들은 인간과 전혀 다른 존재다. 그늘은 애벌레에 가깝다. ﹁ 애벌레를 인간으로 키우려 하지 말아야 한다. 이는 성공할 수도 없으며, 오히려 그를 좋은 애벌레가 되게 도와주는 것이야말로 그가 스스로 좋은 인간이 되는 법을 깨닫게 하는 방법일 것이다."[8] 이는 중세의 사상과는 거의 극명하게 대조된다.

세월이 흐르면서 아동들의 특별한 필요성에 대한 인식이 자라났다. 그리고 이는 여러 가지 변화를 불러왔는데, 예컨대 아동 노동의 폐지와 교육의 도입이 그 변화에 속한다. 하지만 이에 반대되는 생각들도 오랫동안 지속됐다. 신생아들이 아직 진화적 사다리를 충분히 올라가지 못했기 때문에 고통을 느낄 수 없다고 생각했다. 그래서 1980년대까지도 신생아들은 진통제 없이 수술을 받았다.

여기까지 인간 본성에 대한 여러 가지 개념들이 우리가 서로를 어떻게 대하는지에 미치는 큰 영향을 보여주는 예시들이다. 이제 이러한 개념의 근거가 무엇인지를 알아볼 차례다.

루소의 낭만주의

18세기와 19세기에 서구 문화는 낭만주의로 이름 붙일 수 있다. 그리고 이 시기의 사상가들은 모두가 인간의 본질적인 측면을 간과하고 있다는 통찰에 도달했다. 그 시점까지 철학자들은 주로 이성과 합리성에 중점을 두고 있었다. 그러나 인간은 단순히 생각하고 인식하는 것 이상의 능력을 지니고 있었으며, 감정과 정서도 있었다.[9] 인간은 자연과 분리된 존재라기보다는, 자연 일부로 봐야만 했다. 인간도 동물이지만, 매우 특별한 동물이다. 낭만주의 사상가 중 가장 중요하게 평가받는 장 자크 루소(1712~1778)는 '고귀한 야만인', 바로 타락한 사회에 의해 영향을 받지 않은 인간에 대해 논했다. 루소에 따르면, 그런 인간은 진정으로 '자유'로웠고, 타고나길 선하고 정직하며 정의로운 존재였다. 그의 영향력은 아동을 바라보는 우리의 생각에 큰 영향을 미쳤으며, 많은 이들이 루소를 교육학의 창시자로 여긴다.[10] 기독교가 지배하던 중세 시대에서는 아동들을 원죄로 태어난 작은 성인으로 여겼던 반면, 루소는 아동을 중요하게 여겼다. 아동은 오염되지 않은 자연의 금덩어리로, 악의적인 영향으로부터 보호하고 소중히 다뤄야 했다. 악의적인 영향이란 당시의 프랑스 사회를 의미했는데, 많은 부모가 출산 후 아이를 유모에게 맡기거나 고아원에 보냈으며, 대부분의 아이들이 결국 죽어 나가던 사회였다. 경제적으로 어려운 탓에 그런 일을 벌이기도 했으나 여성이 모유 수유를 하지 않는 게 당연하게 여겨지던 시대였다.[11] 루소는 이에 반대했다. 아기는 모유를 먹어야 하며 특히 어머니 옆에 머물러야 한다고 주장했다. 그는 어머니들을 매우 신뢰했다. 어머니들이 자유롭게 자녀를 키울 수 있다면 건강하고 자유로운 시민을 양성할 수 있으며 이는 사회에 이로우리라 믿었다. 가장 중요한 점은 본래 선한 아이의 자연스러운 발달에 가능한 한 적게 개입하는 것이었고, 그 발달은 가급적 자연에서, 야외에서 이루어지는 것이었다.

그런데 아이러니한 건 루소가 자신의 아이들을 고아원에 보냈다는 사실이다. 또한 어머니의 역할을 중요하게 여겼지만, 여성을 별로 좋게 평가하지 않았다. 그는 여전히 남성은 열등한 여성을 교육하기 위해 필요한 존재라고 주장했다.[12] 그런데도 루소의 사상은 여전히 인기가 있으며 교육학 문헌에서 자주 인용된다.

아이를 금덩어리로, 인간은 '본래부터 선하다'라고 여기는 낭만적 격언은 매력적이고 신선하게 느껴지지만 부정적인 결과도 자아냈다. 이를 교육학에 적용한 후의 결론은 아이들은 그대로 두면 저절로 잘되리라는 것이다. 하지만 이 낭만적인 아이디어는 고집스러운 오해일 뿐이었다. 자연은 오직 한 가지, 즉 생존만을 추구하는데 그게 반드시 좋은 것만은 아니기 때문이다. 그럼에도 많은 이들은 인공적인 것보다 '자연스러운' 것을 선호한다. 천연 색소, 자연 설탕, 자연식품 등이 그 예다. 때로는 그럴만한 이유가 있지만, 항상 이유가 있는 것은 아니다. 예컨대, 치과에 가지 않고 '자연적인 방법으로' 치아를 관리하는 걸 선호하는 사람은 없을 것이다. 석기시대처럼 염증이 생긴 치아를 치료하지 않고 자연스럽게 놔두는 것보다는 치료하는 게 나을 것이다.

요즘 '자연스러운 부모 되기'라는 개념이 유행하고 있다. 출산과 양육을 둘러싼 의료 및 성과 지향 문화의 대안으로 제시된 것이다. 하지만 이 부분에 대해서도 할 말은 있다. 수많은 서구의 관습이 부모와 아이에게 직접적으로 좋은 영향을 미치진 않기 때문이다. 네덜란드 자연 부모되기 재단De Nederlandse stichting Natuurlijk Ouderschap에서는 자연스러운 양육을 주장한다. 재단의 웹사이트에서도 '자연스럽다'라는 용어를 사용한다. 왜냐하면 재단이 주장하는 부모와 아이들의 관계가 '자연에 더 가까운' 문화에서 이루어지는 방식과 유사하다고 여기기 때문이다.[13] 하지만 스스로 어떤 문화에 기반해 아이와 관계를 맺는지와 그를 바탕으로 얼마나 나아갈지에 대해 질문을 던

연결 본능

질 필요가 있다. 재레드 다이아몬드Jared Diamond(1937)는 최근 출간된 책에서 아마존 지역의 피라하 인디언(부족)과 관련된 일화를 설명한다.[14]

피라하 인디언(부족) 어머니는 마을 사람들이 소리를 들을 수 있는 거리에서 혼자 출산한다. 하지만 나중에 밝혀지기를, 역아 출산으로 결국 출산은 성공하지 못한다. 어머니는 고통에 시달리며 비명을 지르고 도움을 요청하지만 아무도 그녀에게 다가가지 않는다. 저녁이 되자 울음소리는 약해진다. 그다음 아침, 어머니와 아이는 해변에서 죽은 채 발견된다. 이게 바로 자연 출산의 비극적이고 잔인한 예시다. 나 역시 가능한 자연스러운 출산을 지지하고 있지만, 이 역시 병원과 가까운 거리에서 이루어져야 한다고 믿는다.

다음 장에서는 자연스러운 부모 되기의 긍정적인 측면을 비추는 실제 문화를 다룰 것이다. 하지만 너무나 낭만적인 개념이라면 그 또한 경계해야 하며 심사숙고한 후 받아들여야 한다. 낭만적 이상은 아이들과의 관계뿐만이 아니라, 성인 간의 관계에서도 마찬가지로 많은 문제를 일으키기 때문이다. 적어도 문화 철학자 얀 드로스트Jan Drost(1975)는 그렇게 주장한다. 그는 저서《낭만적 오해Het romantisch misverstand》에서 낭만적 이상의 함정을 이야기하고, 특히 감정과 정서가 주도하는 경우를 다룬다. 우리는 흔히 기분이 좋은 건 긍정적이라고 여긴다. 그래서 완벽한 상대방에 대한 이상형을 가지고 열정적이고 조화로운 융합을 시도하곤 한다. 이걸 바로 진정한 사랑이라고 여기며. 하지만 불행하게도, 상대방은 결코 꿈꾸던 완벽한 이상형과는 다르다. 근본적으로 이상은 도달할 수 없는 무언가이고, 낭만적 이상은 실망으로 가는 지름길이기 때문이다. 루소도 자신이 가진 이상의 이미지로 고통을 받았다. 드로스트가 설명하길, 루소가 베네치아를 방문하는 동안 아름다운 젊은 여성과 사랑에 빠졌다고 한다. 하지만 그 사랑은 그녀에게 유두 하나가 없다는 사실이 밝혀지자마자 끝이 나고 만다. 루소는 '완벽함'의 결여를 받아들일 수 없었고, 그들은 다시 만나지 않았다고 한다.

또한 융합의 개념 또한 상당한 문제를 가져올 수 있다. 누군가와 융합해야만 한다면 순수한 사랑에 녹아들어 버린 개인은 어디로 가는가? 만약 진정한 사랑이 나 자신이 개인으로서 존재하지 않는다는 것을 의미한다면, 난 그게 행복을 가져올 거라고 믿지 않는다. 감정이 주도해야 한다는 낭만적 이상 역시 추천할 만한 개념은 아니다. 우리는 먼저 자신의 감정을 의식한 다음 그 감정을 어떻게 다룰지 생각해야 한다. 파트너가 자신의 감정에만 무의식적으로 이끌렸다면, 관계가 지속될 가능성은 거의 없다고 보아야 한다. 그래서 드로스트는 낭만적 이상이 아닌 낭만적 오해에 대해 이야기한다.[15]

낭만적인 관계와 양육에 대한 개념은 인간이 본성적으로 선할 수 있는 것을 강조하며, 우리의 감정적 필요를 충족시키는 일에 정당성을 부여한다. 이 자체가 큰 문제가 되진 않는다. 특히 오늘날의 사회가

연결 본능

인간의 감정적 충족의 중요성을 간과하고 있을 때 도움이 되기 때문이다. 한 가지 좋은 예가, 요즘 아이들이 자연과 접촉할 기회가 줄어든다는 주장이다. 놀이터는 더 이상 자연과 큰 관련이 없다. 아이들의 머리를 보호하기 위해 잔디를 고무타일로 대체했고, 진흙과 위험을 원하는 어른들은 없으며, 더 이상 아이들이 놀이터에서 어른의 감시를 피해 숨을 공간도 없다. 또한 아이들은 흔히 실내에서 게임기나 태블릿을 보며 시간을 보내고, 이로 인해 운동 부족이나 근시가 발생한다. 연구에 따르면 자연과의 접촉은 자신감, 협력 및 상호 관계에 도움이 될 수 있는데도 말이다.[16]

미국의 발달심리학자 앨리슨 고프닉(1955)은 그녀의 책《양육의 패러독스De opvoedparadox》에서 부모가 원하는 특정한 이상적인 최종 목표를 달성하는 데 초점을 맞춘 서구의 양육 방식을 비판한다. 철학자이자 국가 사상가인 다안 루버스Daan Roovers(1970)가 말하던 것처럼 '강아지 훈련 과정' 같은 양육이다.[17]

고프닉은 우리에게 다음과 같은 대안적 비유를 제공한다. 아이를 목수나 정원사처럼 키우는 것이다.[18] 목수는 미리 정해진 최종 목표를 향해 나아간다. 반면에 정원사는 정원을 돌보고 도움을 제공한다. 이것처럼, 아이들이 자연스럽게 성장하는 동안 부모는 필요할 때 상황에 맞춘 도움을 줄 수 있다. 상황에 따라 우리는 어떤 상황에서 아이가 가장 잘 성장하는지 알 수 있을 것이다. 이러한 방식으로 보면 낭만주의가 그리 나쁘지만은 않은 듯하다.

정신분석학: 무의식의 영역

낭만주의 철학자 중에는 이미 언급된 아르투어 쇼펜하우어 (1788~1860)도 있다. 그는 인간의 행동이 원초적 힘, 즉 그가 '의지' 라고 부르는 것에서 비롯된다고 주장했다. 그가 의미하는 의지란 물 의 흐름부터 인간의 욕구와 충동에 이르기까지 모든 것을 일으키며, 지구상의 모든 생명의 추진력으로 작용한다. 우리가 얼마나 고귀하 든 간에, 의지는 불가피하게 우리 내부에서 솟아나 외부로 나가려고 한다. 우리가 어떻게 저항하든, 의지에는 맞설 수 없다.

몇십 년 후, 지크문트 프로이트(1856~1939)는 빈에서 유사한 아이 디어를 연구하며 세계를 정복할 이론을 개발하고 있었다. 우리는 그 를 정신분석의 창시자로 간주한다. 프로이트는 젊은 시절부터 과학 을 좋아했으며 신경과학자로서의 경력을 시작하고, 뇌와 신경계를 연구했다.[19] 그 후, 개인 클리닉을 열었다. 환자들과의 만남을 통해 그는 인간 정신과 정신이 초래할 수 있는 심리적 문제에 대한 자신 만의 광범위한 이론을 개발했다. 프로이트에 따르면, 우리의 행동은 주로 '충동'에서 비롯되는데, 이 충동은 주로 성적 충동과 자기보존 을 위한 충동으로 나뉜다.

하지만 이러한 충동은 그대로 놔둘 수 없는 것이었다. 20세기 초 빈에서 성적 방종은 받아들여지지 않았기에 당연히 이를 억제해야 해야만 했다. 여기에서 쇼펜하우어의 외침이 들린다. 하지만 이게 바로 인간(자아)의 운명이자 (프로이트가 이드라고 부르던) 우리의 충동과 실제 우리가 살아야 하는 방식(초자아)이 갈라서는 모습이다. 이러한 내부 갈등을 해결하지 못하면 심리적 문제가 발생한다. 꿈과 자유연상을 통한 대화로 환자들은 자신들의 숨겨진 욕망을 이해하게 된다. 그중 한 가지는, 소년들이 자신의 어머니에 대한 성적 욕망을 품고 있으며 이 때문에 아버지가 죽기를 원한다는 것, 즉 오이디푸스 콤플렉스다. 여기에 혐오감을 느낄 수 있으나 그렇다고 오이디푸스 콤플렉스가 잘못된 심리분석이론이라는 말은 아니다. 그보다는, 자아가 초자아를 기쁘게 만들고 이드에 저항하며 혐오감을 들게 만드는 것에 가깝다. 논리적이지 않은가?

20세기에 들어서자 프로이트 사상은 전례를 찾아보기 어려울 만큼 큰 인기를 누렸다. 반박하기 어려울 만큼 매혹적이었기 때문이다. 그리고 이것이 바로 정신분석의 큰 문제다. 그 이론들이 항상 옳다는 그 믿음이다. 예를 들어, 누군가가 음식 섭취를 강요하는 꿈을 꾸었다고 가정해 보자. 정신분석이론에 따르면 이것은 (구강) 성교를 의미한다. 당신은 이에 동의할 수도 있고, 단지 꿈속에서 먹었던 그 음식을 싫어하는 것일 수도 있지만, 그 자체는 중요하지 않다. 왜냐면 정신분석학에서는 동의하지 않는다면 그 자체를 저항의 징후로 보기 때문이다. 그러니 그 자체로 분석이론에 동의하는 것이다. 세서미 스트리트를 생각해 보자. 어니가 악어를 피하기 위해 자신의 귀에 바나나를 꽂고 있다고 말하는 일화이다.[20] 여기에 버트는 불쾌해한다. "여기 악어가 어디 있어?" 여기서 어니가 주장한다. "바로 그거야! 내 바나나 때문에 악어가 없는 거라구, 버트!"

카를 구스타프 융(1875~1961)과 그의 가까운 동료인 심리학자 토니 안나 볼프(1888~1953)와의 관계를 보면 개인 생활에서도 순환 논리의 유용함이 드러난다. 융은 초기의 정신분석가였으며, 프로이트는 그를 말 그대로 자신의 후계자로 보았다. 결국 의견 차이로 인해 멀어졌지만 말이다. 볼프는 젊은 시절 융의 치료를 받았으며, 융은 그녀의 지성에 깊은 인상을 받았다. 그뿐만 아니라, 그는 깊은 감정까지 품게 됐다. 그녀의 치료가 종료된 뒤, 그는 꿈에 관한 일로 볼프에게 다시 연락을 취했다. 모두가 예상할 수 있듯 1903년에 융과 결혼한 엠마 라우셴바흐는 이 친밀한 관계를 흔쾌히 받아들이지 않았다. 하지만 융은 자신의 '두 번째 아내'를 자신에게서 내보내기를 거부했다. 이게 바로 융이 계속 찾았으며 자신의 이론에서 말하는 '아니마', 즉 숨어있는 자신 속 여성성의 원형이었기 때문이다. 융이 이 이론을 자신의 아내와 함께 개발했다는 것은 그의 이러한 결정에 아무런 영향을 미치지 않았다. 어쨌든 그들은 해결책을 찾았다. 두 여성 모두 융과 오랜 시간을 함께했다.[21]

이보다 더 심각한 결과는 억압된 기억의 개념에서 비롯됐다. 정신분석 치료를 통해 많은 성적 학대 사례가 '밝혀지기' 시작했기 때문이다. 그러나 실제로 몇 개의 사례에서 학대가 일어났는지는 의문이다. 몇몇 연구는 정신분석에서 증거를 확증하는 것이 얼마나 쉬운지

연결 본능

를 짚어내고 있다. 성적 학대의 결과는 기억과 감정이 억압되거나, 그 피해 사실이 다른 사람들에 의해 진지하게 받아들여지지 않을 때 피해자에게 파괴적인 결과를 자아낸다. 하지만 한편으로는 부당한 의심이 추정된 가해자에게 피해를 줄 수 있으므로 매우 신중해야 한다.[22]

결국 심리분석은 과학과는 거의 관련이 없다. 항상 옳다고 여겨지는 것은 반박할 수 없으니, 과학적으로 연구할 수도 없기 때문이다. 프로이트는 신경생물학과 경험적 과학을 선호했는데, 결국 그가 창시한 전통이 과학적 경험의 부족으로 신뢰를 잃게 된 것이 참으로 아이러니하다.

그럼에도 심리분석은 심리학 연구, 특히 인간관계에 대한 사고에 중요한 기여를 했다. 첫째, 무의식을 강조했다. 심리분석이 도입되기 전의 심리 연구에서는 이성과 의식적인 지식이 주도적인 역할을 차지했다. 하지만 심리분석가들은 합리적 의식은 당시 심리학자들이 생각했던 것처럼 실제로 우리에게 큰 그림을 제공하는 밝은 태양 빛이 아니라, 우리가 어두운 숲을 헤쳐 나갈 때 조금의 빛을 밝혀주는 손전등에 불과하다는 것을 밝혀냈다. 또 다른 기여는 성과 성적 욕구에 대해 이야기할 수 있게 한 것이다. 오랫동안 성은 금기시됐다. 심지어 오늘날까지도 성은 가장 어리석은 제품들을 판매하는 창구로 사용되지만, 심각한 대화 주제로서는 여전히 금기시되고 있다.[23] 그리고 프로이트는 적어도 이를 깨뜨리려고 시도했다. 또한 심리분석은 '정상적인' 사람들이 심리에 조금 더 접근할 수 있는 창구를 만들었다. 20세기 전반까지 심리학의 적용 대상은 '정신병자'와 '바보'에 한정되었다. 하지만 프로이트의 이론은 모든 사람에게 적용될 수 있었고, 꿈, 유머, 관계와 같은 일반적인 주제에 대한 관심을 확대하는 데 기여했다.

현재 전통적인 심리분석의 영향력은 줄어들고 있으나, 어쩌면 이는 다행일지도 모른다. 그런데도 나는 얼마 전에 누군가가 이렇게 말하는 걸 들었다. "여자가 싫다고 말하면, 그건 좋다는 뜻이야."[24] 이런 이야기를 들을 때마다 빈 출신의 그 수염 난 남자가 생각난다.

자극-반응

20세기 전반에는 이전의 이론과 충돌하는 또 다른 이론이 등장했다. 바로 행동주의다. 행동주의를 창시한 심리학자 존 왓슨(1878~1958)은 행동주의 원칙이 인간관계에 어떤 영향을 미치는지 보여주었다. 그 이론의 중심은 인간의 모든 행동이 학습된 것이므로, 인간에 대한 연구는 관찰 가능한 행동에만 집중해야 한다는 것이다. 행동주의는 의식이나 감정과 같은 것은 연구에서 제외한다. 또한 행동에 대한 추상적인 이론도 금지했다. 단순히 행동을 측정하고 그것이 어떻게 학습되는지만을 연구한다.

심리분석이 정신 문제 치료에서 지배적인 역할을 차지했던 반면, 행동주의는 연구 분야에서 지배적인 모습을 띠었다. 이 두 흐름 외에는 심리학자들이 선택할 수 있는 다른 이론이 거의 없었다.

행동주의 접근 방식은 매우 유익했으며, 실험적 연구를 수행하기에 아주 적합했다. 무의식적인 충동이나 억눌린 욕망과 달리 행동은 실제로 측정하고 계산할 수 있기 때문이다. 그렇다면 이 이론의 문제점은 없을까? 고전이 된 행동주의를 연구함으로써 답을 찾아보자. 왓슨은 '어린 앨버트 실험'을 통해 두려움 등의 감정이 주로 학습된 것임을 보여주고자 했다.[25] 이 실험에서 앨버트는 태어난 지 열한 달이 된 아기로, 방바닥에 앉아 있다. 그리고 앞에 흰 쥐가 놓이자 아기가 관심을 보인다. 이때 실험이 시작된다. 아이가 쥐에 손을 뻗을 때마다 왓슨은 그의 머리 뒤에서 큰 소리를 내어 앨버트를 놀라게 했다. 일주일 후 실험이 반복되자 아이가 쥐에 보이는 관심이 적어졌다. 몇 주간 '실험'을 반복한 결과 결국 어린 앨버트는 쥐만 봐도 불안해했다.

참고로, 쥐뿐만 아니라 모든 털북숭이 물체도 유아를 울게 만들 수 있다. 어린 앨버트의 복지가 문제 되지 않는다면, 이 연구는 상당히 유익한 결과를 보여준다. 두려움이 처음에는 아무 관련이 없던 물체에까지 전달될 수 있음을 보여주기 때문이다. 그리고 이러한 연구 결과는 다른 감정에도 적용할 수 있다. 예를 들어, 나는 병원에서 음식 냄새를 맡을 때 아직도 메스꺼움을 느낀다. 내 뇌는 그것이 음식 때문이 아니라 내가 겪었던 화학 요법 때문에 음식 냄새가 메스껍게 느껴진다는 걸 이해하지 못한다. 그러나 진화는 음식 냄새와 메스꺼움 사이의 연관성을 더 쉽게 표현해낼 수 있다. 아마도 우리 조상들은 수액 주삿바늘보다는 상한 음식을 조심해야 하는 경우가 더 많았을 것이다. 이 덕에 우리는 냉장고에서 발견한 상한 음식이 든 보관 용기를 열어보지 않더라도 그게 위험하단 걸 알 수 있는 것이다.

왓슨은 어린 앨버트를 대상으로 한 실험에서 아이들의 양육에 관해 상당히 광범위한 결론을 도출했다. 모든 것의 학습 가능성에 대한 확신이 너무 커, 환경을 통제할 수만 있다면 아기를 의사, 예술가 또는 도둑으로 만들 수 있다고 주장했다.[26] 또한 부모에 대한 애착이 아이들이 독립적인 개인으로 성장하는 것을 방해한다고 믿었다. 성인 사이의 애착도 바람직하지 않다고 믿었다. 의존성은 곧 취약함을 의미한다고 주장하기도 했다. 그러니 행동주의가 특히 미국에서 인기를 끈 것은 어쩌면 당연한 일일 수도 있다. '자수성가한 사람'의 이상과 완벽하게 부합하기 때문이다. 그리고 자수성가 하기 위해서는 다른 사람의 사랑, 예를 들어 어머니의 사랑과 같은 것에 의존해서는 안 된다. 왓슨은 이런 의존을 심지어 위험하다고까지 인식했다. 그래서 부모들에게 절대 자녀들을 안아주거나 입을 맞추는 것 같은 감정적인 행동을 하지 말라고 권장했다. 그보다는 악수가 낫다고 주장했다.[27] 그러나 왓슨은 신체적인 행동을 금기시하진 않았다.

연결 본능

그는 유명한 바람둥이였으며 성에 대해 공개적으로 이야기하기도 했다. 자녀들과 함께 있을 때도 예외는 아니었다. 왓슨은 자녀들이 어릴 때도 아이들이 내켜 하진 않았지만 성을 주제로 논의하기도 했다. 바로 이 부분이 프로이트와 유사하기도 하다.

원래의 행동주의에 따르면, 모든 낭만주의적 사고에도 불구하고 아이는 중세 시대에 그랬듯이 작은 버전의 성인이었다. 왓슨의 이론은 지난 세기 초반에 양육에 대해 많은 영향을 미쳤지만, 과연 얼마나 많은 부모가 그가 제시한 비애착의 엄격한 체제를 제대로 적용했는지는 확실하지 않다. 왓슨은 자신의 이론을 엄격히 적용했는데, 그 결과 두 아들은 끔찍한 결과를 얻고 말았다. 장남은 자살했고, 차남은 자살 시도를 했지만 치료 후 회복했다. 생존한 차남은 나중의 인터뷰에서 왓슨의 양육 방식이 자신이 앓던 우울증의 원인인지는 불확실하나, 행동주의 양육에서 큰 도움을 얻지 못했다고 고백했다. 아버지로서 왓슨은 감정을 표현하거나 다룰 능력이 없었기 때문에, 자녀들에게 '감정적 기반'을 박탈한 것이나 다름없었다.[28]

다행히, 왓슨이 제시한 것처럼 극단적으로 행동한 행동주의자는 많지 않았다.[29] 하지만 행동에만 초점을 맞추는 연구를 계속해야 한다는 믿음은 계속됐다. 즉 반응, 그리고 행동을 유발하는 원인에만 초점을 두었다. 그 사이에 있는 모든 것은 심리학자의 연구 대상이 아니었다. 사람들의 감정, 내부 상태, 또한 자극을 처리하는 뇌의 상태도 같은 것 말이다. 하지만 자극과 반응의 연관성만으로 인간의 행동이나 관계를 이해할 수 있을까?

비록 일화적인 증거일 뿐이지만, 왓슨의 아들이 경험한 것과 우리가 직접 경험한 것은 아이의 성장에 일관된 자극-반응 연관성은 부족할 수도 있다는 점을 시사한다. 이는 인본주의 심리학의 창시자인 에이브러햄 매슬로(1908~1970)의 생각과도 일치한다. 인본주의 심리학은 1960년대에 지배적이었던 행동주의와 심리분석에 반기를 들었다. "내 첫 아이의 탄생은 모든 것을 결정짓는 천둥소리나 다름없었다. 나는 이 작고 신비로운 존재를 보고 내 스스로가 정말 멍청하다고 느꼈다. 내 자신이 얼마나 작고, 약하며, 무력한지를 느꼈다. 아이를 가진 사람이라면 그 누구도 행동주의자일 수가 없다."[30] 매슬로뿐만 아니라, 언어는 자극과 반응만으로 배울 수 있을 만큼 단순하지 않다고 주장했던 노엄 촘스키(1928)와 같은 저명한 언어학자들 덕분에 1950년대와 60년대에 행동주의의 영향력은 감소하기 시작했다. 개념이 명확하고 연구에 실용적이긴 했지만, 인간 행동을 설명하는 틀로서는 지속 가능하지 않았다. 특히 관계나 사랑과 관련해서는 더욱 그러했다. 나는 관계가 자극과 오르가슴 그 이상도 이하도 아닐 때 얼마나 많은 파트너가 서로를 편안하게 느끼는지 종종 궁금하다.

왓슨의 급진적인 행동주의는 거의 남아 있지 않지만, 자극과 반응의 연관성을 통해 인간을 변화시킬 수 있다는 생각은 여전히 널리 적용되고 있다. 예를 들어, 공포증과 불안을 없애는 데 임상 실습에서는 자극과 반응 사이의 연관성을 없애는 행동 치료가 매우 효과적일 수 있다. 왓슨의 연구에서 어린 희생자였던 앨버트는 사람들이 털북숭이 동물에 대한 공포를 없앨 수 있는 치료에 분명 도움을 주었을 것이다.[31] 또한 자극-반응 이론은 처벌과 보상을 통해 바람직한 행동을 이끌어낼 수 있다는 이론의 기초도 형성했다.

우리는 사회를 보호하고, 우리의 만족을 위해서만 범죄자들을 감옥으로 보내진 않는다. 엄격한 처벌이 그들을 다른 생각으로 이끌 것이라고 믿기 때문에 그들을 수감시키는 것이다. 하지만 안타깝게도 네덜란드에서는 수감자 중 거의 절반이 석방 후 2년 이내에 다시 범죄를 저지른다.[32] 아동 양육 시에도 보통 벌과 보상이 원하는 효과를 내주지는 못한다. 그 효과가 있더라도 잠깐뿐이며, 장기적으로는 도움보다도 해를 끼친다.[33] 예를 들어, 캘리포니아 스탠퍼드대학교의 심리학 교수 캐롤 드웩(1946)의 연구는 보상이 역효과를 낼 수 있으며, 심지어 아이들의 동기를 저해할 수 있다는 것을 밝혔다. 특히 아이들의 노력이 아닌 지능을 칭찬할 때 이런 모습이 발생했다. 지능은 스스로 조절할 수 있는 것이 아니기 때문에 그에 대한 칭찬은 다음번에도 잘해야 한다는 압박감만을 불러일으켰다. 그 결과 아이들은 실패를 두려워하게 되는데, 이는 부모가 칭찬으로 달성하려고 한 것의 정반대의 모습이 아닐까?

다행히 사람들은 단순한 '자극-반응' 이상으로 행동하며, 때로는 벌이나 보상 없이도 행동한다. 그 한 가지 예가 양육이다. 만약 양육의 결과에 따라 부모가 처벌이나 보상을 받게 된다면, 그 누구도 사춘기까지 이르지 못할 테니 말이다. 하지만 그 누구도 이런 부분에 대해 깊이 생각해 보지 않은 듯하다. 미국 매사추세츠주에는 전기충격학교Shock School로 잘 알려진 로텐버그 판사 교육센터Judge Rotenberg Educational Center가 있다.[34] 이곳에서는 오늘날까지도 심각한 정신 질환과 행동 문제를 가진 아이들이 강력한 전기 충격을 통해 '치료'를 받는다. 그들은 등에 휴대용 충격 장치를 착용하고 있으며, 온종일 부적절한 행동에 대해 처벌을 받는다. 여기서 말하는 부적절한 행동은 공격적인 행동일 수도 있고, 허락 없이 의자에서 일어나는 것과 같은 단순한 행동일 수도 있다.

나는 진심으로 이런 치료를 통해 이러한 '문제 행동'이 줄어들 거라 믿는다. 곰에게 겁을 주면 춤을 추기도 할 테니 말이다. 하지만 '학교 측'에서는 이런 접근법이 장기적으로 초래할 수 있는 트라우마에 대해서는 크게 걱정하지 않는 것 같다. 지난 수십 년 동안 아이들이 사망했음에도, 그리고 소송과 감독 기관의 조사 보고서에도 불구하고 아직 이 기관은 폐쇄되지 않았다. 어린 앨버트를 상대로 한 연구가 진행된 지 백년이 지났지만, 여전히 아이들은 경직된 행동주의적 관념의 희생자가 되고 있다.

연결 본능

드디어 생물학

낭만주의, 정신분석, 행동주의는 우리의 행동과 관계에 대한 사고에 큰 영향을 미쳤지만, 이러한 흐름에서도 인간의 생물학적 측면에는 관심을 주지 않았다. 물론 지난 세기에도 심리 현상에 신체적 원인이 있을 수 있다는 생각은 존재했다. 기원전 500년경 알크마이온Alcmaeon과 히포크라테스Hipocrates는 신체적 원인 때문에 질병과 정신 질환이 생긴다고 가정했으며, 알크마이온은 특히 뇌에 중요한 역할을 부여함으로써 그 시대를 훨씬 앞섰다. 대략 5세기 후, 히포크라테스의 아이디어는 그리스 의사이자 철학자인 갈레노스Galenus(126~±216)에 의해 더욱 발전되었다. 갈레노스는 '우울증'과 '멜랑콜리'라는 용어를 사용하기 시작했으며, 이는 4체액설의 기초가 됐다. 검은 담즙이 너무 많으면 사람을 '우울'하게 만들고, 피의 양이 많을수록 활동적이고 사교적이 된다는 이론이다.

오늘날 우리는 이와 크게 다르게 생각하지 않는다. 단지 체액 대신에 신경전달물질과 호르몬이 그 역할을 차지한다고 믿을 따름이다. 갈레노스의 사상은 오랫동안 유지되었다. 19세기까지도 존경받는 의사들은 과다한 혈액과 그로 인한 문제를 가진 사람들에게 치료법으로 수혈을 추천했다.

그러나 같은 세기에 인간 본성에 대한 사고에 큰 변화가 일어났다. 그 변화의 가장 중요한 원인은 1859년에 출판된 찰스 다윈

(1809~1882)의 《종의 기원》이다. 이전까지 우리가 자연의 사다리에서 가장 안전한 위에 머물러 있었다면, 이제 우리는 갑자기 원숭이의 친척이 돼버렸다. 하지만 이러한 인식도 우리를 겸손하게 만들진 않았으며, 진화 이론은 주로 인간의 우월성을 변호하는 데에 사용됐다. 우리가 원숭이에서 진화했을지는 모르지만, 적어도 '더 많이' 진화한 건 인간이라고 말이다.[35]

또한 진화 이론은 특정 유형의 사람들, 즉 백인, 서양인, 남성의 우월성을 옹호하는 데 사용되기까지 하였다. 그리고 이 새로운 이론으로 인간을 개선할 수 있다고 믿는 사람들도 있었다. 열등한 유형들, 즉 백인이 아니고, 똑똑하지 않고, 서양인이 아닌 사람들의 번식을 막음으로써 말이다. 이러한 종의 개량, 즉 우생학은 엄청난 인기를 끌었으며 악명 높은 정치적 이념이 이런 이론의 도움을 받았다. 그중 가장 악명 높은 것은 나치의 이념이었다. 이 이론을 실행에 옮긴 사람은 나치뿐만이 아니었다. 친절하고 저렴한 가구와 성평등, 뛰어난 사회 복지로 유명한 스웨덴에서는 1930년대부터 1970년대까지 정부가 6만 명 이상의 사람들에게 강제로 불임 수술을 시행했다.[36] 주로 사회 복지 비용을 제한하기 위한 목적으로, 시술 대상은 주로 '열등한 사람들'로 혼혈, 장애를 가진 사람들, 또는 그저 가난한 사람들이었다.

제2차 세계대전 이후 오랜 시간 동안, 유전학적 관행의 공포로 연구자들은 인간 행동에서 생물학의 역할을 공개적으로 가정하기가 어려워졌다. 이것이 얼마나 민감한 문제였는지는 사회생물학이 얼마나 어렵게 등장했는지를 통해 알 수 있다.[37] 오늘날 우리가 부르는 진화심리학 말이다.

이 분야의 창시자는 미국인 에드워드 O. 윌슨Edward O. Wilson(1929)으로, 그는 개미의 행동을 전문적으로 연구하는 생물학자였다. 1975년 그의 책《사회생물학: 새로운 통합Sociobiology: The New Synthesis》이 출판됐다. 이 책은 동물의 사회적 행동에 대한 생물학적 및 진화적 설명을 담고 있었다. 하지만 인간의 사회적 행동에 관한 장을 추가한 일로 윌슨은 큰 대가를 치러야만 했다. 당시에 매우 민감한 주제였기 때문이다. 그는 인간은 만들어질 수 있으며 나쁜 행동은 부패한 사회에서 비롯되었고, 생물학은 이와 아무런 관련이 없다고 표현했다. 만약 우리의 사회적 행동을 생물학적으로 설명할 수 있다면, 이는 인간에게 무제한의 권력 남용과 공격성에 대한 면책특권을 부여할 것이기 때문이다. 그리고 이러한 인간은 대체로 남성이었다. 따라서 얼마나 많은 이들이 생물학적 법칙에 종속되기를 원치 않는지도 이해할 수 있다. 에드워드 O. 윌슨과 같은 사람들의 의견은 섬세했지만, 이에 반대하는 사람들은 그 섬세함이나 뉘앙스의 차이에 전혀 관심이 없었다. 특히 본성 대 양육 논쟁의 전성기에는 뉘앙스를 전혀 이해하지 못했다.

네덜란드의 연구자들도 당시 급진적 반생물학에 곤란을 겪었다. 1970년대 말, 범죄학 교수인 바우터르 바위크하위젠Wouter Buikhuisen(1933)은 생물학적 요인이 범죄에 영향을 끼칠 수 있다고 가정했다. 물론 지금은 심리학도라면 반드시 배워야 하는 기본적인 내용이 됐지만, 이로 인해 바위크하위젠 역시 자신의 학문 경력을 비용으로 치러야만 했다.

의사이자 신경생물학자인 디크 스왑Dick Swaab(1944)은 1980년대 말에 살해 위협을 받았다. 그는 연구에서 이성애자와 동성애자 남성의 뇌, 특히 시상하부(뇌 깊숙한 곳에 위치한 작은 영역으로, 3장에서 더 자세히 설명한다)에 차이가 있다고 말했다. 이상한 건 살해 위협이 동성애의 생물학적 기반을 받아들이지 않는 기독교 근본주의자가 아니라, 화가 난 동성애 남성들로부터 시작됐다는 사실이다. 동성애는 (정치적인) 선택의 문제였고 그들은 그 사실에 자부심을 느꼈기에 생물학과 연결되는 것을 원치 않았다.[38] 내가 현대의 동성애자 남성이나 여성을 대변할 수는 없지만, 현재에는 혐오보다는 지지를 받았을 거라고 느낀다. 스왑의 저서《우리는 우리 뇌다Wij zijn ons brein》는 인간에 대한 강력한 생물학적 결정론적 이미지를 제시했으며, 45만 부 이상의 판매를 기록했다. 이로써 생물학에서 우리의 사회 행동의 원인을 찾는 일에 거부감이 줄어들었다고 조심스레 추측할 수 있다. 그러나 다음 장에 나와 있듯 일부 분야에서는 여전히 민감한 문제로 남아 있다.

잘 형성된 애착

1960년대에 네덜란드의 니코 틴베르헌Niko Tinbergen(1907~1988)을 포함한 여러 생물학자는 행동주의가 너무 제한적이라고 판단했고, 동물의 행동을 이해하려면 자연환경에서 동물을 연구해야 한다고 주장했다. 틴베르헌은 이로 인해 행동생물학, 즉 동물행동학의 창시자중 한 명이 되었으며 이 공로로 노벨상을 받았다. 오늘날 우리가 서로의 관계에 대해 생각하는 방식에 이러한 과학적 발견이 중요해진 것은 영국의 정신과 의사 존 볼비John Bowlby(1907~1990)에게 영감을 주었기 때문이다.

동물행동학자들은 보통 인간에 대해서는 제한적으로만 연구했지만, 볼비는 그들의 동물의 '자동적' 행동 연구에서 가치를 보았다. 예를 들어, 방금 부화한 거위 새끼들이 처음 본 보호자를 따르는 방식과 같은 것이다. 볼비는 정신분석가로 훈련받았지만, 정신분석에 동물행동학적 기초를 마련하고자 노력했으며, 결국 우리가 지금 '애착 이론'이라고 부르는 것의 기초를 마련했다.[39] 열악한 환경에서 성장한 아이들과 함께 일하면서, 그들이 겪는 문제들이 대부분 초기 생활에서 모성 애착이 방해받은 데에서 비롯된다는 생각에 도달했다. 당시의 통념과는 달리, 아이들은 성장과 발달을 위해 사랑과 온기, 관심이 필요했다고 느낀 것이다. 그는 아이들은 보호자와 애착을 형성하고 보호자로부터 안전한 기반을 제공받아야 한다고 믿었

다. 볼비는 자신의 이론을 개발하는 데 미국 연구자 해리 할로Harry
Harlow(1905~1981)의 연구에서 많은 도움을 받았다. 할로는 출생부터
사회적으로 고립된 원숭이를 연구했다. 그 연구에서 원숭이들은 천
조각으로 된 '엄마'를 철사로 만든 물병이 달린 '엄마'보다 선호하는
것으로 밝혀졌다. 할로는 이를 통해 어머니 사랑이 '음식에 대한 욕
구'와 동일하다는 행동주의적 생각이 틀렸음을 밝혀냈다. 심지어 원
숭이들도 본능적으로 따뜻함과 안전을 필요로 하여 건강하게 기능
할 수 있는 것이다!

아동이 필요로 하는 것에 대한 더 많은 관심이 절실히 필요했다.
특히 병원에서 아이들을 방치하는 것과 대규모로 발생한 사망 때문
에 더 그러했다. 부모들은 감염을 두려워하는 병원에 출입을 금지당
했고, 아동들은 때로 몇 달 동안 병원에 머물러야 했다. 볼비와 같은
이들이 노력했음에도 이러한 관행을 끝내는 데는 오랜 시간이 걸렸
다. 네덜란드에서는 1970년대에도 부모들이 미숙아이거나 아픈 자
녀를 방문할 수 있는 시간이 매우 제한적이었으며, 병원에서 밤을
보내는 일은 상상도 할 수 없었다.[40] 심지어 1980년에는 갓 태어난
내 동생이 어머니에게서 떨어져 다른 아기들과 함께 있는 수면실로
옮겨졌다. 이미 할로의 연구가 알려진 지 거의 30년이나 지났을 때
지만, 그게 큰 도움이 되진 않았다.

애착 이론의 영향은 우리가 관계에 대해 생각하는 방식, 사적인 관

계뿐만 아니라 임상 실천에서 모두 매우 중요했다. 그중에서도 두 가지 애착 이론이 이 책에 자주 등장할 것이다. 첫 번째는 '애착 유형'이다. 간단히 말해, 우리가 관계에서 어떻게 행동하고, 파트너, 보호자 또는 자녀에게 어떤 기대를 품는지에 대한 방식이다. 애착 이론은 이러한 방식이 대부분 초기 생활 경험에 의해 결정된다고 가정한다. 두 번째 중요한 이론은 '내적 작동 모델' 또는 때로는 '스키마'라고 불리는 개념이다. 이 내적모델은 우리가 관계에서 경험하는 기대와 감정의 내적 표현이다. 이 모델은 어느 정도는 어떠한 머릿속의 개념으로 존재한다. 그러나 최근 연구에 따르면 신체에도 존재한다. 이러한 내적모델을 부분적으로 결정하는 초기 경험은 호르몬 시스템, 면역 시스템에 영향을 미치고, 심지어 DNA의 발현에도 영향을 미칠 수 있다. 동물 연구에서는 이러한 영향을 '숨겨진 조절기 hidden regulators'라고 부르는데, 이는 외부에서 볼 수 없기 때문이다. 볼비의 시대에는 이러한 숨겨진 조절기를 드러낼 기회가 많지 않았다. 하지만 지난 30년 동안의 기술 발전으로 우리는 관계의 질에 중요한 영향을 미치는 숨겨진 조절기를 연구할 수 있는 최초의 기회를 얻게 됐다.

생각만으로도

좋은 관계와 아동을 위한 좋은 돌봄에 대한 인식은 문화 간에서, 그리고 문화 내에서도 크게 다르다. 이러한 차이는 학교 운동장에서의 다툼뿐만 아니라 〈엉망진창 엄마De luizenmoeder〉와 같은 텔레비전 코미디 시리즈의 엄청난 성공에도 기여했다. 우리는 흔히 다른 부모들이 항상 나보다 어리석다고 생각하곤 하니 말이다. 그래서 이러한 생각들이 어디서 생겨났는지를 아는 것이 중요하다. 그를 통해 우리가 가진 생각에 의문을 제기할 수 있는 가능성이 생기기 때문이다. 누군가에게는 정상적이거나 자연스러운 것이 다른 이들에게는 이해하기 어려울 수 있다.

사상은 우리의 행동에 큰 영향을 미친다. 때로는 왓슨이 그랬던 것처럼 의식적이고 티가 나게 자신의 행동주의 원칙에 따라 아이를 키울 수도 있는 것이다. 그러나 미묘하게, 인식하지 못한 채 행동할 수도 있다. 최근의 식습관에 관한 연구에서 이런 미묘한 영향의 예가 밝혀졌다. 이 연구에 따르면, 사람들은 자신이 비만이 될 가능성이 유전적으로 낮다고 들었을 때, 메뉴에서 건강에 더 좋지 않은 선택을 했다. 하지만 이 실험에서 참가자들에게 제공된 정보는 전혀 맞지 않았기에 결국은 연구자들이 실험자들을 속였다는 게 안타까울 따름이다.[41] 그런 정보가 사실이었다고 해도, 건강에 좋지 않은 생활 습관이 실험 참가자들에게 유전적 위험보다 더 큰 영향을 미칠 수 있다. 그 말인즉 DNA가 내 건강에 영향을 미칠 것이라는 무의식적인 생각이 DNA 자체의 영향보다 더 결정적인 역할을 할 수도 있다는 말이다.

이런 내용을 알고 나면, 유전자 검사가 좋은 배우자나 어떤 아이를 가질지에 대한 답을 제공하지 않는 게 다행이라고 생각할 수도 있다. 하지만 그건 네덜란드에 존재하는 애널라이즈 미Analyze Me라는 회사를 모르기 때문에 할 수 있는 이야기다.

2019년에 이 회사의 제품이 아기 용품 혁신상Baby Innovation Award의 후보에 올랐다. 이 상은 새로운 부모와 그들의 아이를 위한 가장 혁신적인 신제품에 주어지는 상이다.[42] 이 회사의 제품은 갓 태어난 아기의 DNA를 기반으로 재미있는 사실들을 알려주는 것이었다. 이 테스트 키트를 판매한 웹사이트에서는 가능한 무해한 것처럼 광고를 제작했지만, 마지막에 명시된 '재미난' 사실을 읽고 나니 나는 마음이 불편해졌다. 그건 바로 '도파민 분비가 많은 사람은 생각하는 사람들이고, 도파민 분비가 적은 사람들은 행동하는 사람들입니다. 당신의 아기는 어느 카테고리에 속하나요?'라는 문구였다.[43] 이 제품의 제작자들은 키트를 출시하기 전에 좀 더 심사숙고했어야 한다. 그 첫 번째 이유는, 아기의 성격이 도파민 유전자의 몇 가지 변형에 의해 상당 부분 결정된다는 것은 환상에 불과하기 때문이다. 또한 자신들의 광고가 현실의 부모들에게 미칠 영향을 인식했어야만 한다. 나는 벌써 첫 번째 부모가 한숨을 쉬며 자신의 아기가 천천히 캐릭터 미피가 그려진 책장을 입 안으로 구겨 넣는 모습을 바라보는 모습을 상상할 수 있다. 그리고 자신의 아이가 생각하는 사람이 아니라고 생각할 것이다. 이렇게 부모는 앞으로 아이가 가져올지 모를 실망스러운 시험 점수에 대비할 수 있고, 그렇게 DNA 테스트는 자기 성취적 예언이 되어버리는 것이다. 한가지 다행인 점은, 이 회사가 과학적 근거 부족으로 인해 시장에서 테스트 키트를 철회했다는 것이다.[44]

현재 우리가 DNA에 부여하는 가치를 약 30년 전과 비교해 보면 첨예하게 다른 점이 나타난다. 얼마 전 라디오 프로그램에서 익명의 정자 기증자에 대해 듣고 있었는데, 아이러니하게도 한 기증자가 행동생물학자였다.[45] 그의 말에 따르면, 1980년대 말에서 1990년대 초에는 왜 기증자가 나중에 알려져야 하는지에 대해 아무도 의문을 제기하지 않았다. '당시에는 유전학이 그다지 중요하게 여겨지지 않았기 때문에' 기증자의 신분이 알려질 필요가 없었다. 그보다는 환경이 결정적이라고 믿었기 때문이다. 지금, 익명의 기증자들의 후손들은 자신들의 '의미 없는' DNA의 출처를 잘 알고 있다거나, 더 알고 싶어하고 있다.

생물학적 요인을 무시하는 것은 바람직하지 않다. 인간 생물학을 연구할 수 있는 가능성이 증가함에 따라 새로운 도전이 제기되고 있기 때문이다. 우리는 자신에 대해 새롭게 알게 된 모든 지식을 어떻

연결 본능

게 다뤄야 할까? 이 책은 우리 관계의 기초가 되는 생물학적 과정을 연구하기 위해 열린 문에 대해 더 자세히 설명한다. 루소는 감정과 정서에 대해 말했고, 프로이트는 무의식적 과정에 대해, 볼비는 생물학을 애착 이론의 기초로 삼았다. 그러나 그들 중 누구도 이러한 과정을 인간에서 시각화해 볼 수 있는 기회는 가지지 못했다. 하지만 오늘날에는 실험 참가자의 뇌를 해부하지 않고도 그 속을 볼 수 있으며, 그 덕분에 신경과학이 발전하게 되었다. 신경과학 연구에 따르면 관계 역시 대부분 우리의 머릿속에 존재함을 보여준다. 이 책의 3장에서는 사회신경과학과 뇌의 어느 위치에서 그 내용을 찾아볼 수 있는지 알아본다. 나는 가끔 프로이트가 신경과학자로 경력을 시작했다면, 현대 기술로 환자의 무의식적 뇌 과정을 그려내고 인간의 본능에 대한 신경적 기초를 찾을 수 있었을 거라고 상상하곤 한다.

다음 장에서는 먼저 다른 질문을 다룰 것이다. 모든 사상은 부모에 대해 이야기할 때 늘 모성을 다룬다. 루소, 왓슨, 그리고 다윈을 살펴보더라도, 아버지의 역할은 거의 등장하지 않고 돌봄은 분명 어머니에게만 맡겨져 있다. 인간이 만들어 질 수 있는 존재인지 아닌지와 상관없이, 마치 어머니만이 아이를 돌볼 수 있다는 말이 통용되는 것 같다. 이 말이 얼마나 타당한지 살펴보자.

2

원시 어머니의 신화

남자는 총을 만들고, 전쟁터로 간다

남자는 죽이고, 마시며, 창녀를 삼을 수 있다

모든 흑인을 죽이고, 모든 빨갱이를 죽여라

성별 간의 전쟁이 있다면

남아 있는 사람은 아무도 없을 것이다

그리고 그렇게 반복될 것이다

하지만 가끔 우리는 진짜 남자가 누구인지 궁금해한다

_조 잭슨Joe Jackson[1]

진짜 남자란 누구인가? 조 잭슨은 더 이상 이 질문에 대한 답을 알지 못한다. 1980년대에도 이에 대한 혼란이 있었다. 나 역시 진짜 남자가 무엇인지 알지 못했다. 동네 소년들이 낚시를 하는 게 내 눈에는 동물 학대로 보였다. 군대 놀이도 인기 있었지만, 내 취향은 아니었다. 나는 동네 소년들과 함께 종종 '탐험'을 떠났는데 그때 탐험의 일환으로 마치 누군가 부상을 입은 것처럼 꾸미곤 했다. 긴급 상황을 연출하고자 환자 이송을 위해 다들 나무를 거칠게 뽑아서 들것을 만들었다. 내가 아무리 항의해도, 동료 탐험가들은 계속 나무를 베었다. 화가 나서 돌아섰던 나를 어머니가 위로한 기억이 있다. 쿠키 한 조각과 특별히 설탕을 더 넣은 차 한 잔을 받으며, 속상한 마음을 조금 누그러뜨렸다.

소년들은 항상 그룹으로 놀았고, 그 그룹은 대개 소년들만 낄 수 있었다. 이러한 그룹에서 나는 종종 불편함을 느꼈고, 그래서 오히려 이웃집의 소녀와 노는 게 더 좋았다. 바비 인형의 옷을 갈아입히고, 가족을 이루는 소꿉장난을 했다. 나는 축구에는 관심이 없었고, 이는 나와 다른 소년들 사이의 극복할 수 없는 간극을 만들었다.

남성들이 가진 전형적인 이미지와는 달리, 나는 언제나 내가 아이를 원한다는 걸 알고 있었다. 25살 때, 직장에서 내가 아버지가 될 거라고 말했을 때, 사람들은 크게 웃었다. 학자들 사이에서는 누군가가 30세 이전에 자발적으로 아버지가 된다는 것이 꽤 우스운 일인 모양이다. 웃기든 아니든, 실제로 드물긴 하다. 처음 아버지가 되는 남성의 평균 나이는 32.5세다. 이건 국가 평균이며, 고학력 부모는 대체로 그보다 더 늦게 첫 아이를 가지곤 한다.[2]

'아이를 원한다'는 것은 '진짜 남성성'과 직접적으로 연결되지 않는다. 하지만 이게 맞는 말인지도 잘 모르겠다. 왜냐하면 남성의 출산욕구를 다룬 연구는 거의 이루어지지 않았기 때문이다. 2011년에한 연구에서는 두 명의 영국 연구자들이 생물학적 자녀가 없는 30세에서 60세 사이의 남성들을 인터뷰했다. 그들 중 거의 모두가 아이를 갖고 싶어 했으며, 연구는 이 충족되지 못한 욕구가 심리적 문제로 연결된다고 밝혔다.[3] 불임으로 아이를 가질 수 없는 남성들에게도 비슷한 현상이 나타난다. 이들은 종종 우울증, 상실감, 고립감을느끼기 때문이다. 로테르담의 에라스무스 의료 센터의 비뇨기-남성학 전문의 허르트 도흘레Gert Dohle는 이렇게 충족되지 못한 욕구를가진 남성들을 자주 진료한다. 그는 자신을 인터뷰한 네덜란드의 신문사 〈엔에르세이 한델스블라트NRC Handelsblad〉에서 이를 '보이지않는 욕구'라고 언급하며 남성의 불임을 침묵의 슬픔이라고 불렀고, 남성들이 그 슬픔에 관해 이야기하는 것이 매우 어렵다고 말했다.[4]

이상하게도, 생식기능에는 '남성다움'이 딸려 온다. 언젠가 내가누군가에게 아이를 갖고 싶다고 설명한 후, 화학요법으로 생식 능력이 손상되었기 때문에 너무 오래 기다리고 싶지 않다고 말했을 때, 상대는 불임으로 인해 내 남성성이 해를 입었는지를 물었다. 이것은 내 인생에서 '남성성'에 대해 의식적으로 지적을 받은 첫 번째 순간이었다. 이 '남성성'이 정말 존재한다면, 손상될 수도 있는 것이다. 마치 받은 선물을 기대하며 풀어봤더니 깨져있는 것 같은 느낌이었다. 생식 능력이 매우 높은 건 남성적이지만, 그를 사용하는 건 그렇지 않은 듯했다.

여성의 경우는 어떨까? 여기에서도 질문을 던질 수 있다. 진짜 여성이란 무엇일까? 적어도 남성과는 반대로 자손에 대한 고정관념이 있을 것이다. 아까와는 반대로, 자녀를 갖고 싶지 않은 여성이 예외에 속한다. 네덜란드 잡지 〈자유로운 네덜란드Vrij Nederland〉의 기자 닌커 판 스피헬Nynke van Spiegel은 왜 '아직' 아이가 없는지 많은 질문 받는다고 썼다. "아이를 갖지 않는 것은 선택으로 보지 않고 결과로 보는 경향이 있습니다. 예를 들어, 적절한 남자를 찾지 못해서, 너무 열심히 일해서, 아니면 임신이 되지 않아서 등이 그 이유일 수 있습니다. 많은 이들이 왜 아이가 없는지와 아이를 갖고 싶지 않은지에 대한 설명을 요구합니다."[5] 우리는 여성이 자녀를 갖고 싶은 욕구를 가지는 게 자연스럽다고 간주한다. 심지어는 배란 중인 난소가 내는 요란한 소리에 그 생물학적 욕구를 느껴야만 한다고 말이다. 하지만 정말 난소가 그렇게나 요란한 걸까? 아직까지 나이가 들면서 여성의 '자녀 욕구'가 증가한다는 증거는 전혀 없다. 여성의 생식 능력이 일정 연령까지만 존재한다는 것은 생물학적 사실이다. 여성들은 이를 알고 있기에 기회를 놓칠 수 있다는 두려움이 생길 수는 있다. 물론 이런 두려움을 '자녀에 대한 욕구'라고 이름 붙일 수 있고, 형체가 생길 정도로 강렬해질 수 있다.

IVF(시험관 아기 시술-옮긴이)에 대한 설명회에서 나는 여자 친구와 함께 유트레흐트 대학병원의 큰 강의실에 앉아 있었다. 내게는 낯선 장소가 아니었지만, 이번에는 서로 멀리 떨어져 앉은 커플들만 보였다. 그들의 평균 나이는 서른 후반이었다. IVF 전문의가 기술적인 이야기를 하자 긴장감이 더욱 느껴졌다. 출산을 미루는 데서 오는 어두운 면이다. 다소 아이러니하지만, 이러한 자녀 욕구는 피임의 은혜로 생겨난 것이나 다름없다. 미루기가 실패로 이어질까 두려워하는 것이다. 이는 주로 심리학적인 문제이며, 아이를 갖기 위한 생물학적 필요성은 존재하지 않는다. 사실 성관계에 대한 욕구만 있으면 일반적으로 아이는 자연스럽게 따라온다.

성관계에 대한 욕구와 마찬가지로, 우리는 남성과 여성에게 다른 기준을 적용한다. 여성이 성관계에서 쾌락을 느끼거나 오르가슴을 경험할 수 있다는 사실이 의학적으로 받아들여진 것은 19세기 후반에 이르러서였다. 그리고 여기에는 여전히 이중 잣대가 존재한다. 여성은 섹시해야 하지만, 굳이 많은 성관계를 경험한 여성을 선호하진 않는다. 많은 이들이 성관계를 즐겁게 여기지만, 이를 공개적으로 인정하는 것은 여성보다 남성에게 더 쉬운 일이다. 그리고 활발한 성생활을 가진 여성은 남성보다 더 자주 그 이유를 설명해야 한다. 따라서 남성은 많은 여성을 임신시킬 수 있는 잠재력을 가질 때 특히 남성적이라고 여겨지는 반면, 많은 남성에게 임신의 기회를 제공하는 것이 반드시 여성스러움을 의미하진 않는다.

이 문제에 대해 역사를 살펴보면 굳이 놀랍진 않다. 심리학의 다양한 학파에서 서술된 내용에는 큰 일치가 없지만, 널리 받아들여지는 한 가지 견해가 있다. 바로 좋은 여성은 자녀를 돌보는 어머니라는 견해다.

서구 심리학 내에서 여성은 자연스럽게 돌보는 사람으로 여겨져왔으며, 남성들은 돌봄을 하기엔 너무나 중요한 존재로 여겨졌다. 그렇지 않으면 누가 신문을 읽고, 파이프를 피우며, 생계를 유지하고, 다른 여성들을 임신시킬까? 하지만 요즘에는 모성이 자연스럽다는 말에 동의하는 사람이 적어지고 있다. 그리고 의견의 일치가 줄어들면서 이 주제의 민감성이 증가하기도 했다. 지난 세기 동안 발전해 온 페미니스트 사상의 영향으로 모성에 대한 자연스러운 개념에 상당한 비판이 제기됐다. 이는 2019년, '어머니, 여성'이 그 해의 도서 주간의 주제로 선택되어 상당한 논란을 불러일으켰을 때 더욱 분명해졌다.[6] 비평가들은 이 주제가 1950년대의 도덕성을 암시한다고 주장했다. 1956년 이전에는 기혼 여성들이 법적으로 행위 무능력자였으며, 공식적으로 어떤 결정도 내릴 수 없었다. 결혼을 하면 일할 수 없었기 때문에 기혼 여성들은 자동으로 주부가 되었고, 대부분 어머니가 됐다.

이 장에서는 여성을 '자연스러운' 어머니로서 보는 관점에 대해 비판적인 시선으로 살펴본다. 여성들은 정말로 돌봄을 남들보다 우월

연결 본능

하게 실행하며 자연스럽게 자손을 키우는 존재일까? 먼저 성별 차이와 모성에 대한 진화론적 설명을 고찰해보자. 또한 요즘 이 주제가 왜 그렇게 민감한지 살펴보자. 그 후에는 여전히 존재하는 역할 분담이 실제로 타당한 것인지 질문해 볼 것이다. 이는 원숭이학자 세라 블래퍼 허디Sarah Blaffer Hrdy(1946)의 과학적 작업을 바탕으로 한다. 이 장의 제목이 이미 답을 암시하고 있긴 하다. 이 역할 분담 자체가 생물학적 관점에서 봤을 때는 신화에 불과하기 때문이다. 이러한 변화하는 관계가 남성의 역할과 위치에 어떤 영향을 미칠까?

이게 진화야![7]

나는 벨루베Veluwe 지역의 가장자리에 살고 있어서, 자전거를 타고 멀지 않은 곳으로 가면 남성과 여성의 본성에 커다란 차이가 있다고 여기는 사람들을 만날 수 있다.(네덜란드에는 바이블 벨트Biblebelt라고 불리는, 보수적이고 정통적인 개신교가 주축을 이루는 지역이 남아있다. 그 지역에서는 자유주의적인 사상에 여전히 반대하고 있다. 저자가 사는 벨루베 지역도 바이블 벨트에 가깝다.-옮긴이) 선거철에 도로변에 있는 SGP(보수적인 개신교의 한 분파인 칼뱅교를 지지하는 정당-옮긴이)의 포스터가 붙은 팻말들이 이를 증명한다. 하지만 현대에는 여성이 훌륭한 어머니이고 남성이 타고난 지도자라는 생각은 종교적인 이유라도 뒷받침되지 않는다. 남성과 여성 사이의 심리적 차이에 대한 사상은 주로 진화심리학에서 비롯된 과학적 기반을 갖추고 있다. 진화심리학은 앞 장에서 소개된 바 있는, 당시에는 잘 받아들여지지 않았던 사회생물학에서 나온 학문이다. 진화심리학자들은 인간의 행동을 우리의 진화적기원에서 접근한다. 여기서의 중요한 가정은 우리가 현재 살고 있는세계가 인간이 형성된 세계를 대표하지 않는다는 점이다. 이로 인해우리는 주변의 현대 세계에 제대로 적응하지 못하고 있다. 즉, 우리는 현대 세계에 사는 원시 인간이며, 진화적으로 발달했으나 문화적발전을 따라잡지 못하고 있는 것이다. 그리고 이를 불일치라고 일컫는다. 과거에는 영양가 있는 음식을 채집하는 데 며칠을 보냈지만, 이제는 거리의 모든 모퉁이에서 기름진, 짠, 단 음식을 쉽게 찾을 수있다. 그리고 식사 후에는 몇 시간 동안 앉아 있게 된다. 이러한 이유로 많은 사람이 고혈압과 과체중에 시달린다. 진화심리학자들은 환경이 우리의 대사뿐만 아니라 남성과 여성의 뇌와 심리에도 영향을미쳤다고 주장한다.

남성과 여성 사이에 가정된 심리적 차이는 두 성 사이에 존재하는명백하고 중요한 생물학적 차이에서 비롯된다. 아홉 달의 임신 기간과 그 후의 모유 수유가 바로 그것이다. 여성은 아이를 세상에 내놓기 위해 남성보다 훨씬 더 큰 투자를 해야만 한다. 이러한 차이는 남성과 여성이 재생산의 기회를 높이기 위해 사용할 수 있는 전략의차이를 자아낸다. 하룻밤의 만남이 임신으로 이어지는 극단적인 예에서, 아버지의 투자는 무시할 수 있지만, 어머니가 아이를 키우기로 결정했을 때의 투자는 상당하다. 이러한 투자의 불평등은 두 성별의 번식 전략의 차이를 만들어냈다. 여성에게는 적은 수의 자녀에게 더 많이 투자하는 것이 필수적인 반면, 남성에게는 진화론적으로 많은 자녀에게 적게 투자하는 것이 유리할 수 있다. 이로 인해 남성은 여성과 싸우고, 영역을 방어하며, 자기 과시에 시간과 에너지를 사용한다. 남성과 여성 간의 이러한 불공정한 분배는 이미 동화작가 안니 M.G. 슈미트Annie M.G. Schmidts가 날카롭게 지적했다. 그녀가 창조한 캐릭터인 입Jip과 야네커Janneke, 수탉에게 먹이를 주던 입은 손을 쪼이고 만다. 그러자, 입이 말한다. "나 참. 이 녀석 참 요란법석하네. 자기가 제일 많이 먹고 싶나 봐. 그리고 저렇게 모두 밀어내네. 꼭 자기가 왕인 것처럼 굴고. 큰소리나 치고. 알도 낳지 못하는 주제에 말야."[8]

동물 종 사이에도 부모가 하는 투자에서 엄청난 차이가 있다. 스펙트럼의 한쪽 끝에서는 예를 들어 바다 밑바닥에 누워 있는 대왕조개 거거를 볼 수 있다. 이 연체동물은 5억 개의 알을 낳지만, 자손에 대해 크게 신경 쓰지 않는다. 반면에 다른 쪽 끝에는 고릴라, 코끼리 그리고 인간과 같은 동물이 있다.

하지만 그들이 평생 배란하는 난자의 개수는 훨씬 적다. 임신 횟수, 모유 수유, 피임약 사용량에 따라 최대 몇백 개의 난자만이 충분히 성숙해, 현재 네덜란드에서는 평균적으로 여성당 1.59개의 난자가 아이로 성장한다.[9] 그리고 이 1.59개의 난자에서 태어난 아이에게는 많은 관심이 집중된다. 인간의 아기만큼 도움이 필요한 아기는 없기 때문이다. 아이들은 보호와 온기, 음식, 그리고 많은 돌봄이 필요하다. 그리고 자신을 어느 정도 돌볼 수 있게 될 때까지 몇 년이 걸린다. 그리고 이런 돌봄의 역할이 어머니에게 불균형하게 많이 부여되어 왔기 때문에, 남성과 여성의 행동에는 조정이 이루어졌다. 여성은 남성에 비해 돌보는 성향과 공감 능력이 높다고 여겨지며, 남성은 성관계에 더 집중한다고 여겨졌다. 여성은 사회적 상호작용에서 보수적이고 신중한 반면, 남성은 더 많은 위험을 감수할 수 있다고 한다. 신뢰할 수 없는 남성과 얽히고 그 남성이 금방 사라진다면 여성은 위험을 감수하게 되지만, 남성이 여기저기에서 자손을 남기는 것은 큰 위험으로 여겨지지 않는다. 한편, 여성은 친모임을 항상 알고 있지만, 유전학적 연구의 발견 이전까지 남성은 이를 확신할 수 없었다. 이는 남성과 여성이 파트너와 어떻게 관계를 맺는지에 차이를 만들었다. 연구에 따르면, 남성은 파트너가 다른 남성과 성관계를 가질 때 특히 질투를 느끼는 반면, 여성은 상대가 타인에게 강한 감정적인 애정을 가지는 것에 더 어려움을 겪고 다른 여성과 성관계를 가지는데 대해서는 그다지 문제를 느끼지 않는다.[10]

우리는 진화심리학적 이론을 주로 남성과 여성 간의 파트너 선택과 성적 행동에 대한 심리적 차이를 설명하는 데 사용했다. 어머니의

연결 본능

행동에 대해서는 특히 이전 장에서 소개된 존 볼비의 애착 이론이 큰 영향을 미쳤다. 이 이론은 진화심리학적 연구에 크게 의존해 출생부터 어머니라는 인물과 아이 사이의 지속적인 접촉이 필요하다고 주장한다.

그리고 할로의 원숭이 실험 연구와 함께, 볼비의 제자 중 한 명인 메리 에인스워스Mary Ainsworth(1913~1999)의 관찰에서 중요한 영감을 받았다. 1950년대, 그녀는 우간다의 여러 외딴 마을 가정에서 3년 동안 어머니와 그들의 아이들의 행동을 관찰하기 위해 시간을 보냈다. 그녀의 관찰은 아이들이 안정적인 양육자에 애착을 갖는 것이 얼마나 중요한지, 그리고 그 양육자가 아이가 세상을 탐험할 수 있는 안전한 기반이 되는 방법을 보여주었다. 볼비는 아이들이 어머니에게 애착을 갖는 것, 그리고 할로의 실험실에서 관찰된 원숭이들의 행동에 대한 애착이 인간의 자연스러운 행동이라고 가정했고, 이것이 아이의 건강한 발달로 이어질 것으로 생각했다. 이러한 육아 방식은 우리의 진화적 역사와 일치하며 당시에 알려진 다른 영장류의 관찰과도 일치했는데, 이는 생애 초기에 어머니와 아이가 거의 끊임없이 접촉을 유지했음을 보여준다. 그러나 우간다의 어머니들과 원숭이가 우리의 역사적 모델로 적합한지는 의문이다. 이 이론의 일부가 타당하게 들릴 수도 있겠지만, 조심스럽게 접근해야 한다. 이론은 연구로 뒷받침될 때 비로소 의미가 있기 때문이다. 우리의 행동 기원을 조사하는 것은 어렵다. 우리 조상들로부터 때때로 뼈나 흩어진 돌도끼를 찾을 수 있지만, 상호 관계는 흔적을 남기지 않기 때문이다. 근거는 종종 다른 동물들의 관찰과 다양한 문화에서의 행동에서 비롯된다. 만약 어떤 행동이 진화적으로 가까운 동물들에서도 나타나거나, 많은 다양한 문화에서 관찰된다면, 우리는 그 행동의 선천성을 합리적으로 가정할 수 있다. 그러나 이 두 연구 분야에 함정이 없는 것이 아니다. 동물 연구와 관련하여 어떤 동물을 기준으로 삼을지는 아직도 완전히 의문으로 남아 있으며, 그 어떤 영장류도 서로와 같지 않다.

그렇기 때문에 보노보, 침팬지, 고릴라 중 어떤 영장류를 우리의 모델로 삼는지가 연구의 큰 차이를 만든다. 그리고 다양한 문화를 연구할 때도 이런 차이는 적용된다. 그렇다면 어떤 동물과 문화를 기준으로 연구해야 할까?

볼비도 레서스원숭이의 행동과 에인스워스의 연구를 바탕으로 두었기 때문에 이러한 함정을 피하지는 못했다. 그리고 그 선택이 그와 그 후계자들의 연구에 여러 가지 결과를 안겨주었는데, 그중 하나가 바로 일관적으로 어머니를 고정된 양육자로 보았다는 점이다. 많은 어머니와 정책 입안자들도 애착 이론을 비슷한 방식으로 이해했다. 아동과 어머니는 지속적으로 가까이 있어야 하며, 그렇지 않으면 반드시 문제가 발생한다고 말이다. 이런 볼비의 메시지는 특히 1950년대와 60년대에 병원과 부모가 아픈 아이들을 돌보는데 중요한 영향을 끼쳤다. 다른 이유도 있었지만, 아픈 아이들의 사회적 고

연결 본능

립 및 그로 인한 사망을 종식하는데 이런 이론이 큰 역할을 하였다. 하지만 이렇게 아동의 생명을 유지하는 데 어머니가 필수라고 말하는 애착 이론의 해석은 단점 또한 가져왔다. 바로 이 협의적 해석 때문에 어머니에게 특정한 역할을 기대하고 있기 때문이다. 오늘날 많은 부모들이 이런 단점을 느끼고 있다.

여성으로서의 어머니

경력 초기에 볼비는 도난 혐의로 학교에서 쫓겨난 아이들을 치료하는 런던의 한 센터에서 일했다. 이 아이들은 종종 심각한 행동 문제를 일으켰다. 볼비는 이런 비행소년들의 대부분 어머니와의 관계가 좋지 않았으며, 그 이유가 어린 시절 어머니와 분리된 탓이라고 주장했다. 그리고 이러한 분리의 이유는 다양했다. 병원 입원, 가정 외 보호, 또는 부모가 아이를 고아원에 보내는 경우가 있었다. 그리고 여기에도 패턴이 있었다. 아동이 6개월이 넘어 어머니에게 애착을 형성한 후 분리 기간이 길어진다면, 그 피해는 더 컸다. 그렇게 볼비는 부모와 아이 사이의 좋은 정서적 유대의 중요성을 지적했다. 이 메시지에는 문제가 없지만, 잘못된 결론을 도출하기 쉽다. 예컨대 유대 형성에 실패한 어머니가 아이의 행동 문제나 범죄적 경향을 야기한다고 믿는 식이다. 운전 전에 알코올 섭취를 피해야 한다는 점이 모든 교통사고가 알코올 때문에 발생한다는 의미로 볼 수 없는 것과 마찬가지다. 하지만 1950년대에 볼비의 이론이 인기를 얻기 시작했을 때, 어머니들은 아이의 일탈이 자신 때문이라는 이야기를 자주 들었다. 또한 같은 시기에 자폐증과 조현병을 연구하던 의사들은 어머니로부터의 사랑과 따뜻함의 부족이 이러한 질병의 원인일 수 있다고 제안함으로써 상황을 더 악화시켰다. 나중에는 이런 생각이 전혀 잘못되었다는 것이 밝혀졌지만, 이미 피해는 발생한 후였다. 또한 '냉장고 엄마Refrigerator mother'라는 이름표를 붙이고 어머니들을 가전제품처럼 취급했다. 차갑고 무정한 어머니들이 자손의 범죄 행위와 정신 질환에 책임을 지게 된 것이다. 이렇게 어머니를 향한 비난은 그들에게 더 잘해야 한다는 압박을 주었고, 이미 늦은 사람들에게는 큰 죄책감을 안겼다.

냉장고 엄마들의 경험과 그들이 겪은 비난과는 비교하기 어렵겠지만, 현대 부모들 역시 자녀 양육에 죄책감을 느낀다. 아이들을 어린이집에 맡기는 부모라면 모두 이를 이해할 것이다. 나 역시 며칠 동안이나 아이가 울며 안아달라고 두 팔을 뻗은 모습을 눈에 담고 일해야만 했다. 이러한 모습은 그 누구라도 적어도 며칠간은 나쁜 아버지로 느끼게 만들기에 충분하다. 하지만 자주 가정양육을 하고 파트타임으로 일하는 경우(네덜란드에서는 어린이집에 아이를 보내는 일수를 선택할 수 있다.-옮긴이), 스스로를 나쁜 직원이라고 느낄 수도 있다. 물론, 그 두 가지를 동시에 느낄 수도 있다. 나는 페이스북에서 풀타임으로 일하는 몇몇 엄마들이 파트타임으로 일하는 다른 엄마들을 비판하는 대화를 지켜보며 충격에 빠진 적이 있다. 파트타임으로 일하며 경력을 희생하고, 여성의 자리를 주방에 고정시킨다는 것이다. 또한 그들에게 투자됐던 많은 교육비용을 생각하면 어떻게 그럴 수가 있냐고 말했다. 결국 어느 쪽이든, 어머니는 항상 누군가를 실망시킨다.

이는 전혀 새로운 논쟁이 아니다. 페미니스트들에게 볼비의 애착 이론은 꽤 오랫동안 인기가 없었으며, 세라 블래퍼 허디는 "애착이 있는 아이는 속박된 어머니를 의미한다"고 말했다.[11] 이러한 감정도 이해할 만하다. 페미니즘 운동이 한 가지 방식으로만 이루어졌을 시절에 목적은 남녀평등을 실현하는 것이었다. 그리고 그 분야에서만큼은 큰 성공을 거두었다. 그 한 가지 일화로, 최근에 나의 7살짜리 아들이 왜 그렇게 많은 의사가 누나를 만나기 위해 자주 집에 오는지를 물었던 적이 있다. 우연히 그 주에는 여러 여성이 집을 방문했는데, 그중에는 의사가 아닌 언어 치료사와 물리 치료사도 있었다. 놀랍게도 내 아들에게는 이 모든 여성이 의사로 보이는 것이다. 실제로도 그가 평생 본 의사들은 주로 여성이다. 내 아이에게는 전형적인 의사가 남성이 아닌 것이다. 이는 이전 세대의 시선과는 다르다.

여성들은 노동권과 투표권을 힘들게 쟁취하였다. 인력이 부족하다면, 여성들 또한 일을 할 수 있었다. 특히 많은 인력을 필요로 했던 산업혁명 동안이나, 남성들이 징병된 전쟁 시기가 바로 그런 때였다. 하지만 1950년대가 되자 영국과 미국 여성들은 다시 집으로 돌아와 '어머니 역할'을 하라는 불친절한 요청을 받았다. 조안나 윌리엄스Joanna Williams는 그녀의 책 《여성 대 페미니즘Woman vs Feminism》에서 제2차 세계대전 중 스코틀랜드의 한 직조공 벨라 케이저Bella Keyzer가 용접공으로 훈련받은 이야기를 전한다. 그녀는 남성 동료들이 받는 급여의 3분의 1을 받으며 국가 재건에 도움을 주었다. 그리고 전쟁이 끝난 후에는 '여성의 노동'을 하도록 강요받았다. 그녀가 얼마나 용접을 잘하며 계속하고 싶어 하는지는 중요하지 않았다.[12]

여성들이 평등한 권리와 기회를 얻기 위해 얼마나 열심히 노력해야 했는지를 염두에 둔다면, 페미니즘과 남성과 여성 사이의 자연적 또는 생물학적 차이가 있다는 견해가 서로 동의하지 않는 게 당연하다. 또한 이러한 견해는 남성과 여성의 위치에서 원치 않는 사회적 차이를 유지하는 근거로 볼 수도 있다. 1960년대와 1970년대의 '제2세대' 페미니스트들은 일반적으로 생물학적 차이가 존재하지 않으며, 존재한다 하더라도 중요한 역할을 하지 않는다고 가정했다. 또한 최근 문헌에서는 '성sex'이라는 용어는 일반적으로 사용되지 않으며, 생물학적 차이를 나타낼 때만 사용된다. 대신 '사회적 성별gender'이라는 용어를 사용하며 이는 '남성'과 '여성'의 사회적 구성을 나타낸다. '사회적 성별의 환상Delusions of Gender', '여성적인 두뇌에 대한 신화The Myth of the Female Brain', '사회적 성별의 미신De gendermythe' 등 출간된 책들의 일부 제목은 그 의미를 분명히 드러낸다.[13] 이 책들의 핵심 내용은 나중에 다루겠지만, 지금도 이야기할 수 있는 건 이 책들이 남성과 여성 모두에게 공평치 않은 견해를 제공한다는 점이다. 남성과 여성이 서로 다른 행성에서 온 것은 아니지만, 두 성별의 생물학적 연구 결과는 분명한 차이를 보인다. 그러니 이러한 차이가 우리의 심리적 기능에 중요하지 않다고 가정하는 것은 위험하다. 남성과 여성이 자신의 생물학적 '제한'으로 겪을 수 있는 문제를 경시할 수 있기 때문이다. 여성이 감정을 드러낼 때 '호르몬 문제가 있다'는 말을 듣는 것은 속상한 일이다. 하지만 여성이 실제로 호르몬 문제를 겪고 있는데도 이해를 받지 못한다면 그 또한 슬픈 일일 것이다. 이렇게 남성과 여성 사이의 생물학적 차이를 인식하지 못하는데서 벌어지는 또 다른 위험은 일방적인 연구로 약물을 잘못 투여했을 때 벌어진다. 여성을 상대로 한 여러 약물의 연구가 부족하다는 것은 이미 의학계에서는 큰 문제로 대두됐다. 또한, 만약 우리의 성 정체성이 사회의 구성물에 불과하다면, 트랜스젠더가 겪는 고통은 그저 과장에 불과한 것일까? 아니면 성적 지향이 선택이라고 주장했던 1970년대의 동성애자들과 같은 결일까? 나는 이 모든 점에 동의하지 않는다. 생물학적 차이는 존재하며 이를 인정하는 게 낫다고 본다. 그렇지만 동시에 생물학적 차이나 원인은 설명에 불과할 뿐, 절대 변명으로 오용해선 안 된다는 점을 계속해서 염두에 두어야 한다. 진화는 목적이나 이유 없이 일어나는 과정이다. 설령 우리의 차이가 진화의 결과이더라도, 그 진화가 '의도된' 것이거나, '올바르다'

라고 볼 순 없는 것이다.

볼비 자신 역시 순수하고 생물학적인 어머니만이 양육자가 될 거라는 생각을 엄격하게 주장했던 건 아니었다. 자신의 이론을 해석한 다른 사람들보다 훨씬 더 미묘하게, 어머니 외의 다른 양육자가 존재한다는 것에 대한 여지를 남겼다. "…생물학적 어머니가 아이의 주요 애착 대상이 되는 것이 일반적이지만, 다른 사람들도 그 역할을 효과적으로 수행할 수 있다. 어머니를 대체하는 누군가가 어머니처럼 행동한다면, 아이 역시 그녀를 어머니로 대할 것이라는 증거가 존재한다."[14] 결국, 아이를 돌보기 위해 꼭 생물학적 어머니일 필요는 없다는 것이다. 그래도 볼비의 주장은 여전히 아이들이 주로 한 사람에게 애착을 느끼며 가장 바람직한 애착 상대는 어머니라는 점이었다. 여태까지의 진화 과정에서 인간 아이들이 그랬던 것처럼 말이다. 하지만 원숭이학자 세라 블래퍼 허디의 연구가 이런 애착이 유연하게 작용한다는걸 분명히 했다.

원초적인 어머니를 찾아서

세라 블래퍼 허디는 1999년에 출판된 자신의 방대한 저서《어머니의 탄생Mother Nature》을 통해 여성이 본성적으로 돌보는 성향을 가졌는지에 대해 가장 포괄적인 답변을 제시했다.[15] 1970년대, 당시에

연결 본능

는 흔치 않던 여성 원숭이학자였던 그녀는 영아살해라는 불편한 주제에 대해 연구했다. 출산 후 어머니들이 자동적으로 아이를 돌보게 된다면, 자신의 아기를 죽이는 일은 거의 발생하지 않을 것이다. 그건 모성애에 반하는 일이기 때문이다. 하지만 허디는 어머니가 영아를 살해하는 사례가 생각보다 드물지 않다는 것을 밝혀냈다. 실제로, 적극적인 살해보다 방치로 인한 사망이 흔하게 일어났으며 18세기 유럽에서는 이런 일이 대규모로 자행되었다. 앞서 언급한 것처럼, 18세기 프랑스에서는 아이들을 고아원이나 시골의 보모에게 보내는 일이 흔했다. 통계 역시 1780년경 파리의 어머니 중 겨우 5퍼센트가 자신의 아이를 직접 양육했다고 기록한다.[16] 사실상 가정 내에서의 아동 사망을 막기 위해 보모들과 고아원이 생겨난 것이지만, 유아 사망은 특이한 일이라기보다는 규칙적으로 행해졌다. 그것도 공공연하게.

이를 나타내는 예시가 있다. 1755년에서 1773년 사이에 이탈리아 토스카니의 고아원에 1만 5천 명의 아동이 버려졌으며, 이 중 3분의 2는 첫해를 넘기지 못했다. 유럽의 대부분 지역에서도 상황은 비슷했다. 많은 어머니가 자신이 아이를 버리면 이 아이들이 오래 살지 못하리라는 것을 알고 있었음에도, 가난 때문에 자녀를 포기했다. 이러한 충격적인 기록은 시몬 드 보부아르Simone de Beauvoir나 엘리자베트 바댕테르Elisabeth Badinter와 같은 페미니스트들이 이미 모성애는 고정된 게 아니라는 것을 보여주기 위해 사용됐다. 이들은 여성들이 사회에 의해 강요된 어머니 역할을 맡고 있으며, 그 역할이 생물학적 특정에서 비롯된 것을 믿고 있었다. 그리고 허디가 이에 중요한 연구 데이터를 추가하며 논의를 확장시켰다. 그녀는 출생을 통제할 다른 방법이 없는 모든 사회에서 영아살해가 발생한다는 점을 증명했다. 그 원인은 다양하며, 출생 직후에 관찰된 신체적 이상 때문인 경우도 있었다. 갓 태어난 아기의 발가락과 손가락을 세는 것은 당연한 습관처럼 보일 수 있지만, 어느 문화권에서 어느 시기에 태어났느냐에 따라 그런 습관이 양육을 결정할 수도 있다. 그리고 어떤 신체적 이상이 그 결정에 중요한 영향을 미치는지 또한 문화에 따라 다르다. 예를 들어, 중국과 인도에서는 특정 성별을 선호한다. 빈곤과 어머니에 대한 지원 부족이 이에 보태지며, 흔히 취약한 상황에 놓인 십대 어머니들에서 볼 수 있는 광경이다.

이 데이터는 아이를 돌보는 것이 본능적인 습관이 아니며, 환경이나 상황에 따라 여성들이 다른 선택을 할 수 있다는 점을 보여준다. 생물학자로서의 허디는 이런 발견에 놀라지 않았다. 드문 일이긴 하지만, 다른 영장류에게서도 비슷한 행동을 관찰했기 때문이다. 자녀를 고의로 방치하려면 많은 요인이 작용해야 했다. 허디는 집단의 지배권을 외부에서 온 수컷이 가진 상황을 예로 들었다.[17] 새로운 알파맨의 등장으로 젊은 동물들은 안전하다고 느끼지 않고, 어떤 경우에는 어머니가 아기를 '포기'할 수도 있는 것이다. 하지만 그중에서도 영장류가 인간처럼 새끼의 외모적 특성을 기반으로 보살핌을 결정하지 않는다는 점이 눈에 띄었다. 심지어 심각한 장애를 안고 있는 아기나 사망한 아기조차도 함께 이동시키고, 돌보며, 방어했다. 이런 면을 보면 우리는 모성애에 상당히 '조건부'적인 영장류다.

허디의 연구에서 나온 가장 중요한 메시지는 모성애가 자연적인 자동 반응이 아니라는 것이다. 그녀는 어머니가 출산 후 의식적으로 신생아를 키울지 결정할 수 있다고 주장했다. 설명은 가볍지만 그 결정이 가볍진 않다. 출산 후 시간이 지날수록 아이를 포기하기는 더욱 어려워지기 때문이다. 더 전통적인 사회에서의 관찰에 따르면, 여성들은 출산 직후에만 쉽게 이런 결정을 내릴 수 있다. 이와 관련하여 언급하지 않을 수 없는 실험이 있다. 그것은 비윤리적일 정도로 흥미로운, 19세기 파리에서 프랑스 개혁가들이 높은 어린이 사망률을 줄이고자 시행했던 실험이다.[18] 가장 가난한 여성들만이 출산하는 병원에서 대부분의 어머니들이 출산 직후 아기를 건너편에 있는 고아원에 맡기게 됐다. 일부 어머니들은 아이를 포기하기 전에 아기와 더 오래 머물 수 있는, 8일의 기회를 얻었다. 그리고 그 해, 1869년, 아기를 더 길게 돌볼 기회를 얻은 어머니 중 단 10퍼센트만이 자신의 아이를 포기했으며, 그 이외의 어머니의 24퍼센트가 아이를 포기한 것과 비교된다. 결론적으로, 어머니는 자기 자녀에 대한 돌봄을 거부할 수 있지만, 어머니와 자녀 간의 유대가 강해질수록 양육을 거부하기가 어려워진다고 볼 수 있다. 요즘에는 다행히도 어머니들이 그런 결정을 내릴 필요가 없다. 왜냐하면 피임이나, 불행한 경우에는 낙태와 같은 수단이 존재하기 때문이다.

허디가 말하는 '자연스러운 어머니'에 반하는 또 다른 중요한 논점은 역사적 가설과 관련이 있다. 볼비는 우리가 영장류로서 보낸 최초의 몇 년이 다른 영장류, 예를 들어 어머니에게 지속적으로 매달려 있는 레서스원숭이와 비슷하다고 가정했다. 그러나 허디는 우리가 양육자 한 명에게 지속적으로 의존했을 리가 없다고 이야기한다. 실용성이 그 이유다. 우리는 맨살의 원숭이이기에 아이가 매달릴 수 있을 만큼의 털이 없다. 물론 떨어지지 않으려 무언가를 잡는 반사신경은 여전히 존재한다. 아기는 떨어질 때는 아무런 의미 없이 주먹을 꽉 쥐어 어머니(또는 아버지)의 털을 잡으려 한다. 부모라면 시도해 볼 수 있는 재미있는 실험이다. 그러나 허디는 다른 영장류의 연구와 다양한 문화에서의 관찰을 바탕으로 어머니가 유일한 양육자라는 생각이 너무 제한적이라고 지적한다. 우리는 양육을 다른 사람과 공유하는 능력이 뛰어나다. 인간 어머니는 잠시 다른 일을 하기 위해 다른 가족구성원에게 아이를 맡길 수 있다. 아이가 붙잡을 수 있는 털이 없기에 아이를 어머니에게서 떼놓기 쉽기도 하다. 이러한 공동 육아 시스템을 '협력적 양육'이라고 부른다. 이러한 시스템은 여러 동물 종에서 나타나며, 예전의 생물학자들이 생각했던 것보다 훨씬 더 흔하다. 이는 생존을 위한 경쟁에서 이기적인 개체만이 자신의 후손을 위해 존재한다는 적자생존과는 대치된다.[19]

협력과 생존은 서로 배치되지 않는다. 생물학자이자 수학자인 마틴 노왁Martin Nowak(1965)은 그의 책 《초협력자SuperCooperators》에서 특정 상황에서는 협력을 통해 더 많은 후손을 남길 수 있다고 설명한다.[20] 사람들이 협력하기 위해서는 서로 유전적으로 연관되어 있을 필요조차 없다. 하지만 누구를 신뢰할 수 있는지, 그리고 특히 누구를 신뢰할 수 없는지를 알고, 그에 따라 행동을 조정하는 것이 중요하다. 노왁에 따르면, 우리의 진화적 성공은 협력이라는 특별한 능력의 결과물이다. 항상 그렇게 느껴지지 않을 수도 있지만, 인간은 매우 협동적인 동물이다. 허디는 그녀의 책 《어머니, 그리고 다른 사람들Mothers and Others》에서 항공 여행을 예로 든다. 매년 30억 명 이상의 승객이 비행기 안의 좁은 공간을 공유한다. 승객들은 대부분 노인, 아기, 사춘기 청소년이지만, 나이에 상관없이 싸움으로 옷이 찢어지거나 부상을 입지 않고 무사히 비행기를 벗어난다. 이는 다른 동물 종에서는 상상하기 어려운 일이다.

허디에 따르면, 협력적 양육은 우리의 발전 방향에 영향을 미쳤다. 우리가 공동으로 양육하기 때문에 개인 간의 많은 조정이 필요하다. 단순히 양육자 사이뿐만 아니라 아이들과 양육자 사이에서도 조정이 필요하다. 여러 양육자에게 의존하는 경우, 그 양육자들을 신뢰할 수 있는지 배우는 것도 중요하다. 이때, 어쩌면 어머니가 항상 최선의 선택은 아닐 수 있다. 볼비가 생각했던 것과 달리, 아이들은 어머니뿐만 아니라 다양한 양육자에게 애착을 가질 수 있기 때문이다. 다양한 사람들에게 애착을 찾는 아이들은 여러 이점을 누릴 수 있으므로 사회적 기술을 제때 개발하는 것이 좋을 것이다. 허디는 여러 양육자와 잘 지낼 수 있는 능력을 기르라는 진화적 압력이 아동들의 인지적 공감 능력의 발달을 자극한다고 추측한다. 공감 능력은 다른 사람들이 무엇을 생각하고 있는지 이해할 수 있는 능력이다.[21] 공동 양육 덕에 우리, 그리고 그 자녀들이 공감적이고 협력적인 성향을 갖게 되는 것이다. 그러나 이를 위해서는 큰 두뇌가 필요하다는 것을 다음 장에서 설명하겠다.

허디의 연구는 두 가지 교훈을 준다. 첫 번째는 어머니들이 본능적으로 혹은 자동적으로 사랑으로 가득 찬 양육자가 되는 게 아니라는 것이다. 이는 어머니들의 경험과 선택의 차이를 고려하지 않아서 생기는 오해다. 두 번째 교훈은 아이를 키우는 가장 자연스러운 형태가 아마도 공동 육아일 거라는 점이다. '아이를 키우려면 온 마을이 필요하다'는 말도 있잖은가. 페미니즘적 관점에서는 안심되는 말이다. 여기선 애착이 형성된 아이에게 어머니가 얽매여 있다는 의미는 아닐 것이다. 하지만 이 이론에서 아직 다루지 않은, 눈길을 끄는 관점이 하나 있다. 일요일에 고기를 자르러 오는 아버지는 무슨 의미를 가지고 있을까?

원시 아버지의 존재?

아이를 키우기 위해 필요한 마을은 종종 가족으로 구성된다. 다양한 전통문화에 대한 데이터를 모은 최근 연구에 따르면, 어린이를 돌보는 일의 평균 40퍼센트 이상이 어머니가 아닌 다른 이에 의해 이루어진다.[22] 누가 이 역할과 책임을 맡는지는 문화에 따라 다르지만, 주요한 동반 양육자(학술용어로는 알로페어런츠alloparents라고 한다)는 아버지, 형제, 자매, 그리고 할머니들이다. 아버지의 참여도는 차이가 있겠지만, 양육에 관여하는 아버지의 전형적인 예는 아카족에서 보인다. 아카족은 중앙아프리카 내륙에서 사냥과 채집을 하며 사는 부족이다. 아카족의 아버지들은 자녀와 많은 시간을 보내며, 야영하는 기간 중 20퍼센트 이상의 시간 동안 아이를 안고 다닌다. 그렇지 않더라도 아이들을 항상 근처에 머무르게 한다.[23] 또한 야영지를 떠날 때도 아이들을 데려간다. 이렇게 육아에 적극적인 아버지는 사실 예외에 속한다. 다른 전통문화에서는 이렇게 아기를 안고 다니는 아버지들을 찾아보기가 어렵다. 서구 기준으로 보았을 때 양육에 참여하는 아버지라고 자부하는 나 역시 아카족 아버지의 평균에는 미치지 못한다. 그렇다고 해서 다른 문화의 아버지가 양육에 기여하지 않는 것은 아니다. 이들은 종종 식량을 수집하거나 생산하는 일에 더 바쁠 때도 있다. 이 역시 아이에게 도움을 주는 행위이며 전통적인 '가장'으로서의 아버지의 모델과 유사하다.

아카족 아버지들이 이렇게 양육에 참여할 수 있는 것은, 환경이 뒷받침되었기 때문이다. 아카족은 단체로 사냥하고 식량을 수집하는데, 이 활동에는 부모 양쪽이 다 참여한다. 따라서 아카족 가족 구성원들은 서로의 근접한 곳에 머물러 있다. 또한 그들의 문화는 경쟁보다 협력을 강조한다. 집단 간에 더 많은 충돌과 폭력이 있는 경쟁이 강조되는 문화의 아버지는 양육에 훨씬 적은 시간을 할애한다. 결론적으로, 아버지가 시간을 어떻게 보내는지는 환경과 생활 방식에 크게 의존하는 것이다.

하지만 아이를 돌보는 아버지들이 자연을 거스르는 현상은 결코 아니다. 단지 우선순위의 문제다. 이는 우리 인간뿐만 아니라 다른 영장류에게도 마찬가지일 것이다. 남미의 숲에서 사는 봄꽃원숭이라는 귀여운 이름을 가진 원숭이 종의 아버지들은 자신의 아기를 항상 가까이에 두며, 아기가 잠깐 모유를 먹을 때만 어머니에게 넘겨준다. 동물계의 돌보는 아버지는 정원에서 찾아볼 수 있다. 매년 봄 벌레를 입에 물고 오가는 바쁜 아빠 새들의 모습을 볼 수 있다.

그들은 배고픈 새끼들을 먹이기 위해 열심히 일한다. 그래도 자연은 선택을 하고, 더 많은 자손을 낳기 위해 필요할 때 아버지들을 양육에 투입한다. 그리고 고민은 여전히 존재한다. 어디에 투자해야 하는 걸까? 양육, 돈을 벌기 위한 노동, 지위, 아니면 성적 관계? 이 모든 선택지는 서로와 상충한다. 물론 항상 그렇진 않지만 말이다. 이 책의 4장에서는 양육과 성적 파트너를 찾는 일이 남성에게 잘 맞

연결 본능

을 수 있는지를 설명한다. 하지만 모든 맞벌이 부모가 피할 수 없는 갈등은 양육과 노동의 조합이다. 아이와 함께 집에 머무를까, 아니면 일을 계속할까? 가정을 대상으로 한 연구는 아버지와 어머니가 동일한 방식으로 결정을 내리지 않는다는 점과, 다양한 고려 사항이 결정적인 역할을 한다는 것을 보여준다. 남성은 경력에 대한 잠재적 기회에 따라 결정하는 반면, 여성은 동료들의 지지에 따라 결정한다. 심지어 두 파트너가 동등한 수입을 기록할 때도, 어머니는 일을 덜 하려는 경향이 있다.[24] 어떤 게 더 좋은지는 이 시점에서 중요하지 않다. 그보다 중요한 것은 이런 모습을 어머니가 본능적인 양육자라는 논리로 정당화할 수 없다는 점이다. 모든 것은 선택이다.

아버지들이 양육에 더 참여해야만 하는 이유들은 충분하다. 아버지가 공정하게 양육을 부담한다면, 남성과 여성 간의 노동시장에서의 평등성이 향상될 것이다. 자연스럽게 여성은 경력 단절에 대해 덜 걱정할 것이고, 남성은 아버지 역할을 죄책감 없이 즐길 수 있을 것이다. 또 다른 이유는, 남성의 역할을 가장으로 한정함으로써 놓치는 부분을 다시 찾아볼 수 있다는 점이다. 남성은 자손의 양육에 중요하고 독특한 기능을 수행한다.

점점 더 많은 연구가 아버지의 적극적인 양육 참여와 아버지와 아이 사이의 긴밀한 유대가 아이의 건강한 발달에 큰 이점을 가져다준다고 말하고 있다. 심리학 교수 수전 뵈겔스Susan Bögels(1960)의 연구에 따르면, 아버지가 놀이 중에 아이들의 도전을 도우면, 아이들의 불안도가 낮아진다.[25] 그러니 아이들을 위로 던져올리는 아버지들이 이상한 것만은 아니다. 엄마들도 아이들을 위로 던져올렸다 받을 수 있지만, 연구는 아버지들이 이런 행동을 할 가능성을 더 높게 보고 있다. 아버지들이 자녀들과 어떻게 상호 작용하는지도 아이들이 성장했을 때의 애착 형성에 결정적인 역할을 할 수 있다.[26] 아이의 필요를 더 잘 인식하고 잘 대응할 수 있는 민감한 아버지는, 무관심하거나 둔감한 아버지보다 더 나은 애착을 형성한다. 또한 아버지의 양육은 아이의 인지 발달과 학습 능력에 긍정적인 영향을 미친다. 아버지와 자녀 89쌍을 대상으로 한 연구에서, 아버지가 제공하는 '자율성'을 기르는 도움을 받은 3살 자녀는 5살이 됐을 때 어려운 과제를 수행하는 능력이 더 높은 것으로 나타났다. 자율성을 기르는 지원이란, 아이가 스스로 행동하도록 내버려 두면서 필요할 때 도움을 주는 것을 의미한다.[27]

결론적으로, 아버지는 양육뿐만 아니라 그에 실제로 중요한 가치를 더해준다. 아이에게 낚시를 가르치거나 사춘기를 헤쳐나가는 것 이상의 의미가 있는 가치 말이다. 아버지는 출생부터 아이의 건강한 발달에 기여할 수 있다. 사회가 여기서 이익을 얻으려면 아버지들에게 그 역할을 맡을 기회를 부여해야만 한다. 이 책의 뒷장에선 그 부분에 대해 더 자세히 다룰 것이다.

원시 아버지들과 마찬가지로, 원시 어머니들도 중요하다. (때때로 조수석에 남편을 태우고는) 손자를 양육하기 위해 나라를 가로질러 오는 할머니들의 이야기를 듣곤 한다. 놀랍지만, '할머니 가설Grandmother-hypothesis'에 따르면 놀랄 일은 아닐지도 모른다.[28] 이 가설은 다소 불편한 질문으로 시작한다. 왜 여성은 더 일찍 죽지 않을까? 인간을 제외한 동물계에서는 암컷이 폐경 후에 오랫동안 생존하는 경우가 매우 드물다. 폐경 자체는 그리 이상한 현상이 아니며, 우리의 친척인 침팬지도 같은 운명을 겪는다. 그러나 침팬지들은 폐경이 시작된 후에는 수명이 줄어든다. 반면에 우리 할머니들은 때때로 인생의 절반을 더 살아야 하는 경우가 있다. 할머니 가설은 이러한 여성이 중요한 역할을 수행한다고 가정한다. 바로 할머니의 역할이다. 전통 사회에 관한 연구에 따르면, 할머니가 있는 것이 손자들의 생존 가능성을 크게 높인다. 따라서 생식 능력이 없을 수도 있지만, 할머니들의 기여 자체가 생식적인 것이다. 우리 현대 사회에서도 손자들을 돌보는 데 폐경이 도움이 된다. 비록 아이들의 생존이 폐경 여부에 달려있지는 않지만 말이다. 호주와 미국에서 몇천 명의 할머니들의 행동을 대상으로 한 대규모 연구에 따르면, 폐경기에 있는 여성들이 폐경기가 아닌 동년배 여성들보다 손자들을 돌보는 데 더 많은 시간을 할애했다. 그리고 그 효과는 손자의 양육에 특화되어 있어, 이들이 자원봉사나 다른 형태의 봉사 활동에 더 많이 참여하지도 않았다고 한다. 할머니 가설은 돌봄이 단순히 생물학과만 연결된 것이 아니라, 돌봄이 인간의 생물학 자체를 형성해 왔음을 보여준다.

닮았지만 같진 않은

이 장의 시작에선, 남성과 여성에게 자연적으로 주어진 역할이 있는지, 그리고 그 역할이 있다면 여성은 본능적으로 양육자로서 어머니라는 역할을 부여받았는지 질문했다. 그리고 그 대답은 '아니오'다. 생물학적으로, 남성과 여성의 역할은 결정지어지지 않았다. 우리 모두 다른 많은 동물 종과 마찬가지로, 스스로 편안하게 느끼고 자신을 발견할 수 있는 역할을 맡을 수 있는 유연성을 가지고 있다. 그 모습을 찾는 과정에서 생물학적 성별이 주도적인 역할을 할 필요는 없다. 그러나 이 사회가 남성과 여성, 그 사이에 있는 모든 사람을 진지하게 다루려면 유연성이 필요하다. 우리는 생물학적 성별 차이를 고려해야 하지만, 규범적이고 성차별적인 역할 패턴에 빠지지 않도록 주의해야 한다.

생물학은 관계에서부터 시작해 누군가의 모성에까지 큰 영향을 미친다. 모든 여성이 자녀를 갖거나 양육을 선호하진 않고, 원시 어머니라는 게 신화일 수 있는데도 임신과 출산은 여성에게 장기적인 영향을 미칠 수 있는 생물학적이고 심리적인 경험이다. 가볍게 다룰 경험이 아닌 것이다. 임신 중과 출산 직후에 배출되는 호르몬의 양을 보면 그러하다. 이 책의 4장에서는 이 호르몬들이 어떻게 어머니의 양육 시작을 신속하게 돕는지를 설명한다. 이 점에서 어머니는 아버지보다 양육에 한발 앞서 있다고 볼 수 있다. 하지만 걱정하지 않아도 좋다. 아버지 또한 이 단계를 잘 따라잡을 수 있으니. 그러나 임신과 출산은 심혈관 질환, 정신 건강 문제, 신진대사 변화와 같이 건강에 더 심각한 영향을 미칠 수 있다.[29] 이 분야의 연구가 아직 초기 단계에 불과하지만, 여전히 임신 관련한 호르몬 때문에 출산을 한 여성과 그렇지 않은 여성의 약물 반응성이 다를 수 있다는 증거를 보였다.

그보다도 더 초기 단계인 연구 또한 놀라운 발견을 보여준다. 태반을 통해 미숙아의 DNA가 어머니의 몸으로 들어간다는 사실은 이미 알려져 있다. 하지만 그렇게 들어간 DNA가 어머니의 뇌에 도달하고, 그곳에서 활동하며 남아있을 수 있다는 사실은 아직 알려지지 않았다. 그 말인즉, 여성들은 머릿속에 자녀들의 DNA를 가지고 살고 있다는 것이다. 이에 대해 다음 장에서 더 자세히 설명할 예정이다. 이런 연구 결과는 남성, 여성, 특히 어머니들의 생물학을 진지하게 받아들이는 것이 매우 중요하다는 메시지를 준다.

그중에서도 한 가지 분명한 사실이 있다. 생물학이 역할 패턴을 제한하지 않음에도 불구하고, 남성과 여성 사이, 그리고 그들 사이에 큰 차이가 존재하는데도 행동 패턴의 변화는 느리게 일어난다는 것이다. 사회 구조는 고집스럽다. 아마도 우리의 번영이 남성과 여성 간의 평등을 방해하고 있을까? 이 말에 의구심이 들 수도 있다. 경제적 부흥이 이러한 차이를 자연스레 해결하리라 생각하는 경향도 존재하나 그 또한 문제다. 남성과 여성 사이의 특정 불평등은 번영이 증가함에 따라 오히려 커지기 때문이다. 예를 들어, 세계의 여러 지역을 비교해 보자. 스칸디나비아 국가들의 노동 시장은 매우 분리되어 있다. 많은 여성이 노동하지만, 주로 전통적으로 '여성의 직업'으로 여겨지는 직무에 종사한다. 〈사이언스〉지에 발표된 연구에 따르면, 번영한 한 국가에서 노동시장이 평등할수록, 리스크 수용이나 자선 단체 기부 등과 같은 경제적 결정에서 남성과 여성의 차이가 생긴다고 한다.

거의 모든 국가에서 여성들은 자선 단체에 더 쉽게 기부하고, 타인을 더 신뢰하며, 위험을 덜 감수하는 경향을 보인다.[30] 파키스탄과 같이 빈곤하고 성평등이 거의 이루어지지 않은 국가에서보다 네덜란드와 같은 국가에서 이런 경향이 훨씬 강하다. 고정된 역할 패턴을 선택하는 것은 선택의 자유가 있는 사회에서만 가능하다. 그리고 이것과 유사한 패턴이 학문을 선택할 때도 나타난다. 네덜란드와 같은 나라에서는 아이들이 성별에 상관없이 모두 원하는 어떤 학문을 시작할 수 있지만, 기술 교육의 대학 강의실은 여전히 소년들로 가득 차 있고 소녀들은 보건 및 교육 관련 학과에서 자리를 차지하고 있다. 사회의 노력과 정부의 캠페인으로 여성의 과학 기술 교육 참여 비율이 4분의 1로 상승했지만, 의학을 공부하는 남성의 비율은 계속 감소하고 있다. 노동 시장과 경제적 결정에서와 마찬가지로,

부유한 서구 국가에서는 성별에 따라 양육에 관한 결정에서 차이를 보인다. 젊은 아버지들이 자녀를 돌볼 수 있는 전례 없는 기회를 주는 스웨덴에서도, 무료로 제공되는 육아 휴직을 최적으로 활용하는 사람은 14퍼센트에 불과하다. 이러한 발견은 여러 가지를 의미할 수 있다. 부유한 국가에서 남성과 여성에게 평등한 기회가 제공될 때, 생물학적으로 내재된 선호가 더 자유롭게 나타난다는 점이다. 또한 이러한 사회에서는 문화적 규범의 지배가 더 강하게 나타날 수도 있다. 수많은 이분법적인 사고에서 나타나듯, 이는 아마 상호작용이라고 보아야 할 것이다.

강제적인 역할 패턴에 대한 궁금증 역시 여전히 남아있다. 꽤나 어려운 내용이다. 아이를 가진다고 해서 고정관념에서 자유로워지진 않는다. 호주의 젊은 부모를 대상으로 이루어진 대규모 연구에 따르면, 출산 후 누가 아이를 가장 잘 돌볼 수 있는지에 대해서 성 고정관념이 오히려 강해지는 걸 볼 수 있다.

이미 많은 부모가 어머니가 더 알맞은 양육자이며, 아버지는 가장으로서 더 적합하다고 생각한다. 특히 자녀가 아동인 가정의 아버지들에게서 이런 생각이 더 강해진다.[31] 또 다른 연구에서는 우리가 역할 패턴에 대해 고정된 선호뿐만 아니라 이러한 역할 패턴을 깨는 방법에 대해서도 고정관념에 갇혀있음이 드러난다. 예를 들어, 훨씬 더 많은 자금이 여성이 기술 및 리더십 직종에 더 많이 참여하도록 하는 조치에 들어가고, 다들 이를 지지하는 반면, 남성이 보건 및 교육 분야에 참여하도록 돕는 데는 자금이 들어가지 않는다.[32] 여성은 특히 더 경쟁적일 것을 요구하며, 더 과감하게 경력을 쌓아야 한다. 기업들은 임원진에 더 많은 여성을 포함시켜야 한다는 압박을 받고, 대학에서는 더 많은 여성이 교수가 되어야 한다는 지시를 받는다. 평등한 기회라는 이름 아래, 여성들도 남성과 같이 어리석은 경쟁에 참여해야 하는 것이다. 이렇게 남성 대 여성의 구조에만 초점을 맞추면, X 또는 Y염색체보다 유년기의 안전한 환경이나 부모가 제공하는 도움이 그들의 선택에 더 결정적인 영향을 미친다는 것을 간과하게 된다.

고정된 역할 패턴을 깨려면 아직도 갈 길이 멀다. 세계에서 가장 부유한 국가 중 하나인 네덜란드에서는 공식적으로 아빠가 일을 쉬는 날Papadag(즉 아빠의 날이라고 이름 붙이는, 아빠들이 특정 기간 동안 유급 또는 무급으로 매주 업무시간을 줄이고 육아에 참여할 수 있게 돕는 시스템이다. 한국의 탄력 근무와 비슷하다고 여겨질 수도 있겠지만, 약간 다르다. 보통 일주일에 하루 정도를 통으로 쉬기도 하며, 기업과 기관마다 접근법이 다르다.—옮긴이)을 도입하고 있다. 나는 아이들이 태어난 이후 공식적으로 이틀의 출산 휴가를 받았다. 물론 지금은 조금 더 늘었지만, 여전히 주변국에 비하면 미약하기만 하다. 아카족의 아버지들이 이러한 정책을 접하면 어떻게 생각할지 궁금하다. 하지만 난 기쁘지 않다. 남성들이 스스로 더 관여할 때가 되었다고 생각하기 때문이다. 남성들도 동등하게 일이든 가정이든 상황에 관계없이 돌볼 수 있는 권리를 가져야

연결 본능

한다. 남성이 나서서 얻어내야 하는 권리이며, 여성의 힘만을 빌려서 쟁취하기에는 평등함의 가치는 너무나 크다.

진정한 평등은 남성과 여성이 함께 할 때만 이루어진다. 확실한 것은, 인간의 두뇌는 자녀를 돌보고 파트너에게 공감할 능력을 완벽히 갖추고 있으며, 당신이 태어난 후 파란색 과자를 먹었는지 분홍색 과자를 먹었는지와 그 능력은 관계가 없다. (네덜란드는 아이가 태어나면 바삭거리는 도톰한 과자 위에 버터를 발라 사탕을 얹어 먹는다. 아이가 태어나면 하루를 정해서 주변인들이 아이를 보러올 수 있도록 초대하는데 그때 대접하기도 한다. 보통 남아가 태어나면 하늘색 사탕이 올라가고, 여아가 태어나면 분홍색 사탕이 올라간다.-옮긴이)

3

연결된 뇌, 관계는 머릿속에 있다

The Science of Connection

아니야 아니야. 난 그걸 팔길 원치 않아. 난 그냥… 난 그냥… 그
저 아이를 사랑하는 사람들 주변에서 키우고 싶을 따름이야. 그
리고 그냥 좋은 부모가 되는 거야. 무슨 말인지 알겠어? 그렇지
만, 나는, 나는 아직 고등학교에 다니고 있어. 그냥 난 준비가 덜
됐다고.

_영화 〈주노Juno〉 중 [1]

이 장은 뇌에 대한 내용을 다룬다. 우리 머릿속, 약 1.5kg의 지방과
신경으로 구성된 뇌는 관계를 가능하게 할 뿐만 아니라 다른 기능도
한다. 이 장을 통해 전하고 싶은 메시지는 내가 대학에서 읽은 존 카
치오포John Caciopo(1951~2018)의 논문 제목과 잘 어울린다. 그 제목
은 〈뇌를 그린다고 해서 머리를 쓰지 않아도 된다는 것은 아니다〉였

3. 연결된 뇌, 관계는 머릿속에 있다   **101**

다.[2] 시카고대학교의 인지 및 사회신경과학 센터의 창립자 중 한 명인 카치오포는 이 논문에서 사회적 행동을 풀어내려고 시도하는 뇌 연구의 장단점에 관해 설명한다. 이 논문을 발표한 시점부터 10년 전인 1993년, 그는 이 신생 학문 분야를 위해 '사회신경과학'이라는 용어를 도입했다. 2003년에는 뇌 연구가 매우 가치가 있을 수도 있다고 여겨지지만, 그 많은 연구도 우리의 행동을 더 잘 이해하는 데 기여하는 바가 적다고 알려졌었다. 그러니 이 새로운 학문 분야가 초기에 많은 문제가 있었다는 점을 알고 넘어가자.

그로부터 이제 15년이 지났고, 뇌 연구는 그 어느 때보다도 인기가 높다. 어쩌면 인기가 과할지도 모른다. 그 이유를 이제부터 설명하겠다.

먼저 기본적인 내용부터 짚고 넘어가자. 실제로 뇌의 역할은 무엇이며 어떻게 구성되어 있을까? 그리고 뇌의 어떤 부분이 사회적 관계를 가능하게 할까? 사랑이 뇌에 있다면, 과연 어느 부분에 위치할까? 우리는 이 이야기에 대해 깊게 파고들 것이다. 또한 뇌의 진화가 인간의 사회성 기술, 그리고 특히 자녀를 양육하는 데 어떤 관련이 있을까? 마지막으로, 우리는 사람들 사이의 차이점에 초점을 맞출 것이다. 남성적인 뇌 또는 어머니의 뇌는 무엇이며, 이들은 얼마나 유연할까?

뇌는 놀라운 기관이며, 그 연구는 우리의 사회적 행동을 더 잘 이해하는 데 크게 기여할 수도 있다. 하지만 여기에도 단점은 있다. 신체의 한 부분에 집중하면 큰 그림을 그리기가 어렵기 때문이다. 또 다른 단점은 뇌 연구에서 나온 발견들을 우리가 어떻게 다루는가 하는 점이다. 이들은 종종 멋진 이미지를 제공하지만, 그 이미지들이 실제로 무엇을 의미하는 걸까? 연구자들도 이해하기 어려울 때가 있는데 하물며, 그저 관심이 있는 사람이라면 더 말해 무엇하랴?

그러니 카치오포의 말은 옳았다. 뇌를 연구하려면, 뇌를 잘 사용해야만 한다.

귀신에 썬 사람들과 뇌과학

우리는 뇌의 시대에 살고 있다. 적어도 연구 보조금을 제공하는 사람들에게는 그렇다. 21세기 말까지 뇌를 완전히 이해하고 뇌 지도를 작성해야 한다고 기대하고 있다. 이게 바로 버락 오바마Barak Obama 전 대통령이 2013년에 발표한 브레인 이니셔티브(BRAIN Initiative, Brain Research through Advancing Innovative Neurotechnologies의 약자)의 목적이다. 이 프로젝트의 초기 투자금은 1억 달러였다.

하지만 이는 유럽의 야망과 비교하면 하찮기만 하다. 같은 해에 유럽 내에서 과학 연구 자금을 배분하는 유럽연구위원회European Research Council, ERC는 인간 뇌 프로젝트Human Brain Project를 추진했고, 이를 위해 10억 유로를 배정했다. 그 프로젝트의 목표는 전체 인간 뇌를 디지털로 시뮬레이션하는 것이었다. 이 목표가 얼마나 야심 찬지는 인간의 뇌가 얼마나 복잡한지를 잠시 생각해 보면 분명해진다.

뇌의 무게는 고작 1.5kg일지 모르지만, 그 안에는 많은 것이 들어가 있다. 추정에 따르면 평균 인간 뇌는 약 860억 개의 뉴런이자 신경세포를 포함한다.[3] 이 뉴런들은 각각 수천 개의 다른 뉴런과 접촉을 할 수 있어, 그 연결 수를 쉽게 100조 개까지도 늘릴 수 있다. 참고로, 100조는 1이라는 숫자에 14개의 0이 붙은 커다란 숫자다. 이러한 데이터 양을 처리할 수 있는 컴퓨터는 아직 존재하지 않으며, 이게 바로 뇌 시뮬레이션의 가장 큰 첫 번째 장애물이다. 그리고 두 번째 장애물은 구축과 이해는 서로 다른 개념이라는 뜻이다.

이 문제의 본질은 우리가 잘 알고 있는 아주 작은 뇌, 즉 선충C. elegans의 뇌와 비교할 때 명확해진다. 이 작은 벌레는 간단한 신경계를 가지고 있으며, 뉴런의 개수가 약 300개를 조금 넘는다. 그리고 그 뇌는 완전히 디지털로 시뮬레이션하여 온라인에서 볼 수 있다.[4] 현재 전 세계의 연구자들은 이 작은 생물의 행동을 이해하기 위해 복잡한 수학적 네트워크 모델을 사용하여 연구하고 있으며, 그 행동은 주로 기어다니기, 먹기, 배설, 그리고 번식으로 구성된다. 기어다니기 분야에서 최근 큰 업적이 있었는데, 벌레의 뇌를 시뮬레이션해 레고 자동차를 운전할 수 있게 만들었기 때문이다.[5] 인상적이지만 인간 뇌 프로젝트가 이루고자 하는 야망에 비하면 희미하기만 하다.

우리의 뇌가 사회적 행동을 어떻게 생성하는지 이해하는 일은 이

기관의 복잡성을 고려했을 때 매우 제한적이다. 우리가 발견한 것은 주로 윤곽이다. 현재 뇌 연구자들이 이 윤곽을 시각화하는 가장 일반적인 방법은 기능적 MRI fMRI이다. fMRI는 침습적이지 않다는 점에서 특히 인기가 있다. 사람들을 강한 자기장을 받으며 잠시 누워 있기만 하면 되고, 그 외 특별한 느낌을 받진 못한다. 그 자기장은 산소와 혈액이 어느 쪽으로 풍부하게 흐르는지를 측정한다. 활성화된 뉴런이 더 많은 산소를 사용하기 때문에, 우리는 어느 뇌 부위가 다른 부위보다 더 활성화되어 있는지 추론할 수 있다. 이것은 뉴스 보도에서 자주 볼 수 있는 아름답게 색칠된 이미지를 만들어낸다. 하지만 fMRI로는 뉴런의 활동 자체를 볼 수 없고, 단지 혈류만 볼 수 있다. 그리고 fMRI의 해상도에는 한계가 있다. 대부분의 연구에서 우리는 뇌를 4밀리미터 크기의 입방체로 나눈다. 그것은 상당히 작은 크기일 수 있지만, 그런 한 입방체 안에는 여전히 550만 개의 뉴런과 200킬로미터 이상의 신경 축삭(뉴런 간의 연결)이 포함되어 있다. 그것은 많은 선충과 함께 모여 있는 것과 같다. 따라서 그것은 윤곽이다. 하지만 윤곽이 얼마나 유용할 수 있는지는 밤에 화장실로 가는 길을 찾아본 사람이라면 누구나 알고 있다. 지난 20년 동안의 뇌 연구는 우리가 이제 뇌를 꽤 잘 탐색할 수 있다는 것을 보여주었다. 이것은 뇌가 어떻게 작동하는지에 대한 답은 아니지만, 적어도 우리가 어디를 찾아봐야 할지는 알게 해준다.

뇌 연구의 부상은 우리 뇌의 큰 인기로 이어졌다. 이미 언급했듯이 디크 스왑의 책《우리는 우리 뇌다》를 예로 들 수 있다. 우리는 서점에서 어마어마한 양의 뇌 관련 서적을 찾아볼 수 있다. 그 주제가 청소년의 뇌, 또는 직장 관리자의 뇌일 수도 있다. '뇌 책'은 이제 그 자체로 장르를 형성했다.

비록 이 책도 뇌에 관한 다른 책들과 다를 바 없을 것 같지만, 나는 유독 뇌의 엄청난 인기에 대해 언급하는 게 조심스럽다. 거짓된 기대에 주의해야 하기 때문이다. 지난 세기 말, 다들 큰 기대를 품고 유전자 지도를 해석했다. 이 지도만 해석하면 더 이상 질병은 없을 것이고 인간의 행동을 잘 이해할 수 있을 거라는 기대였다. 하지만 이러한 기대는 거의 충족되지 않았다. 그리고 이제, 사람들은 비슷한 기대를 뇌과학에 걸고 있다. 뇌를 시뮬레이션할 수만 있다면 뇌가 일으키는 모든 문제를 해결할 수 있다고 말이다. 때로는 거짓될 수도 있는 이런 기대를 불러일으키는 행동은 과학에 대한 신뢰를 저해할 수 있다. 그러니 학계 밖에서도 내가 뇌 지상주의라고 붙인, 모든 원인을 뇌에서 찾으려는 경향에 주의해야 한다. 뇌에 지나치게 초점을 두면 그 이외의 모든 것을 간과할 수 있다.

이러한 경향은 최근 심리적 장애를 '뇌장애'라고 이름 붙이려는 추세에서 찾아볼 수 있다. 우리는 종종 우울증, 번아웃, 조현병, 중독, ADHD의 원인을 뇌에서 찾곤 한다. 이는 이러한 증상을 가진 사람들과 그렇지 않은 사람들의 뇌에 존재하는 작은 통계적 차이를 기반으로 한다. 하지만 남성과 여성의 차이가 그렇듯, 건강과 질병은 차이점

연결 본능

보다 공통점이 더 많다. 따라서 이러한 연구를 바탕으로 뇌에 질병이 있다고 말하기는 어렵다. 그런데도 환우협회는 종종 이러한 발견에 열광하곤 한다. 병을 인정받는다고 느끼기 때문이다. "봐요, 이건 뇌 문제라니까요. 내가 꾸며내는 게 아니에요." 심지어는 뇌스캔 결과에 따라 정책의 방향을 결정하기도 한다. "전문가들의 경고에 따르면, 불법체류자 아동들이 추방 위협으로 스트레스를 받는 경우, 뇌 손상으로 연결될 수 있다는 사실이 CDA(네덜란드의 기독민주당. 중도 및 중도우파에 해당되는 정당이다.-옮긴이)의 정책 추진 방향을 바꾸게 만들었다."[6]

하지만 이러한 논리는 문제를 정확히 인식하는 데 방해가 될 수도 있다. 예전에는 의학의 개입을 결정할 때 개인적인 경험이나 타인의 임상적 판단이 주도적인 역할을 했다. 하지만 이제는 평균적인 뇌 이미지를 기반으로 결정을 내린다. 이는 짧은 기간에 나타난 변화다. 과거에 정신적인 문제를 '귀신에 씌었다'라는 말로 뭉뚱그리기도 했다. 하지만 이제는 그 문제가 뇌에서 발견될 때만 질병으로 인식한다. 그렇다면 여기서 한가지 질문을 하고 싶다. 귀신에 씌지 않은 뇌에서는 무슨 일이 벌어지는 걸까?

간결하게 말해보자면

860억 개의 뉴런을 연구하려면 효과적인 기초 이론이 필요하다. 여기서 내가 사용하는 방법은 폴 맥린Paul MacLean(1913~2007)의 이론이다. 폴 맥린은 신경과학자이자 의사로, 뇌에서 관계가 어떻게 뿌리내리는지를 처음으로 연구했다. 삼위일체 뇌 이론triune brain theory으로 잘 알려져 있다. 이 이론에 따르면, 우리의 뇌는 세 부분으로 이루어진 하나의 개체이며, 이 세 부분은 독자적으로 진화해 왔다. 우리 뇌의 가장 오래된 부분은 뇌간과 기저핵으로 구성되어 있으며, 이는 '파충류의 뇌'라고 불린다. 이 부분은 척수에 직접 연결되어 있으며, 생존에 필요한 가장 중요한 기능들이 자리 잡고 있다. 뇌간은 기본 반사 작용인 호흡 조절뿐만 아니라 공격성, 두려움, 성적 반응 등도 조절한다. 기저핵은 우리 몸이 움직이는 데 꼭 필요하다. 기저핵은 모든 동물에게 반드시 필요하고, 파충류에게도 존재한다.

이 파충류의 뇌 주위에는 맥린이 '오래된 포유류의 뇌'라고 부르는 변연계가 위치한다. 이곳에는 작은 포유류가 자손을 돌보기 위해 필요한 행동을 관장한다. 대부분의 파충류는 알을 낳거나 수정에서 멈추지만, 포유류에게는 그것만으로는 부족하다. 포유류의 새끼는 관심, 따뜻함, 그리고 모유를 필요로 한다. 이때, 변연계는 작은 포유류가 새끼가 내는 소리에 반응하는 것과 같은 양육 행동을 가능하게 한다. 여기에는 둥지 만들기, 세대 유지, 그리고 따뜻한 보호도 포함한다. 그리고 배고프다고 벌리는 입에 먹이를 넣어주는 행위도 마찬가지다. 우리의 사회적 유대감이 어디에서 오는지, 버림받았을 때 느끼는 두려움이 어디에서 오는지 알고 싶다면, 오래된 포유류 뇌를 살펴봐야 한다. 그걸 바탕으로 하면 파충류 뇌에서 관장하는 기본 감정인 욕망, 두려움, 공격성을 더 다채롭게, 그리고 사회적 맥락에서 바라볼 수 있다. 도마뱀이 본능적으로 도망가는 건 생존을 위해서지만, 엄마 쥐가 도망가는 건 새끼를 보호하기 위해서다. 이 장의 뒷부분인 중제목 '연결된 뇌'에서 '돌봄 뇌'에 대해 더 자세히 살펴볼 것이다.

우리 뇌의 세 번째 부분은 '새로운 포유류 뇌'다. 이는 소위 신피질이라고 불리는 뇌의 외층으로 구성되어 있다. 영장류에게서, 특히 호모 사피엔스에게는 그 누구보다 잘 발달한 부위다. 인간이 언어를 사용하고 계획을 세우고 자기를 성찰하는 등 다른 종물 종과 구별되는 행동이 가능한 것은 바로 신피질 덕분이다. 감정과 그에 관한 신경생물학 연구의 창시자 중 하나인 에스토니아계 미국인 야크 팬크세프Jaak Panksepp(1943~2017)는 신피질의 기능을 '사고하는 지방 덩어리our thick fat thinking cap'[7]라고 요약했다.

뇌를 세 부분으로 나누어 보는 것은 우리에게 큰 개념을 제공할 뿐만 아니라, 뇌가 점진적이지 않고 오히려 도약적으로 진화했음을 시사한다. 포유류 행동의 진화가 커다란 발전이었으며, 최근의 신피질 확장도 마찬가지이다. 그리고 우리의 행동에 대한 통찰을 제공하는 데 유용하며, 우리의 생각이 감정과 일치하지 않는 모순에 대한 설명이 된다. "그녀와 가깝게 지내지 않는 게 더 좋다는 건 알지만, 그래도 너무 좋아"와 같은 말 말이다. 뇌를 직관적으로 분류하면 신피질이 관장하는 의식과 오래된 포유류 및 파충류 뇌가 관장하는 무의식을 구분하는 정신분석학에 대한 신경생물학적 설명도 덧붙일 수 있다. 삼위일체 뇌 이론에서 나오는 또 다른 중요한 점은 우리의 인간적인 감정과 동물들의 감정 사이에 겹치는 부분이 많다는 것이다. 슬픔, 사랑, 외로움, 수치심과 같은 사회적 감정이 우리가 햄스터와 코끼리와 공유하는 뇌 회로에 의해 생성된다면, 이런 동물들의 감정을 단순하게 부인하진 못할 것이다. 네덜란드의 유명한 영장류학자 프란스 드 발Frans de Waal(1948)은 이 주제를 자세히 연구했으며, 그의 저서인《마마의 마지막 포옹Mama's laatse omhelzing》에서 우리의 인간적인 감정이 생각보다 덜 인간적임을 보여주는 수많은 예에 대해 이야기한다. 이렇게 동물과 겹치는 뇌 구조 덕에 우리는 동물 연구를 통해 우리의 사회적 행동에 대한 통찰을 얻을 수 있다.

그러나 뇌의 삼위일체 이론을 다룰 때 주의할 점이 있다. 이조차 단순화한 개념이라는 점이다. 뇌의 각 부분은 레고 블록처럼 별도로 존재하는 게 아니라, 유기적으로 형성되고 서로 강하게 연결돼 있다. 또한 신피질이 발전하는 동안 파충류 뇌와 오래된 포유류 뇌의 발전이 멈춘 것은 아니다. 그 말은 즉, 우리의 사고와 감정은 충돌할지라도, 그 둘을 분리해서 볼 수 없다는 말이다. 우리의 감정은 생각에 영향을 미치며, 그 반대로 생각으로 감정을 조절할 수도 있다. 우리는 무서운 영화를 볼 때 영화 속 모든 것이 가짜라고 자신에게 말함으로써 두려움을 통제한다. 반대로 기분이 좋을 때와 화가 나고

110

연결 본능

초조할 때 파트너의 모호한 표정을 해석하는 방식이 각자 다르다. 이러한 미묘한 차이를 고려하면, 맥린의 분류는 우리 뇌를 명확하게 이해하는 데 유용한 도구다.

왜 그렇게 큰가요?

신피질이 없다면 우리는 결코 뇌를 연구할 수 없을 것이다. 왜냐면 그 부분이 학습 능력을 관장하기 때문이다. 하지만 인간의 가장 최근의 진화적 발달인 신피질은 부정적인 측면도 가져온다. 특히 출산이 그렇다. 그렇기에 우리는 출산의 기억이 의식에 남아있지 않다는 데에 감사해야 한다. 좁은 통로를 통해 두개골의 뼈가 서로 겹쳐서 밀려나가는 느낌은 어떨까? 인간만큼 두개골 크기와 출산 통로 사이의 비율이 정확하게 맞춰진 영장류는 없다. 그렇다고 해서 이것이 위험하지 않은 것이 아니며, 출산 시 의료진의 도움이 필요한 어머니들의 수가 이를 증명한다. 진화는 고통스럽다. 아기는 가능한 한 오래 자궁 안에서 안전한 환경과 태반에서 제공하는 영양을 편안하게 즐기며 머물기를 원한다. 하지만 너무 오래 머물면 너무 커져서 밖으로 나가는 여정이 점점 더 힘들어진다.

주식 투자자는 주가가 상승하는 것을 보며 비슷한 경험을 한다. 그들은 기다릴수록 더 많은 이익을 얻는다. 하지만 너무 오래 기다리면 모든 것을 잃을 수 있다. 어머니와 아이의 경우에는 이런 오랜 기다림이 치명적일 수 있다. 다른 진화적 딜레마와 마찬가지로, 이 경우도 결과는 타협이다. 아이가 나와야 할 때보다 조금 일찍 나오게 되고, 동시에 어머니의 생존 가능성은 커진다. 안타깝게도, 이 상호 작용에서 여성이 느끼는 통증은 고려 대상이 아니다. 진화의 시대에는 생존 가능성만이 중요하기 때문이다.

자궁에서의 여정이야말로 우리 뇌의 발달이 가져오는 진정한 병목 현상이다. 그리고 커다랗게 진화한 뇌는 또 다른 비용을 수반한다. 바로 소비하는 칼로리의 양이다. 요즘에는 과거와는 달리 칼로리를 너무 많이 섭취하는 경우가 더 많다. 약 20퍼센트의 칼로리를 뇌가 소비하는 성인과 달리, 신생아는 사용 가능한 모든 에너지의 절반가량을 뇌가 소비한다. 이 양은 몸 전체 대비 무게로 볼 때 엄청난 양이다. 이렇게 많은 칼로리를 소비하고 출산 시 큰 합병증과 위험을 초래하는데도 뇌가 존재한다는 것은 이 기관이 생존에 많은 이점을 제공한다는 뜻일 것이다. 그렇다면 우리가 출산 중 그렇게 고통스러운 과정을 겪고, 칼로리가 풍부한 음식에 그토록 의존하게 만드는 이 '사고하는 지방 덩어리'의 이점은 무엇일까?[8]

인간의 신피질 발달에 결정적인 요인이 무엇이었는지에 대해서는 여러 이론이 존재한다. 그리고 이 모든 이론은 미래를 계획할 수 있는 능력과 언어 사용에 대한 인간의 재능과 관련이 있다.

계획은 엄청난 이점을 제공한다. 예를 들어, 적이나 사냥감보다 한발 앞설 수 있다. 하지만 계획을 세우려면 무슨 일이 벌어질지 예측할 수 있어야 한다. 이러한 예측에서 신피질이 이점을 제공한다. 우리는 신피질 덕분에 추상적 시나리오를 생각하고 그 생각이 실현되는지 확인할 수 있다. 그리고 이것이 성공했을 때, 큰 만족을 느낀다. 이런 행동은 어린 시절부터 시작된다. 18개월 된 나의 딸은 내가 배에 바람을 불어넣는 장난을 가장 좋아한다. 하지만 이 놀이는 내가 재미있는 소리와 함께 장난을 예고할 때 더욱 재미있어진다. 아이는 나의 예고된 '공격'을 기다리며 웃음을 터뜨린다. 그리고 부모가 지루해질 때까지 장난은 계속된다. 까꿍놀이도 비슷한 형태의 장난이다. 하지만 이것은 아이뿐만 아니라 휴식을 취하는 성인들에게도 똑같이 적용된다. 그들은 결과가 정해진 퍼즐을 맞추거나 특정 장르의 영화를 본다. 심지어 음악조차도 일반적으로 구성이 친숙하지만 변화가 중간중간 들어 있어 지루하지 않도록 하는, 예측 가능한 패턴으로 구성된 걸 선호한다. 예측 가능성은 우리 안녕의 큰 부분을 차지한다. 스트레스에 관한 장에서 이에 대해 자세히 다룰 것이다.

예측하고 계획할 수 있는 능력은 두 가지 다른 특성과 결합할 때 특히 효율적이다. 이 두 특성은 신피질의 기능에 크게 의존하는데, 감정을 조절하여 반응할 수 있는 능력과 세운 계획을 다른 사람과 소통할 수 있는 능력이다. 함께 사냥한다는 것은 좋은 예이다. 맛있

는 매머드를 함정에 빠뜨리는 이상적인 계획을 세울 수 있지만, 그
것을 다른 사람들에게 설명할 수 없거나 그들이 당신을 이해하지 못
한다면 그 계획은 별로 도움이 되지 않을 것이다. 또한 감정 반응을
어느 정도 통제할 수 있어야 한다. 만약 사냥 중에 패닉에 빠지거나,
차분히 기다렸다가 매머드가 함정에 걸릴 때까지 기다려야 하는 계
획에도 불구하고 급하게 매머드에게 뛰어든다면, 이 매머드 고기(식
량)를 얻을 수 없을 것이다.

감정을 조절하고 다른 사람들의 의도를 이해하려면 신피질의 전
방부, 즉 전전두엽 피질PFC이 꼭 필요하다. 특히 인간은 다른 영장류
에 비해 이 PFC가 크다. 앞에서 설명한 공동 사냥은 인간의 지능이
사회적 환경에서 특히 유용하다는 것을 보여준다. 이는 동물이 함
께 생활하는 그룹의 크기가 커질수록 뇌의 크기도 증가한다고 주장
하는 유명한 사회적 뇌 가설social brain hypothese의 요지와도 일치하며,
다양한 영장류를 대상으로 한 연구에서도 밝혀진 사실이다. 사회의
복잡성이 그 이유를 설명할 수도 있다. 모든 상호 관계를 따라잡고
서로의 관련성을 이해하기 위해서는 큰 뇌가 필요하다고 말이다. 하
지만 앞서 언급했듯이, 이렇게 커다란 뇌 때문에 우리 아이들은 신
체적 발달로 보았을 때 이상적인 시기보다 더 일찍 태어나고, 그로
인해 인간 아기들이 다른 영장류의 아기들보다 더 많은 도움을 필요
로 한다.

캘리포니아대학교 버클리의 연구자 셀레스트 키드Celeste Kidd에

따르면, 조산은 뇌 발달을 더욱 자극한다. 무력한 아기를 돌보려면 높은 지성이 필요하고, 그 필요도는 혼자가 아니라 사회적 환경의 도움을 받아 협동적으로 양육할 때 더 커진다. 이전 장에서 다루었던 세라 블래퍼 허디는 우리 자손의 공동 양육에 타인의 감정과 의도를 인식하는 우리의 사회적 능력이 중요한 역할을 한다고 가정했다. 이는 영장류의 자손이 성장하며 도움이 필요한지가 지능과 뇌 용량을 예측하는 중요한 요소라고 말하던 키드의 이론과 일치하는 부분이 있다.[9]

키드는 현대 인류의 진화에서 사회적 인간에겐 아이를 돌보기 위해 더 크고 똑똑한 두뇌가 필요했으며, 그로 인해 아기들이 더 일찍 태어나고 더 많은 도움이 필요하게 되어, 양육자들의 지능이 높아야만 하는 스노볼 효과가 일어났다고 가정한다. 그리고 이런 현상은 계속 이어졌다. 물론 아이의 뇌가 산모의 좁은 통로를 빠져나올 수 있을 만큼만.

두뇌 발달이 어떻게 이루어졌는지, 그리고 결정적으로 작용한 단 하나의 요소가 있었는지는 확실하지 않다. 가장 가능성이 높은 가설에 따르면, 초기 사회에서 증가하는 사회적 복잡성과 그 복잡한 사회에서 살아가기 위해 필요했던 사회적 및 의사소통 지능이 상호 작용해 두뇌가 발달했다. 이를 통해 사람들 간의 광범위한 협력이 가능해졌고, 강화된 우리의 의사소통, 타인의 의도 인식, 추상적인 사고력이 복잡한 문화의 생성에 기여했다.[10] 여기서 한 가지 분명한 점은 우리의 사회적 기술이 우리의 지능의 발달을 주도했지, 결코 그 반대는 아니라는 점이다. 사회적 관계와 자손에 대한 광범위한 돌봄이 없었다면 우리는 결코 사고하는 지방 덩어리를 가지지 못했을 것이다.

연결된 두뇌

발달된 신피질을 가진 큰 뇌는 복잡한 사회적 네트워크를 탐색하는 데 유용하지만, 사람들 간의 연결성에 그 신피질이 직접적으로 필요하지는 않다. 맥린의 뇌의 삼위일체 이론에 따르면, '돌봄 뇌'의 본질인 사회적 유대는 우리의 오래된 포유류 뇌, 즉 변연계로 인해 가능하다. 맥린에 따르면 '변연계의 진화는 포유류의 진화 역사이며, 포유류의 진화 역사는 가족의 진화 역사다.'[11] 이 말대로, 가족과 그와 관련된 사회적 관계가 우리 뇌에 영향을 미쳤다면, 그 영향은 주로 변연계에 미쳤을 것이기에, 변연계 연구가 돌봄 뇌를 살펴보는 데 좋은 출발점이다.

이를 보여주는 개인적 일화가 있다. 당시 생후 약 18개월이었던 내 아들이 잠들어 있던 어느 겨울밤이었다. 우리 역시 꿈나라를 여행 중이었다. 새벽 두 시쯤 아이의 울음소리가 우리를 깨웠다. 신경 알람 시스템 덕분이었다. 뇌의 깊은 곳, 관자놀이 높이에 위치한 편도체는 놓쳐서는 안 될 중요한 신호들을 감지한다. 우리가 의식하지 못하는 사이에도 편도체는 감각을 통해 들어오는 정보를 스캔하고, 아이의 울음소리를 인지 후 시상과 뇌량 피질이 함께 작동하여 울음소리에 반응하도록 만든다. 이 부분이 손상된 쥐를 대상으로 한 실험을 보면 시상과 뇌량 피질이 얼마나 중요한지 알 수 있다. 이런 쥐들은 더 이상 새끼의 소리에 반응하지 않기 때문에 새끼를 제대로 돌볼 수 없다. 나는 시상과 뇌량 피질이 아직 온전하기에, 침대에서 벌떡 일어났다. 나의 청각 피질은 음성 소리를 처리하는 데 특화되어 있어, 아이의 울음이 평범하지 않다는 것을 확인했다. 그리고 편도체와 시상과 강하게 연결된 뇌섬엽 덕에 특별한 상황이 벌어지고 있음을 느낄 수 있었다. 울고 있는 아이의 숨소리가 마치 질식할 것처럼 가빴고 쉰 기침이 함께 이어졌다. 도움이 필요했다. 이제 어쩌지?

불안감은 주로 스트레스 상황에서 방출되는 호르몬이 유발한다. 변연계가 시상하부를 통해 우리의 호르몬 시스템을 직접 조절하기 때문에 빠르게 일어나는 현상이다. 하지만 이때 나의 변연계, 호르몬 반응, 공감 능력은 상황을 해결하기에 충분하지 않았고, 우리는 무엇이 최선인지 생각해내야 했다. 아내와 나는 모두 당황했지만, 이번에는 정말로 신피질의 역할이 필요했다. 답은 의사에게 전화를 거는 것이었고, 그 후 우리는 빠르게 안심할 수 있었다.

아마도 아이가 그렇게 울던 이유는 가성크루프였을 것이다. 부모들이 특히 무서워하는 상황으로, 어린이의 상부 기도에 영향을 미치는 증상이다. 상태는 저절로 나아지기에 기다리는 것 외에는 할 수 있는 것이 거의 없다. 얼마 지나지 않아 기침과 숨 가쁨이 줄어들고, 아들은 깊은 숨을 쉬며 깊은 잠에 빠졌다. 우리는 안도하며 아이를 둘 사이에 눕혔다. 우리의 신경 알람 시스템 활동은 감소했고, 사회적 유대를 위한 또 다른 필수 시스템이 그 자리를 차지했다. 바로 보상 시스템이다. 우리는 아이의 연약함을 더욱 의식하며, 귀여운 얼굴을 애정 어린 시선으로 바라봤고, 아이의 포동포동한 몸이 우리에게 닿는 것을 느꼈다. 눈과 피부를 통해 나의 선조체가 활성화되었는데, 이는 역시 깊은 뇌 영역에 위치하며 보상의 감정과 행복감을 조절한다. 우리는 아이가 무사하다는 생각에 행복해하며, 다시 잠이 들었다.

이 예는 특히 새로 부모가 된 사람들에게는 흔한 일이지만, 돌봄 행동의 두 가지 필수적인 구성 요소를 잘 보여준다. 바로 보호와 따뜻함 및 친밀감을 바탕으로 한 돌봄이다. 우리가 가까운 사람을 돌볼 때는 후자, 즉 돌봄을 더 생각하게 되지만, 보호 역시 매우 중요한 요소이다. 붐비는 거리로 뛰어드는 아이에게는 아버지나 어머니의 따뜻하고 보살핌이 많은 반응이 별로 도움이 되지 않는다.

이 예에서는 돌봄 행동의 측면에 작용하는 여러 신경 시스템이 등장한다.[12] 이 시스템들은 긴 진화의 역사를 자랑한다. 보호 행동은 주로 두려움과 관련된 신경 시스템에서 비롯되었으며, 싸우거나 도망치는 행동을 지원하기 위해 발달했다. 반면, 돌봄 행동은 번식과 먹이를 제공하기 위해 발생한 오래된 보상 시스템에 근거한다. 우리의 먼 포유류 조상들에서 이러한 시스템은 '사회적'으로 작용했다. 왜냐하면 이 시스템이 자신만을 위해 사용되는 것이 아니라 자손을 위해서도 사용되기 시작했기 때문이다. 이 사회적 시스템들은 뇌의 발달을 통해 우리의 신피질과 강하게 연결되었다. 이는 우리의 돌봄 행동이 다른 포유류 동료들보다 더 광범위하고 유연하다는 것을 의미한다. 그 결과 우리는 다른 사람이 필요로 하는 것을 느낄 뿐만 아니라, 상대가 무엇을 원하는지 생각해볼 수도 있다. 또한 우리는 공감할 수 있을 뿐만 아니라, 그게 옳은 공감인지 확인할 수도 있다.

우리는 직관적으로 올바른 결정을 내릴 수 있지만, 그게 항상 가능하진 않을 것이다. 큰아이가 마취해야 할 때 그 자리에 참여했던 경험이 몇 번 있는데, 그때 내 신피질이 제대로 작동하게 만들기 위해 많이 노력해야만 했다. 아이를 데리고 병원에서 도망치지 않기 위해서 말이다. 우리의 오래된 포유류 뇌는 돌봄과 보호를 가능하게 하며, 신피질과의 연계는 우리가 이 돌봄과 보호를 적절하게 수행할 수 있게 한다.

사회적 유대에 필수적인 또 다른 시스템도 있다. 이는 주로 사회적 유대가 위협받을 때 활성화된다. 버림받을 때 느끼는 두려움을 관리하는 시스템이다.

야크 팬크세프는 이 시스템이 통증과 공황을 유발할 수 있고, 진화적으로 매우 오래된 뇌 영역에 기인할 수 있음을 설명한다. 이 시스템은 아이를 보육 시설에 데려다줬을 때, 문 쪽을 향해 팔을 뻗은 채 울면서 바라보는 모습에서 바라볼 때 활성화된다. 아이는 공황을 경험하고 유기의 고통을 느낀다. 이러한 감정은 우리가 '애착 행동'이라고 부르는 것을 촉발한다. 곧, 애착을 느끼는 사람에게 돌아가려고 하는 행동 말이다. 이의 성인 버전은 할리우드 영화에서 볼 수 있다. 영화 속 한 남성이나 여성이 그의, 혹은 그녀의 파트너가 떠나는 것을 본 후 무너지고 만다. 하지만 적극적인 투쟁 도피 반응을 끌어내는 보호 시스템과 다르게, 유기 공포 시스템은 오히려 수동성을 자극할 수도 있다. 보상 시스템을 비활성화시키기 때문이다. 우리가 유기를 통해 경험하는 고통은 우리를 애착 행동으로 이끌지만, 애착 행동이 아무런 결과를 가져오지 않을 때 우리는 어느 순간 포기하고 만다. 그리고 이를 '상황을 받아들인다'라고 말한다. 맞는 말이다. 정확히는, 오랜 시간 전기 충격을 받는 동물들이 보여주는 행동이다. 오랜 시간 전기 충격을 받은 쥐와 개는 처음에는 뛰어오르거나 공격성을 보이지만, 그 충격이 충분히 오래 지속되면 구석으로 기어들어가 그저 견디기만 한다. 윤리적으로 타당하지 않아도 사회적 고립의 발생을 잘 설명하는 연구다. 고통은 남아있지만, 사회적 유대를 맺으려는 동기는 사라지며 외로움과 우울증이 가까워진다. 이 책의 마지막 세 장에서 이 부분을 더 자세히 다룰 예정이다.

우리를 연결로 이끄는 신경 시스템은 보호, 돌봄, 그리고 유기 세 종류로 이루어져 있다. 이 세 가지는 주로 변연계에 존재하고 진화적으로 더 오래된 파충류 뇌의 도움을 받아 작동한다.

인간은 발달된 신피질 덕분에 애착 시스템을 좀 더 적절하게 활용하고 환경에 맞추어 조정할 수 있다. 이 시스템들이 부모와 자녀 사이에서만 작동하는 것이 아니라, 사회적 관계가 중요한 모든 상황에서 작동한다는 점이 아름답다. 5장에서는 이 회로들이 파트너와의 관계뿐만 아니라 낯선 사람들과의 관계에서 어떤 역할을 하는지에 대해 더 자세히 다룰 것이다. 하지만 그 전에, 이 회로가 시험에 들게 되는 시기를 먼저 살펴보자. 갑자기 새로운 생명에 대한 책임을 맡게 되는 순간이다.

'어머니 뇌'가 존재할까?

우리 대부분은 잘 기능하는 돌봄 회로를 갖추고 있다. 하지만 사람마다, 그리고 상황에 따라 이 회로를 어떻게 사용하는지는 다르다. 우리는 갑자기 가까운 사람을 돌봐야 할 때 돌봄 회로에 가장 많이 의존한다. 이는 부모뿐만 아니라 누구에게나 일어날 수 있는 일이지만, 출산이야말로 많은 이들이 돌봄 뇌를 사용하는 비교할 수 없는 경험일 것이다. 이 경험을 아리엘 레비Ariel Levy보다 더 아름답고 감동적으로 묘사한 이는 드물다. 그녀는 〈뉴요커〉지의 기자로, 성공적인 작가이며 풍부한 사회생활을 하고 있지만 때때로 다른 사람들과의 연결에 어려움을 겪었다. 또한 그녀는 자신을 돌보는 어머니로 여기지 않았다. 하지만 어느 순간 그녀는 임신을 원하게 되고, 실제로 임신에 성공한다. 하지만 집에서 멀리 떨어진 호텔 방에서 혼자 일찍 출산을 하게 되고, 아기는 생존하지 못했다.

"아이는 분홍색이고 투명했으며 아주 작았지만, 아무 이상이 없었다. 그의 예쁜 입술이 열렸다 닫혔다를 반복하며 새로운 세상을 받아들였다. 거기 앉아 있으면서 얼마나 많은 시간이 지났는지 분명하지 않다. 매우 감동적이었고 그 모습에 매료되기까지 했다. 각각의 손가락, 각각의 발톱, 아이의 눈썹에 보이던 황금빛 그림자, 어깨의 우아함. 모든 것이 놀라웠다. 나는 아이를 내 얼굴 가까이 들어 올렸다. 아이의 머리와 어깨가 내 손에 딱 맞았고, 흔들리는 다리는 거의 내 팔꿈치까지 왔다. 나는 아이에게 내가 어머니이며 상황을 잘 다룰 수 있다는 것을 알려줄 수 있는 어머니 같은 무언가를 생각해내려고 애썼다. 나는 이마에 입 맞추고 내 입술에 닿은 아이의 비단결 같은 개구리 피부를 느꼈다."[13]

아리엘 레비가 품었던 돌봄의 감정이 그 목적을 이루지 못한 것은 비극이다. 그녀는 자신의 책《규범에서 벗어난The Rules Do Not Apply》

에서 아들을 잃은 후 슬픔에 빠져 움직일 수 없었던 경험을 서술한다. 그녀의 존재 깊숙한 곳에서 아이를 갈망했던 경험이다. 실제로 아이와 함께할 수 있는지 아닌지에 상관없이 말이다. 유기 시스템이 활성화되면 우리는 고통과 슬픔을 느낀다. 그 무엇도 그녀에게 동기를 부여할 수 없었고, 보상도 없었으며, 오직 고통과 슬픔만이 존재했다. 이 모든 것은 우리가 슬픔이라고 부르는 것의 징후이다. 하지만 그런 슬픈 비극에도 불구하고, 레비는 이 경험을 놓치고 싶지 않았다. "내가 누군가의 어머니였던 그 10분, 또는 20분은 마법 같았다. 나는 그 시간을 세상의 어떤 것과도 바꾸고 싶지 않았다."[14] 이처럼 사회적 유대감은 매우 강력할 수 있다.

출산 후 여성들이 겪는 강렬한 경험은 종종 '어머니 뇌'에 관련돼 있다고 이야기한다. 어머니 뇌는 기억 상실을 동반하고, 쉽게 동요되며, 주로 돌봄 행동을 위해 자동으로 프로그래밍되어 있다고 여겨진다. 하지만 이전 장에서 우리는 이런 돌봄이 자동으로 나오는 본능이 아니라는 점을 알아보았다. 확실한 건 여성은 분만 중에 호르몬과 신경적으로 돌봄을 준비하게 된다는 점이다. 일부 연구자들은 아이의 출생뿐만 아니라 어머니의 탄생에 대해서도 말한다. 그리고 여기에는 어머니 뇌의 탄생도 포함한다.

어머니 뇌는 어떻게 생겼을까? 이 질문에 최근에 처음으로 답변한 사람은 네덜란드 레이던대학교에서 여성이 어머니가 될 때 뇌의 변화를 연구한 엘셀린 후크제마Elseline Hoekzema를 들 수 있다. 2017년 발표된 그녀의 논문은 상당한 논란을 일으키고 전 세계적으로 언론의 주목을 받았다.[15] 부모가 되는 전환기에 있는 여성과 파트너들의 뇌 변화를 조사한 야심 찬 공동연구의 보고서였다. 이 연구를 위해 아직 아이가 없고, 임신을 원하며, 아직 임신하지 않은 여성 그룹이 필요했다. 또한, 비슷한 연령대로 임신 경험이 없으며 임신을 원하지 않는 여성들로 구성된 대조군이 필요했다. 연구자들은 또한 파트너들의 임신 효과를 측정하고 싶어했기 때문에 그들의 참여도 요청했다. 이 모든 사람은 뇌의 MRI 스캔을 위해 병원을 방문해야 했다. 첫 방문부터 여성들이 임신할 때까지 기다려야 하는 연구였다. 그리고 여성들과 그 파트너들은 출산 후 차이점을 찾아볼 수 있게 다시 병원을 방문하도록 요청받았다. 대조군 여성들도 임신하지 않은 채 다시 한번 방문해야만 했다. 연구자들은 임신 전과 임신 후 평균 두 달 반이 지난 후의 25명의 여성을 스캔하는 데 성공했다. 이들 중 열한 명은 첫 아이 출산 후 두 해가 지난 후 세 번째 뇌 스캔을 하는 데에 동의했다.

이를 통해 연구자들은 임신 후 변화가 영구적인지, 아니면 시간이 지나면서 정상화되는지를 조사할 수 있었다. 그리고 이 5년 이상의 복잡한 연구 과정은 통계적으로 설득력 있고 흥미로운 결과를 내놓았다.

연구에는 구조적 MRI를 사용했다. 이는 기능적 MRI와 달리 뇌의 활동을 보는 것이 아니라 뇌의 크기와 형태(구조)를 볼 때 사용한다. 대략적으로 뇌의 구조는 회색질과 백색질로 나눌 수 있으며, 회색질은 신경세포층을 의미하고 백색질은 모든 뇌 영역을 서로 연결하는 신경세포로 구성되어 있다. 그리고 실험 결과, 어머니들의 뇌피질에서는 여러 영역에서 회색질이 감소한 것으로 나타났으며, 임신하지 않은 여성들에서는 주목할 만한 변화가 보이지 않았다. 이 감소가 발생한 영역은 인지적 공감과 관련된 신피질 네트워크 영역의 일부로, 다른 사람들의 감정과 생각을 해석할 수 있는 우리의 능력과 관련이 있다. 또한, 아기의 울음에 대한 반응에 필수적인 뇌량 피질에서도 회색질이 감소한 것으로 관찰됐다. 이 감소는 2년이 지난 시점에서도 여전했다. 회색질은 어머니가 아이를 돌볼 때 필요한 부분이라고 했는데, 이것이 감소한다는 말은 모순인데! 라고 생각할 수 있다. 하지만 그렇지 않다. 회색질의 감소가 뇌 기능의 저하를 의미하지는 않기 때문이다. 오히려, 감소를 통해 효율적으로 작동할 수도 있다. 이는 성인의 도움을 필요함에도 불구하고 성인보다 훨씬 많은 뇌세포와 빽빽한 연결을 가진 아이와 어린이를 통해 볼 수 있다.

사람이 나이가 들어감에 따라 기능을 하지 않는 뇌세포와 그 연결은 죽어 없어지고, 그 결과 뇌는 점차 조직적이고 효율적으로 변한다. 뇌의 발달은 필요하지 않은 것을 제거하는 조각가의 작업과 닮아 있다. 우리는 이를 뇌의 '발달'로 보며, 학자들은 이 발달 이후에는 뇌가 돌봄에 더 적합해진다고 해석한다. 이 연구에서, 어머니들은 자신들이 얼마나 자녀에게 애착을 느끼는지 측정할 설문지를 작성했다. 이 설문지 내의 점수는 회색질의 감소에 따라 측정했는데, 결과에 따르면 회색질이 많이 감소할수록 애착이 강했다. 하지만 연구에서는 회색질의 감소와 강한 애착이 함께 나타난다고 해서 그 둘의 인과성을 설명하진 않는다. 예를 들어, 익사 사고에 근거하여 아이스크림 판매 증가를 예측할 순 있다지만, 이 두 현상 모두 따뜻해진 날씨와 더 크게 관련돼 있을 것이다. 마찬가지로, 뇌의 축소가 더 나은 어머니가 될 수 있다는 것을 의미할 수도 있다.

후크제마 박사와 그 동료들의 연구 결과는 세라 블래퍼 허디와 셀레스트 키드 등의 이론과 일치한다. 이 이론은 자녀 돌봄이 인간의 뇌 발달을 인지적 공감 능력을 가능하게 하는 방향으로 이끌었다고 이야기한다. 하지만 이 연구에서 변화가 관찰된 뇌 영역이 인지적 공감을 가능하게 하는 것 외에도 다른 기능을 가지고 있는지는 확실하지 않다. 따라서 이러한 뇌 변화가 실제로 우리 자녀에 대한 공감 능력과 관련이 있는지를 밝혀내기 위한 후속 연구가 필요하다. 또한 임신 중 이를 관장하는 호르몬도 밝혀내야 한다. 동물실험은 에스트로겐이 그 호르몬이라는 걸 시사하지만, 인간에게도 같은 결과를 적용할 수 있는지는 아직 확실치 않다.

임신 중 호르몬은 어머니들의 뇌가 좀 더 효과적으로 아이를 돌볼 준비를 하도록 작용하는 것으로 보인다. 반면 아버지들의 경우, 대뇌피질에서 회색질이 감소하는 유사한 반응이 관찰되지 않았다. 이런 면에서 어머니들은 출산 후 아이를 돌보는 과정에서 아버지보다 한 발짝 앞선 것 같다. 모유 수유를 위한 유선 기능만 좋아진 것이 아니라, 뇌도 새로운 책임을 준비하는 것처럼 보인다.

하지만 원점으로 돌아가보자. 이 모든 연구가 여성이 확실히 우월한 양육자라는 결론을 내려주진 않는다. 그 전에, 중요한 부분을 짚어내기 위해 다른 연구도 살펴봐야 한다. 바로 뇌의 구조는 하나의 요소일 뿐, 그 구조가 어떻게 사용되는지는 완전히 다른 문제라는 부분이다.

그렇다면 돌봄 뇌일까?

이에 관련한 연구는 육아와 뇌에 대한 국제적인 권위자로 알려진 이스라엘 교수 루스 펠드먼Ruth Feldman(1960)의 연구팀이 진행했다. 그녀의 연구팀은 생물학적 아버지와 어머니뿐만 아니라 생물학적, 또는 입양 자녀의 돌봄에 적극적으로 참여하는 동성애자 아버지들의 뇌를 조사했다.[16] 연구원들은 먼저 부모와 자녀의 상호 작용을 가정하고 촬영했다. 그런 다음 부모들은 영상을 보면서 뇌 활동을 측정하는 스캐너로 이동했다. 영상은 모든 부모의 대부분을 포함한 오래된 포유류의 뇌의 큰 부분, 즉 보상 지역과 편도체 등이 활성화된 모습을 보여주었다. 또한 감정 인식과 관련된 피질 영역도 활성화돼 있었다.

하지만 부모 그룹 간에도 차이가 있었다. 어머니들에서는 오래된 포유류의 뇌가 더 강하게 활성화됐으며, 아버지들에서는 피질 영역이 더 활발히 활동하는 것이 관찰됐다. 가장 흥미로운 발견은 아버지들 사이에서 나타난 차이였다. 자녀 양육을 맡은 동성애 아버지들에서는 어머니들처럼 편도체, 즉 중요한 감정 영역이 강한 반응이 보였으며, 이는 양육에 크게 기여하지 않은 생물학적 아버지에게서는 관찰되지 않았다. 즉, 아버지와 어머니 사이에 임신 중 뇌의 재구성에 의해 발생할 수 있는 돌봄 뇌의 활성화 차이가 존재하는 것이다. 하지만 출산 후 보여주는 행동도 최소한으로 중요했다. 돌봄에 적극적으로 기여하는 아버지의 돌봄 뇌도 활성화된다.

최근의 다른 연구들 역시 부모의 기술이 어머니와 아버지 모두에 의해 잘 발달할 수 있다는 이론에 힘을 실어준다. 연습이 완벽을 만든다고 하지 않는가? 돌봄도 마찬가지다. 연구에 따르면, 아버지와 어머니 모두 자녀가 없는 동료들보다 어린이 표정에 자동으로 더 많은 주의를 기울인다. 주의가 필요한 작업을 수행하는 동안 아버지와 어머니 모두 아기의 얼굴에 더 많이 주의를 빼앗겼다.[17] 또한 여성만을 대상으로 한 연구에서는 양육에 필요한 발달이 일어날 수 있다는 점이 밝혀졌다. 어머니와 무자녀 여성 모두에서 아기 울음소리를 들으면서 뇌 활동이 측정되기 때문이다.[18] 놀랄 일은 아닐지도 모르지만, 어머니들이 다른 여성들보다 이에 더 강하게 반응했다. 특히 흥미로운 점은 아기의 나이가 많을수록 해당 어머니의 반응이 강해졌다는 것이다. 생후 12개월 정도 된 아기의 어머니들은 태어난 지 3~4개월 된 아기의 어머니들보다 훨씬 강하게 반응했는데, 이는 경험이 많다는 것을 의미한다.

나 역시 비슷한 경험이 있다. 첫딸을 낳을 때 우리는 가정 출산을 했다. 조산사를 좀 늦게 호출했기에 조산사가 도착했을 때, 우리는 바로 행동에 나서야 했다. 혼란 속에서 조산사는 아기 모자, 기저귀, 그리고 다른 물품들이 어디 있는지 물었다. 나는 그에 분노했다. 저 여자는 대체 무엇에 그렇게 신경을 쓰는 거야! 아기를 위한 모자라니, 여기 한 여자가 출산 중인데! 이틀 후에야 그 출산의 목표는 아기를 돌보는 것이었다는 걸 깨달았다. 곧 실제로 아이가 나올 테니 말이다. 한순간에 상상만 했던 게 현실이 되었다. 내가 아빠가 된 것이다. 얼마 지나지 않아 팔에 아이가 안겼고, 나는 경이로움, 사랑, 그리고 내게 맡겨진 취약성에 대한 두려움이 뒤범벅된 여러 가지 감정을 느꼈다. 나는 그 모든 감정을 어떻게 처리해야 할지 잘 몰랐고, 밤에 기저귀를 갈면서 서툴게 서 있기만 했다. 젊은 부모로서 우리는 욕조의 물 온도를 조심스럽게 살폈고, 아이에게 처음으로 브로콜리를 먹일 좋은 시기가 언제인지를 책에서 찾아보았다. 나는 아이에게 어떤 행동이 필요한지 느끼는 법을 학습해야만 했다. 호르몬의 도움을 받은 아내보다 더 많이 말이다. 우리 막내딸은 운이 좋은 편인데, 내가 아이의 언니와 오빠를 통해 연습한 덕분이다. 이제는 아이의 기저귀를 갈 때 온수병과 젖병을 저글링하면서 다른 손으로는 도시락을 학교 가방에 넣고, 아이의 등을 두드리며 교육적인 TV 프로그램을 켜곤 한다. 돌봄 뇌 활성화됨, 확인!

네트워크 속의 네트워크, 그리고 또 다른 네트워크…

볼비의 연구는 영국의 소아과 의사이자 심리학자인 도널드 위니코트Donald Winnicott(1896~1971)에게서 큰 영향을 받았다. 그는 "영아라는 것은 존재하지 않는다"라고 말하며,[19] '아이'가 독립적인 개체로 존재하지 않는다고 주장했다. 아이는 혼자서 존재할 수 없고, 항상 양육하는 부모와 같은 환경적 요소가 존재하기 때문이다. 아이는 그 환경과 불가분의 관계에 있으며, 그 환경을 고려하지 않고서는 아이를 이해할 수 없다고 주장했다.

나는 위니코트의 이러한 견해에 전적으로 동의하며, 그의 이론을 더 넓은 맥락으로 확장하고 싶다. '아이'라는 개념이 단독으로 존재할 수 없는 것처럼, '인간' 또한 독립적으로 존재할 수 없다. 이 행성에서 가장 자립적인 인물조차 때때로 다른 사람의 도움이 필요하다. 또한 극소수를 제외하고는 다른 사람들에게서 완전히 고립된 상태를 감당할 수 없으며, 그 고립은 정신적, 신체적 건강에 파괴적인 결과를 초래할 수 있다. 이에 대해 이후에 다시 언급할 것이다. 우리의 개인적인 감정은 사회적 환경과 불가분의 관계에 놓여있다. 우리는 네트워크의 일부이며, 이는 우리 삶에 깊이 뿌리내려 있다. 그리고 뇌가 흥미로운 이유는 바로 이 모든 것이 집결된 곳이기 때문이다. 부분과 연결되어 있으며, 감각을 통해 외부 세계와 연결된다. 그리고 외부 세계는 뇌를 통해 우리 내부 세계의 일부가 된다. 이러한 과정은 개체와 환경의 경계를 모호하게 만든다.

앞부분에서는 환경과 양육의 구분에 대해 이야기했다. 하지만 이 구분은 정원의 면적이 길이에 의해 결정되는지 너비에 의해 결정되는지를 묻는 것만큼이나 무의미하다. 이와 마찬가지로 서로 얽힌 개념인 개체와 환경 사이에 엄격한 구분을 만드는 것도 생산적이지 않다. 그리고 사회적 뇌라는 개념도 큰 의미를 갖지 않는다. 뇌 자체는 사회적일 수 없기 때문이다.

나는 레이딘대학교 의료 센터의 해부학 강의실에서 해부 전 준비를 기다리는 여러 개의 뇌를 흥미로운 시선으로 바라봤던 적이 있다. 그리고 곧, 그중 하나가 내 손에 들려 있었다. 뇌를 보고 만지는 건 매우 흥미로웠지만, 사회적인 활동은 아니었다. 뇌라고 불리는 복잡한 뉴런 네트워크는 우리 몸을 이루는 세포 네트워크의 일부일 때만 사회적일 수 있다. 그리고 세포 네트워크의 일부가 되는 것만으로는 부족하다. 세포 네트워크는 우리가 속해있는 사회적 네트워크의 일부가 되어야 하기 때문이다. 이렇듯, 우리는 혼자 살아갈 수 없다.

우리가 혼자 살아갈 순 없다는 사실, 혹은 그랬던 적이 없다는 사실이 우리의 뇌를 지금의 모습으로 만들었다. 뇌가 허용하는 돌봄 행동의 유연성과 우리가 감정적 충동을 조절할 수 있다는 능력이 우리 인간을 특별하게 만든다. 부모가 돌볼 수 없을 때 다른 사람들이 돌봄을 제공하는 면이 특히 이 능력의 아름다운 모습이다. 그리고 이런 돌봄의 유연성을 통해 우리는 기본적으로 누군가를 돌볼 능력이 있다는 걸 알 수 있다. 즉, 남성과 여성 사이에 존재하는 생물학적 차이는 결코 사회의 고정관념을 정당화하는 증거가 될 수 없다. 그렇다고 해서, 그 차이들을 경시할 필요도 없다. 아버지들이 훌륭한 돌봄 제공자가 될 수 있다는 사실이 임신, 출산, 그리고 모유 수유가 어머니에게 미칠 수 있는 영향을 감소시키지는 않는다.

어머니들의 뇌에서 관찰된 변화 외에도, 임신 중에 방출되는 호르몬은 여성에게 훨씬 더 많은 영향을 미칠 수 있다. 인간을 대상으로 한 연구는 많지 않지만, 동물실험에서는 이 호르몬의 영향을 받은 동물들이 스트레스를 통제하고, 사회적 학습에 더 능숙하며, 불안감이 낮다는 결과가 나왔다. 사람에도 적용 가능한 결과인지는 아직 확실하지 않지만, 자녀를 갖는 것이 스트레스, 영양, 그리고 호르몬에 대한 몸의 반응에 장기적인 영향을 미칠 수 있다는 증거는 있다.[20] 그 영향이 긍정적인지 부정적인지는 아직 명확하진 않지만, 자녀를 가지면 어머니의 정신 건강에 부정적인 영향을 미칠 수 있다는 것은 확실하다. 산후 우울증이나 다른 정신질환을 겪는 어머니들이 그 예다. 지금보다 더 많은 관심을 받아야 할 주제다. 특히 모성은 뇌에 영향을 미친다. 이미 언급한 바와 같이, 어머니의 뇌에서 자녀의 DNA가 발견될 수 있다는 것이 밝혀졌다. 이는 2012년의 한 연구에서 사망한 여성들의 뇌에서 발견된 남성 DNA가 증명했다.[21] 이 DNA의 출처를 추적하긴 어렵지만, 자궁에 있던 태아로부터 전달된 것이며, 어머니와 태아가 세포를 교환했다는 가설이 가장 신빙성이 있다. 뇌에 도달한 세포들이 계속해서 남아있는 것이다. 하지만 어머니들의 뇌에 남은 자녀의 DNA가 무엇을 의미하는지는 확실하지 않다. 또한, 자녀도 자궁에서 어머니의 세포를 획득했을 수 있으며, 지금 당신이 이 책을 읽는 동안에도 그 세포가 당신의 몸의 일부를 구성하고 있을 것이다. 엄밀히 따지면, 우리는 서로에게 연결되어 있을 뿐만 아니라 서로의 일부까지 되는 것이다!

이 장은 〈주노〉라는 영화 속 인물의 대사로 시작했다. 16살 소녀가 임신하게 되고, 모든 조언을 무시하고 임신을 지속하여 출산 후 아이를 돌볼 수 있는 부부에게 입양을 보낼 계획을 세우는 이야기를 담은 영화다. '말이 되는' 선택이지만, 영화 속 주인공이 아이를 출산하자 예상과 달리 아이를 돌볼 환경이 갖춰져 있었다. 아리엘 레비도 역시 처음에는 자신이 적합한 어머니가 아니라고 생각했지만, 한 번 아기를 안아본 후에는 아들 없는 세상을 상상할 수 없었다고 한다. 나는 한 번도 임신을 경험한 적이 없고, 주노나 레비와 같은 경험을 할 순 없지만, 갓 태어난 아이를 팔에 안았을 때의 강렬한 느낌은 잊지 못한다. 연결감과 두려움이 섞인 감정이었다. 오래된 뇌 영역의 활성화가 이러한 돌봄과 보호의 감정을 가능하게 만든 것이다.

4

우리 사이의 케미스트리

The Science of Connection

> 잘 들어, 모티, 네가 실망할지 모르겠지만, 사람들이 '사랑'이라
> 고 부르는 것은 단지 동물이 번식하도록 강요하는 화학 반응
> 일 뿐이야. 처음엔 강하게 다가오지만, 점차 사라지면서 너를
> 실패한 결혼에 놓아두고 말지. 나도 그랬고, 너희 부모도 그럴
> 거야. 그 순환을 끊어라, 모티. 그 이상을 추구하고, 과학에 집
> 중해.
>
> _애니메이션 〈릭 앤 모티Rick and Morty〉 중[1]

에바 이넥Eva Jinek은 〈세상 돌아가는 일De Wereld Draait Door〉에 출연해
상을 받았다. 아들을 출산한 후 처음 TV에 출연한 날이었다. 인터뷰
가 시작되자 그녀는 갑자기 눈물을 흘렸다. "저 정말 울지 않으려고
했거든요. 근데 지금 우는 건 다 호르몬 때문이야! 정말이에요. 저

모유 수유 중이거든요. 곧 끝날 거예요!"이 짧은 불편함은 곧 방청객의 웃음으로 넘어갔고, 대화는 다시 이어졌다.

우리는 일상적으로 호르몬을 언급하지만, 거기에도 다 규칙이 있다. 나 스스로의 행동을 호르몬과 연결 지을 수는 있지만, 남들이 그렇게 말하는 건 허용하지 않는다. 예를 들면, 에바 이넥은 자신의 호르몬 상태 때문에 눈물을 참을 수 없다고 말할 수 있지만, 사회자인 마테이스 판 뉴브케르크Matthijs van Nieuwkerk가 이넥에 대해 그런 말을 하는 건 적절치 않다 느낄 것이다. 그리고 호르몬과 행동을 연결 지을 때는, 호르몬의 작용 때문에 행동을 통제할 수 없다고 말하곤 한다. 호르몬의 영향을 받으면 우리는 아무것도 할 수 없기 때문이다.

호르몬이 지시하는 행동에는 자율성이 매우 적다. 그리고 우리는 통제를 유지하고 싶은 까닭에 통제할 수 없는 행동에 큰 어려움을 겪는다. 실제로 통제할 수 없을 때도 우리는 통제가 가능하다고 자신을 속인다. 이에 대한 좋은 예는 인지 부조화가 발생했을 때 우리가 어떻게 반응하느냐다. 이는 행동이 신념과 일치하지 않는 상황이다. 예를 들어, 사람들은 선택하지 않은 일을 하게 하면, 나중에 왜 그렇게 했는지를 정당화하기 위해 이유를 제시한다. 인지 부조화를 보여주기 위한 고전적인 실험에서, 연구자들은 참가자들에게 한 시간 동안 테이블 위의 블록을 옮기는 지루한 작업을 하도록 요청했다.[2] 한 그룹은 나중에 20달러를 받았고, 다른 그룹은 1달러를 받았다. 이 작업이 얼마나 재미있었는지 물었을 때, 20달러를 받은 그룹보다 1달러를 받은 그룹이 더 재미있었다고 대답했다. 아무 보상도 없이 어리석은 일을 했다는 생각을 견딜 수 없기 때문에, 나중에 그것이 꽤 재미있었다고 결론을 내린 것이다. 물론, 의식하지는 못하는 상태에서 말이다.

자율성을 갈망하는 일은 우리의 행동을 기계적이고 물리적으로 설명해야 할 때 저항감을 왜 느끼는지 설명한다. 내 몸을 흐르는 호르몬과 신경전달물질이 내가 무엇을 하는지를 결정한다면, 나는 누구인가? 내게 아직도 자유 의지가 있을까? 우리는 우리 몸이라는 물리적 시스템, 즉 우리 몸이 수천억 개의 협력하는 세포 집합이란 사실을 잊고 있다. 몸의 나머지 부분과 마찬가지로 그 안에서 움직이는 호르몬들도 당신을 이룬다. 모든 행동과 생각이 물리적 원인을 가지고 있다는 이 물질주의적 관점은 많은 이에게 여전히 민감한 문제다. 최근에 나는 고등학교 졸업반의 두 학생을 마주했다. 이들은 '사랑에 빠지다'를 주제로 한 졸업 프로젝트를 준비하기 위해 과학자와 대화를 나누고 싶어 했다. 그 대화에서, 내가 사랑에 빠질 때 관여하는 호르몬과 신경전달물질에 대해 간략히 설명하자, 두 학생은 동시에 실망과 재확인을 요청하는 눈빛으로 나를 바라보았다. "그러니까 사랑에 빠진다는 건 그저 머릿속의 몇 가지 물질 활동에 불과한 거예요?"라고 둘 중 조금 더 적극적인 학생이 물었다.

사람들은 무릎 반사나 발기가 자율적인 생리현상이라는 데는 의문을 품지 않지만, 감정이나 사랑 같은 것에 대해서는 생리현상 그 이상을 바라는 경우가 많다. 하지만 질문은 필요 없다. 난 여기서 로버트 새폴스키Robert Sapolsky(1957)를 인용하고 싶다. 앞으로 자주 언급할, 매우 훌륭한 과학자이자 거대한 수염을 가진 작가다. 그가 이렇게 말했다. "나는 과학을 사랑하며, 많은 사람이 과학을 두려워하거나 과학을 선택하는 것이 연민이나 예술, 자연에 경외감을 느낄 수 없다고 생각하는 점이 마음 아프다. 과학은 신비로움을 없애기 위한 것이 아니라, 신비로움을 재발명하고 활기를 불어넣기 위한 도구다."[3]

나는 이 장에서는 우리가 호르몬의 무의식적인 노예가 아니지만, 호르몬이 우리의 사회적 행동을 결정하고, 그에 따라 우리의 관계를 형성하는 생물학적 시스템의 중요한 부분이라는 점을 살펴보고 싶다. 호르몬은 앞서 설명한 우리의 모든 행동에 긴밀히 연결된 신경 네트워크에 결정적인 영향을 미친다.

우리는 에바 이넥처럼 부정적인 행동에 대해 변명할 때 호르몬의 핑계를 댄다. 그보다는 밝은 면에 대해 완전한 책임을 지기를 원하니 말이다. 하지만 이는 부당한 행동이다. 호르몬은 우리의 가장 아름다운 면과 가장 추한 면 양쪽에 영향을 미치기 때문이다. 이 책에서는 우리의 관계에 관여하는 몇 가지 주요 호르몬을 소개한다. 어떤 호르몬들이 사회적 관계와 사랑을 가능하게 하고, 어떤 것들이 이를 방해할 수 있을까? 그 전에, 먼저 기본적인 질문에 답해보자. 호르몬이란 무엇일까?

우리의 내부 커뮤니케이션

세균이나 다른 단세포 생물 체내 커뮤니케이션은 모든 게 하나의 작은 공간 안에 존재하기에 상당히 단순하다. 하지만 대부분의 다른 동물들, 즉 다세포 생물들은 이런 단순함을 누리지 못한다. 그래서 여러 세포로 구성된 유기체들은 그 모든 세포의 행동을 서로 조율하는 방법을 찾아야 한다. 이 문제를 해결하기 위한 첫 번째 방법은 호르몬을 사용하는 것이다. 두 번째 방법은 신경계를 가지는 것이다. 우리 뇌는 신경 세포들이 뇌에서 시작해서 전체 인체에 도달할 수 있는 중앙 장소에서 행동을 조정한다. 내가 지금 자리에서 책상으로 간다고 가정할 때, 나의 운동 피질은 척수를 통해 초당 약 백 미터의 속도로 신호를 보내어 레고 뉴쁠로 자동차를 밟는 대신 옆으로 빌어내도록 한다. 많은 고통을 예방할 수 있는 간단한 예방 조치다.

이러한 형태의 커뮤니케이션에는 신경계가 탁월하게 작용하며 호르몬은 필요하지 않다. 대신, 정보를 전체 몸과 공유해야 할 때 호르몬이 필요하다. 앞의 예에서는 전신이 아니라 오직 발의 행동이 중요하기 때문에 호르몬은 관련이 없다.

하지만 바닥에 놓인 게 거미라면 이야기가 달라진다. 거미를 발로 밀어내고 일하러 가는 대신, 몸을 움직여 거미를 잡거나 그보다 더 성공 확률이 높은, 도망을 가기 위한 대기 상태로 만들고 싶을 것이다. 이렇게 주어진 상황에서 신체를 특정 상태로 만들어야 할 때,

호르몬을 사용한다. 호르몬은 혈액에 섞여 몸 전체에 도달한다. 우리의 혈관 시스템은 어쨌든 모든 세포 근처로 가 영양과 산소를 공급해야 하니, 이를 효과적으로 사용해 메시지를 함께 전달하는 것이다. 우리 아버지가 그랬던 것처럼, 호르몬에 기대기보다는 내가 직접 아이에게 이야기를 전달하는 방법도 있다. "계단 올라갈 때는 꼭 난간을 잡고 올라가야 해."

위험 상황에 호르몬을 사용해 신체 전체를 특정 상태로 만드는 것도 유용하지만, 우리 몸은 동일한 방식으로 수면-각성 리듬, 대사, 또는 체액을 조절한다. 호르몬의 다른 기능은 화해나 갈등과 같이 사회적 과정의 조직이다. 이와 같이 호르몬이 우리에게 직접적으로 미치는 것들 중 중요한 효과들을 '활성화 효과'라고 부른다. 이와 반대로, 우리의 뇌와 몸을 영구적으로 다른 상태로 변화시키는 '조직화 효과'도 있다. 가장 잘 알려진 예는 사춘기로, 호르몬이 2차 성징을 발달시켜 어린이를 성인 남자와 여자로 변화시키는 단계다. 임신 역시 호르몬이 이러한 조직화 효과를 가지는 또 다른 시기로, 임신 중인 어머니와 아직 태어나지 않은 태아의 뇌가 호르몬의 영향을 받아 영구적으로 변할 수 있다.

쌍둥이를 대상으로 한 연구가 이를 훌륭하게 입증했다.[4] 이 연구는 아홉 살 아이들의 뇌 크기를 살펴보았다. 뇌의 크기에는 태아기를 형제와 함께 보냈는지, 아니면 자매와 함께 보냈는지가 영향을 미쳤다.

남자아이들이 여자아이들보다 더 큰 뇌를 가지고 있는 것은 사실이지만, 이 연구에서는 쌍둥이 형제와 함께 태아기를 보낸 여자아이들이 쌍둥이 자매보다 더 큰 뇌를 가지고 있음이 밝혀졌다. 남자아이들도 마찬가지다. 그들은 본래 더 큰 뇌를 가지고 있지만, 쌍둥이 형제가 가장 큰 뇌를 가지고 있었다. 이는 아마도 태아기에 남자아이들이 여자아이들보다 더 많이 생성하는 테스토스테론의 영향일 것이다. 그러나 일부 테스토스테론은 자매에게도 영향을 미쳐 그녀의 뇌 발달을 촉진한다. 하지만 여기에도 부작용은 있다. 예를 들어, 쌍둥이 형제가 있는 여성은 학교를 중퇴할 가능성이 더 크고, 임신 중에 흡연할 가능성이 더 크며, 평균적으로 자녀가 적고, 결혼을 덜 하며, 평균 소득이 적다.[5] 쌍둥이 형제가 있다는 것은 재미있는 변화를 불러온다.

따라서 호르몬은 태아기에 이미 영구적인 영향을 미칠 수 있다. 그 호르몬이 반드시 본인 것일 이유는 없다. 예를 들어 어머니의 혈액이 높은 수준의 스트레스 호르몬을 가지고 있다면, 그에 영향을 받을 수도 있는 것이다. 9장에서 이에 대해 더 자세히 다룰 것이다. 태아기나 사춘기와 같은 시기에 우리는 호르몬의 형성 효과에 특히 민감하며, 이러한 시기를 민감한 기간이라고 부른다. 이것은 우리의 뇌 발달에 큰 영향을 미치고, 결과적으로 우리의 행동에도 영향을 미친다.

호르몬이 뇌에 영향을 미칠 수 있다는 믿음은 그리 오래되지 않았다. 우리는 몇십 년 전만 해도 호르몬은 주로 몸에서 활동하며, 뇌는 도파민과 세로토닌과 같은 신경전달물질의 영역이라고 생각했다.

특히 고대 포유류와 같은 생물의 뇌 구조를 깊숙이 살펴보면 호르몬 수용체로 가득 차 있다. 하지만 호르몬과 신경전달물질 사이의 명확한 구분은 점점 더 모호해지고 있다. 특히 지금은 뇌 내에서도 호르몬이 생성된다는 것이 밝혀졌다.[6] 게다가 호르몬과 신경전달물질은 서로 영향을 줄 수 있어, 이야기가 더 복잡해진다. 하지만 필요 이상으로 복잡하게 만들 필요는 없으니, 지금은 이 시대에서 가장 인기 있는 호르몬 중 하나인, 하지만 엄밀하게 말하면 호르몬은 아닌 그 물질의 활성화 효과부터 살펴보자. 바로 옥시토신이다.

옥시토신, 평화의 펩타이드?

십 년 전까지는 아무도 옥시토신을 몰랐지만, 요즘은 미디어에 자주 등장한다. 옥시토신이 왜 이런 인기를 얻었는지는 곧 잘 알게 될 테지만, 먼저 왜 옥시토신이 엄밀히 말해서 호르몬이 아닌지를 알아보자. 옥시토신은 상대적으로 적은 수의 아미노산으로 구성되어 있다. 우리는 이런 물질을 펩타이드라고 부른다. 또한, 대부분의 호르몬과는 달리 옥시토신은 주로 뇌에서 생성되어 혈액으로 이동한다. 이런 이유로 옥시토신은 공식적으로 뉴로펩티드라고 불린다. 몇몇 동료들이 이 올바르지 않은 용어 사용을 불편하게 여길 테지만 나는 편의상 계속해서 '호르몬'이라는 용어를 사용하겠다. 여하튼, 옥시토신의 생성 과정은 다른 호르몬, 예를 들어 테스토스테론이 몸에서 생성되는 과정과 다르다. 이 구분은 중요한 결과를 가져올 수 있다. 왜냐하면 모든 물질이 뇌에서 몸으로, 또는 그 반대로 자유롭게 이동할 수 있는 것은 아니기 때문이다.

불필요한 물질들이 뇌로 들어오는 것을 막기 위해 중추신경계(척수와 뇌로 구성됨)와 우리 몸의 나머지 부분 사이에 견고한 장벽이 만들어져 있다. 이 장벽을 혈액-뇌 장벽이라 하며, 해로운 물질뿐만 아니라 많은 체내 물질도 막는다. 오직 작고 지방에 용해되는 분자만이 이 장벽을 통과할 수 있다. 성호르몬인 에스트라디올과 테스토스테론은 가능하지만, 옥시토신은 그렇지 않다. 그러니 용어에 대한 논쟁이 쓸모없는 것만은 아니다. 뇌에서 생성된 일부 물질들이 쉽게 몸의 나머지 부분으로 이동할 수 없다는 사실, 그리고 그 반대의 경우도 마찬가지라는 점은, 호르몬이 뇌에 미치는 영향을 연구하는 데 영향을 미치기 때문이다. 왜냐하면 연구를 하려면 먼저 그 호르몬들을 뇌로 전달해야 하기 때문이다. 그리고 옥시토신처럼 혈액-뇌 장벽을 통과할 수 없는 물질의 경우, 이는 어려운 과제가 된다. 재밌게도, 스위스의 한 경제학자 그룹이 2005년에 발표한 한 연구에서는 코 스프레이로 이 문제를 해결할 수 있다고 밝혔다.[7] 이 연구에서는 사람들이 코 스프레이를 통해 옥시토신을 투여받았을 때, 돈을 빌려주거나 중개인에게 돈을 쉽게 넘겼으며, 돈을 돌려받을 수 있을지 모른다는 점을 알면서도 상대방에 대한 신뢰가 증가했다고 한다. 플라시보 대조군은 이런 행동에 더 조심스러웠다.

코 스프레이의 사용이 간단하기 때문에 많은 연구자가 열정을 품고 옥시토신 연구에 덤벼들었고, 지난 십 년 동안 이 방법을 이용한 수백 개 연구가 수행되었다. 하지만 모두가 그런 열정을 가지고 있진 않았다. 방법의 정확성에 의구심을 가졌기 때문이다. 우리는 옥시토신이 혈액-뇌 장벽을 쉽게 통과하지 못한다는 것을 알고 있으니, 코 스프레이를 통해 어떻게 뇌에 도달하는지는 여전히 의문이다. 한 학술 대회에서 만났던 존경받는 노교수의 말을 인용하면, 이 모든 연구는 '헛소리'다.

과학자들 사이의 논쟁에도 불구하고, 옥시토신은 언론에서 많은 주목을 받았다. 이 물질은 평화를 가져다주고 인류의 모든 좋은 것들을 야기한 사랑의 호르몬으로 묘사되었다. 조금만 더 옥시토신을 사용하면 모든 문제를 해결할 수 있다고 말이다. 대중 매체가 종종 개념을 단순화해서 이야기하는 것은 잘 알고 있지만, 몇몇 학자들도 옥시토신을 '일부일처제 약monogamie-drug', '포옹 호르몬', 또는 완전히 잘못된 과장인 '도덕 분자'라고 이야기한다.[8] 결국, 뉴로펩티드에 대한 모든 연구가 터무니없다고 외치는 사람들과, 세계의 모든 문제를 해결할 수 있다고 생각하는 사람들이 서로 대척점에 있는 것이다. 이제 옥시토신이 실제로 무엇을 하는지에 대한 답을 찾아보자.

스위스 경제학자들의 생각은 그리 얼렁뚱땅하지 않았다. 그들의 연구가 등장하기 백년 전인 20세기 초, 옥시토신은 영국 연구자 헨리 데일 경Sir Henry Dale(1875~1968)이 출산을 촉진하는 수단으로 발견했다. 빠른 출산을 의미하는 그리스어 'oxutokia'에서 유래한 옥시토신은 출산 과정에서 역할을 하며, 일반적으로 새끼를 낳고 모유를 생산하는 포유류에서만 발견된다. 옥시토신은 프로락틴 호르몬과 함께 출산 후, 그리고 수유에 중요한 역할을 한다. 모성과 아기 사이의 유대감에도 중요한 호르몬이라고 추정하는 것도 큰 발견은 아닐 것이다. 진화는 기회주의적이다. 이미 활동 중인 호르몬이 추가적인 작업을 맡는 게 새로운 호르몬을 개발하는 것보다 효율적이니 말이다. 이는 동물 연구에서 사실로 밝혀졌다. 옥시토신 시스템이 꺼진 어미 쥐는 무능한 어미가 되는 반면, 엄마가 아닌 암컷 쥐에 옥시토신 주사를 하면 어머니 같은 행동을 유발할 수 있다.

하지만 옥시토신이 어머니와 아이에게만 유용하진 않다. 미국의 정신과 의사이자 신경과학자인 래리 영Larry Young의 혁신적인 연구는 옥시토신의 효과로 인해 땅다람쥐들이 파트너와 결속을 맺는다는 것을 보여주었다. 다른 이성과도 번식하는 땅다람쥐와 달리 일부일처제인 땅다람쥐의 뇌가 옥시토신에 훨씬 더 민감하다. 물론 이런 연구 결과를 인간이 낯선 사람을 신뢰하게 만드는 이유라고 바로 적용하기는 무리가 있겠지만, 그래도 사회적 유대를 촉진할 수 있는 한 가지 호르몬이 있다면 그게 옥시토신이다. 10년 이상의 연구가 이를 입증했지만, 그래도 이 물질이 인간에게 할당된 역할은 쥐나 땅다람쥐에게만큼 명확하진 않다. 젊은 여성에게 옥시토신을 조금 투여한다고 해서 그녀를 어머니로 만들 수는 없다. 하지만 그 '조미료'는 여성과 그녀의 주변 사회적 상호 작용에 영향을 미칠 수 있다. (옥시토신이 코 스프레이를 통해 실제로 뇌에 도달하며 그곳에서 영향을 미친다는 것도 이미 확립되었으니 말이다.)[9] 이렇게 뇌가 받는 영향은 특히 보상 반응을 관장하는 선조체 같은 영역이 자녀나 파트너의 사진에 더 강하게 반응하게 만든다.

또한, 옥시토신 투여가 편도체 활동을 줄인다는 점을 보여주는 여러 연구가 있었는데, 이는 곧 경계 태세를 줄여준다는 것을 가리킬 수도 있다. 편도체 활동의 축소는 전두엽 뇌 영역과 편도체 사이의 강화된 소통과 관련이 있다. 앞서 설명한 바와 같이, 이 소통은 우리의 직관적이고 감정적인 반응을 조절하는 데 매우 중요하다. 그리고 이러한 모든 효과는 부모와 자녀, 파트너 간, 심지어 낯선 사람들 사이의 사회적 유대에 긍정적인 영향을 미칠 수 있는 것이다. 그중에서도 우리의 직접적인 가족, 예를 들어 우리의 자녀나 파트너와의 관계에 옥시토신이 긍정적인 효과를 미친다는 말이 가장 설득력 있다.

여러 연구에서 부모들, 즉 어머니와 아버지 모두에서 측정된 높은 옥시토신 수치가 자녀에 대한 애정과 관련 있다는 것이 밝혀졌다. 다른 두 연구에서는 아버지들이 자녀와 놀기 전에 옥시토신 코 스프레이를 사용했을 때, 아버지와 아이 사이의 상호 작용에 긍정적인 영향을 미쳤다. 두 사람의 행동이 더 잘 조화를 이루었고, 신체 접촉이 더 많았으며 적대적인 태도가 줄었다.[10] 이 연구들의 긍정적인 특징은 아버지들을 대상으로 했다는 점이다. 아버지들은 보통 부모 연구에서 무시되곤 하기 때문이다. 부분적으로는 아버지들이 일을 하는 경우가 더 많기 때문에 실험실에 오기 어렵고, 아버지의 역할이 자녀에게 그다지 중요하지 않다는 잘못된 가정 때문이다.(네덜란드는 파트타임으로 일하는 것이 흔해, 보통 남성들도 5일이 아닌 4일간 일을 하는 경우도 많다. 특이하게도 부부 중 여성들은 그보다 덜 일하는 경우가 잦다.-옮긴이) 이 연구들은 사회적 유대를 촉진하는 호르몬이 아버지에게도 동일하게 작용한다는 것을 보여준다. 그리고 아이가 태어나기 전에도 이미 그러한 호르몬이 작용할 수 있음을 시사한다.

어머니의 경우는 놀랍지 않다. 앞장에서 이미 임신 중에 호르몬이 뇌를 준비시켜 다가올 돌봄 행동에 대비시킨다고 설명했다. 그리고 임신 중 높은 수준의 옥시토신을 가진 어머니들은 출산 후 아이와 더 강하게 연결되어 있는 것으로 보인다.[11] 하지만 아버지들을 상대로 측정해봐도, 임신 중에 호르몬이 그들에게도 영향을 미치는 것으로 보인다. 많은 문화에서 남성들은 아기가 태어나기 전에 임신 증상을 경험한다. 남성들도 메스꺼움, 체중 증가, 피로, 감정 불안정 등을 겪을 수 있으며, 이러한 반응은 쿠바드 증후군Couvade syndrome으로 불린다. 연구에 참여한 남성 중 쿠바드 증후군의 여러 증상을 보고한 사람들은 프로락틴 수치가 높았는데, 이는 모유 수유를 담당하는 호르몬이다.

영장류와 설치류에 대한 연구와 인간에 대한 몇 안 되는 드문 연구는, 프로락틴이 아버지가 돌봄 행동을 시작하는 데 긍정적인 효과를 낼 수 있다는 것을 밝혀냈다. 현재 이 호르몬이 인간에 미치는 영향에 대해 알려진 바는 거의 없지만, 나는 유선이 없는 경우에도 프로락틴을 통해 우리 자손에 대한 돌봄에 중요한 기여를 할 수 있다고 추측한다. 마치 옥시토신처럼 말이다.

사랑에 중독되다

옥시토신이 뇌, 특히 보상 영역에서 긍정적인 효과를 보이는 이유는, 옥시토신이 도파민의 생성을 자극하기 때문에 발생하는 경우가 크다. 도파민은 선조체에서 '무언가를 원하게 만드는' 신경전달물질이다. 그것이 당신의 파트너이든, 햄버거이든, 컬렉션을 완성하기 위한 마지막 축구 선수 카드이든, 도파민은 우리가 무언가를 원하게 만든다. 모든 중독성 물질이 당신의 도파민 시스템에 작용하는 것은 우연이 아니다.

그러나 도파민이 항상 기분을 좋게 만들어주는 것은 아니다. 기분을 좋게 만들어주는 건 엔도르핀이라는 다른 물질 집합이다. 엔도르핀은 옥시토신 같은 펩타이드이지만, 다른 수용체인 오피오이드 수용체에 결합한다. 이들은 당신이 무언가를 좋아하게 만들지만, 무언가를 원하게 만들지는 않는다. 또한, 통증을 억제하는 데 효율적이다. 그래서 가장 중독성이 강한 종류의 약물은 도파민 시스템을 활성화하기보다는 주로 오피오이드 시스템을 활성화시킨다. 헤로인처럼 말이다. 이러한 중독성 약물과 진통제는 당신의 몸속 자연 시스템을 악용하여 성관계에서 즐거운 느낌을 주거나, 출산처럼 몸이 필요로 할 때 통증을 완화하는 데 도움을 준다.

엔도르핀이 자녀나 파트너와 함께 있을 때의 즐거움을 담당한다는 이론은 이전에 언급한 야크 팬크세프가 유기 공포를 일으키는 뇌 회로에 대한 연구에서 시작됐다. 그는 이미 1980년대에 여러 연구를 통해 오피오이드가 이 뇌 회로에 강력한 효과가 있다는 것을 증명했다. 그 실험에서, 어머니로부터 떨어져 있는 새끼 쥐들과 병아리들은 스트레스 반응을 보이고 울음소리를 냈다. 그러나 팬크세프가 이 새끼 쥐와 병아리들에게 오피오이드를 주입했을 때, 스트레스 반응과 울음은 멈추었다. 또한 사회적으로 고립된 강아지들도 오피오이드 투여 후, 훨씬 적게 짖었다.[12]

팬크세프의 연구는 시대를 훨씬 앞서갔고 그의 이론이 받아들여지기까지 오랜 시간이 걸렸지만, 이제는 모두에게 오피오이드 시스템이 사회적 관계에 중요한 역할을 한다는 것이 분명해졌다. 사람들은 그룹에서 배제될 때 엔도르핀이 활성화되고, 뇌는 오피오이드 시스템을 활성화시켜 사회적 고통을 억제한다.[13] 반대로, 사람들이 뇌의 오피오이드 수용체를 차단하는 약물을 받을 때, 사회적 연결감이 감소할 수 있다.[14] 그러니 사회적 고립의 고통을 경감하기 위해 진통제를 복용하는 것은 그리 나쁜 방법이 아닐 수도 있다. 심지어 어떤 연구자는 사람들이 매일 아세트아미노펜(타이레놀 등의 해열진통제 성분-옮긴이)을 복용할 때 사회적 고통을 덜 느낀다는 것을 발견했다.[15] 그러니 실연 후에는 진통제를 복용해보자.

마취제와 사랑은 생각보다 더 많은 공통점이 있다. '너의 목소리는 내 귀에 모르핀Your voice, morphine in my ear'이라 노래하는 노르웨이의 가수 아네 브룬Ane Brun이 있다. 화학적으로 보면 현실에 상당히 가까운 가사다. 문제는 정말 잘 작동하는 진통제, 예를 들어 모르핀 같은 것은 중독성이 높다는 것이다.

나는 아직도 병원에서 통증 완화제로 모르핀을 처방받은 그 밤을 생생히 기억하고 있다. 이 경험은 당시 내 여자 친구가 감당하기 어려웠을 것이다. 내가 이 글을 쓰는 동안 미국에서는 특히 펜타닐과 옥시코돈이라는 두 종류의 오피오이드 진통제에 사람들이 중독되는 에피데믹(특정 지역, 국가, 집단에서 발생하는 국소적 유행-옮긴이)이 일어나고 있다. 이 약물들의 사용 증가는 수백만의 오피오이드 중독자와 매년 70,000명 이상의 과다복용 사망에 기여했다. 이러한 중독은 부모가 더 이상 돌보지 못하거나 사망하여 의지할 수 없게 된 자녀들의 심각한 증가로 이어지고 있다. 이런 미국에서의 사용량은 매우 극단적이지만, 네덜란드에서도 지난 십 년간 이러한 약물 사용이 약 300% 증가하여 50만 명 이상의 사용자가 발생했다. 그러니 정치인들이 이에 대해 걱정하는 것 또한 당연하다.[16]

사랑은 아름다운 감정일지 모르지만, 사랑을 관장하는 신경계를 자극하기 위해 훨씬 더 강력한 물질을 섭취하면 위험이 따른다. 사회적 유대감의 경험은 이러한 화학적 '사랑'과 견줄 수 없다. 신체적 또는 사회적 고통을 억제하기 위해 약물을 사용하는 것도 새로운 일은 아니다. 인류가 양귀비를 재배하기 시작한 이래로, 거기서 얻어진 귀한 물질인 아편을 모두가 열렬히 찾기 시작했다. 톨스토이의 소설《안나 카레니나》에서 등장하는 안나 역시 잘 알려진 아편중독자였다. 그녀는 사랑하는 사람과의 관계가 나빠질수록, 그로 인해 받는 고통이 커질수록 자신을 진정시키기 위해 더 많은 아편이 필요했다. 소설 속과 현재의 차이점은 지금의 약물이 그때보다 더 나아졌고, 지금은 쉽게 약국에서도 구할 수 있다는 점이다.

보호와 봉사

엔도르핀과 옥시토신은 우리가 사랑하는 사람들과의 관계에서 의심할 여지 없이 긍정적인 역할을 한다. 그러나 가장 유명하고 악명 높기로 알려졌을 호르몬인 테스토스테론의 경우 그렇지 않아 보인다. 모순적으로 많은 남성이 그들의 남성성을 증명하기 위해 높은 테스토스테론 수치를 원한다. 하지만 나는 다르다. 몇 년 전, 연례 건강검진을 받는 중 내과의에게 테스토스테론 관련한 검사를 포함할 수 있는지 물어보았다. 그녀는 세부적인 질문 없이, 혹시 우려하는 점이 있는지를 물었다. 그리고 난 그건 당연히 아니라고 대답했다. "그냥 직업병이에요. 궁금하거든요." 그녀는 미소를 지으며 고개를 끄덕였다. 몇 주 후, 나는 결과를 듣기 위해 병원으로 전화를 걸었다. 그녀는 가장 암울한 결과도 다소 중립적으로 들리도록 훈련된 목소리로 내 테스토스테론 값이 11nmol/L(나노몰퍼리터), 훌륭하고 정상적인 값이라고 말했다. 엄밀히 말하면 거짓말은 아니다. 의사들이 사용하는 하한선은 10nmol/L이기 때문에 내 수치는 분명히 그 이상이었다. 그러나 11은 평균보다 훨씬 낮다. 그 후로 몇 년 동안 내 테스토스테론 수치는 의사들이 수용 가능하다고 생각하는 최저 지역에서 계속 머물고 있다. 놀라운 일은 아니다. 난 내 테스토스테론 수치가 높았다면 더 놀랐을 것이다. 몇 년 동안 테스토스테론에 대한 연구를 한 후에는 이런 생각이 더 명확해졌다.

사실 난 학계에 남아있고 싶지 않았다. 위트레흐트대학교Unitersiteit Utrecht에서 공부할 때 나는 종종 박사과정 학생들의 작은 방을 지나갔다. 가장 화창한 날에도 그들은 아침 일찍부터 저녁 늦게까지 모니터를 응시하고 있었다. 그런 생활이 내 삶을 의미 있게 만들 것 같지 않았다. (항상 구름 긴 날씨로 유명한 네덜란드에서는 보통 구름이 걷히고 화창한 날씨가 되면 나가서 바람도 쐬고, 유동적으로 업무를 진행하는 편이다. 네덜란드 기준 화창한 날씨에도 방에서 일만 한다니, 저자로서는 이상한 일이었을 것이다.-옮긴이) 그럼에도 불구하고 얼마 지나지 않아 나는 작은 방에

연결 본능

서 모니터를 바라보고 있었다. 그리고 재미있게 느껴졌다.

지금은 교수가 된 잭 판 혼크Jack van Honk는 당시 호르몬이 사회적 행동에 미치는 영향을 연구하는 그룹을 이끌고 있었다. 그는 아드리안 타위튼Adriaan Tuiten과 함께 90년대 초, 여성에게 테스토스테론을 투여하는 새롭고 간단하면서도 효과적인 연구 방법을 찾았다. 실험 참가자들은 입안에 테스토스테론이 포함된 액체를 조금 넣고 1분 동안 유지했고, 호르몬은 점막을 통해 체내로 흡수됐다. 이후 여성들은 테스토스테론의 효과를 확인하기 위해 여러 실험을 수행했다. 다른 날, 여성들은 동일한 절차를 거쳤지만 이번에는 액체에 테스토스테론이 없는 위약僞藥 상태였다. 그들이 수행한 첫 번째 연구가 아마도 가장 주목할 만한 결과를 가져온 듯하다. 테스토스테론 또는 위약을 투여받은 후, 여성들은 치과 의자와 같은 의자에 앉아 질에 센서를 삽입했다. 그리고 센서가 질의 혈류를 측정하는 동안 포르노 영화를 시청했다. 질의 혈류가 성적 흥분의 가장 기본적인 척도이며 의식적으로 조절할 수 없기 때문이다. 로맨틱하지 않은 상황에도 불구하고, 테스토스테론을 흡수한 여성들은 에로틱한 이미지를 볼 때 더 많은 신체적 흥분을 경험했다.[17] 연구 그룹은 이어서 테스토스테론이 여성들의 불안도를 낮추고 지배적인 행동과 보상에 대한 민감성을 강화하며, 화난 얼굴에 대한 강한 감정적 반응을 유발한다는 것을 보여주었다.

이 연구의 후속으로 진행한 나의 박사학위 연구에서는 테스토스테론이 다른 사람들에 대한 신뢰를 감소시키고, 타인의 감정과 기분을 읽는 능력을 감소시킨다는 점을 발견했다. 다른 추가 연구들은 테스토스테론이 편도체 활성화를 강화하고 전두엽 영역과의 소통을 줄인다는 것을 보여주었다.[18] 이 조합은 테스토스테론으로 인해 더 충동적으로 반응할 수 있고 행동을 덜 잘 통제할 수 있다는 것을 의미한다.

이런 요인들은 다른 사람들과의 장기적인 관계를 유지하는 데 도움이 되지 않는다. 테스토스테론은 특히 파트너나 자녀에게 별로 애정이 많지 않게 만드는 것으로 보인다. 테스토스테론이 많은 아버지는 자녀에 대한 민감성이 덜하고 양육 기여도가 적다고 한다.[19] 아마도 테스토스테론은 2장에서 다뤘던 다른 번식 전략, 즉 많은 후손을 남기되 적게 돌보는 전략에 더 유용할 것이다. 이 경우, 약간의 테스토스테론이 지배력, 위험 행동 및 보상에 대한 민감도를 높여 유리할 수 있다.

테스토스테론 외에도 적은 투자로 많은 자손을 남기는 전략이 성공할 수 있는 다른 요소는 정자의 생산량이다. 번식은 하지만 항상 번식을 시도할 수는 없는 환경에 놓여있다면, 다른 남성보다 성공률을 높이는 게 중요할 것이다. 이에 대한 전형적인 예는 짝짓기를 위해 항상 준비된 커다란 고환을 가진 침팬지다. 알려진 바에 따르면, 고환이 큰 남성일수록 양육에 적게 투자하고, 자녀 양육에 대한 뇌의 보상 활성화도 더 약하다.[20] 즉, 좋은 아버지는 고환이 작을 것이다. 그러나 사람의 고환은 다른 영장류와 비교해보면 그 크기가 매우 작다. 인간의 고환이 포도알 크기라면, 침팬지의 고환은 큰 자두 크기이니 말이다.

이렇듯, 인간이 상대적으로 작은 고환을 가지고 있다는 점은 진화의 역사에서 중요한 무언가를 말해준다. 누군가는 이런 부분을 로맨틱하게 생각할 수 있겠지만, 사람은 침팬지처럼 여러 수컷이 함께 다니며 대규모 하렘을 이루며 계속해서 다른 여성을 임신시킬 수 없다. 남성은 여성보다 덩치가 약간 클 수 있다 해도, 그런 행동을 할 만큼 인상적이고 위협적이지는 않다. 오히려 우리 인간은 아주 오랫동안 일부일처제로 살아왔고, 아주 일부만 다처다부제를 유지해왔을 가능성이 더 높다. 지금과 크게 다르지 않다. 여성의 진화도 이 일부일처제에 기여했다. 인간 여성은 남성들에게 자신의 가임기를 숨기는 똑똑한 트릭을 가지고 있다. 침팬지와 비교를 해보자. 수컷 침팬지는 암컷 침팬지의 생식기가 부풀어 오른 며칠 동안만 다른 수컷을 쫓아내면 된다. 사람의 경우, 남성은 그저 짐작으로 이를 알아맞혀야 한다. 그러니 태어난 아이가 자신의 확실한 자손임을 확신하기 위해서는 하루 온종일 신경을 써야만 한다. 작은 집에서 함께 살고 있다면 가능할지도 모르지만, 배우자를 많이 둘 경우 불가능한 일이다. 여성들이 훌륭하게 진화한 것이다.

일부일처제는 번식의 확실성 이상의 진화적 이점을 안고 있다. 항상 근처에 있는 아버지는 양육이 필요한 아이를 바로 도울 수 있다. 그러니 일부일처제는 아이들을 성공적으로 성장시키는 진화적 타협인 셈이다. 이런 이유로 남성이 양육과 성적인 성공 둘 다 가질 수 있는 것이다. 연구에 따르면, 여성들은 남성의 얼굴 사진만으로 그가 아이에 관심이 있는지를 추정할 수 있다. 그리고 아이에 관심이 높은 남성은 여성들에게 미래의 파트너로서 더 높게 평가된다.[21]

사실 나는 이런 사실을 오랫동안 알고 있었다. 내 아내는 연애 초반에 내가 어린 조카와 놀고 장난을 치는 것을 보며 사랑이 깊어졌다고 한 적이 있었다. 또한, 아이들과 나간 학교 놀이터에서 싱글맘을 포함한 엄마들이 나를 칭찬하는 소리도 들었다. 들으라는 칭찬인지는 잘 모르겠지만 말이다. 나보다 더 힘든 양육을 감내하는 싱글맘들이 이러한 칭찬을 얼마나 자주 받는지 궁금하다. 남성으로서 당신은 이러한 긍정적인 차별을 이용하여 닉 혼비의 책과 영화인 《어바웃 어 보이》의 주인공 윌 프리먼처럼 행동할 수 있다. 36세의 독신 남성으로서 그는 어린아이들을 위한 대화 모임에 참석해서 젊은 싱글 엄마들을 유혹하기 위해 두 살짜리 아들이 있다는 거짓말을 하고, 성공적으로 그 모임의 여성들과 잠자리를 가진다. 하지만 어떤 진화심리학자도 그런 걸 감히 상상해 본 적이 없다!

관계의 질을 중요시한다면, 너무 높은 테스토스테론 수치는 별다른 도움이 되지 않을 것이다. 그것이 남녀가 아이를 낳을 때 테스토스테론 농도가 낮아지는 이유일 수 있다.[22] 그러나 관계의 맥락을 봤을 때, 테스토스테론을 부정적으로만 여기는 것은 그 호르몬을 과소평가하는 것이다. 돌봄 행동의 한 부분인 보호에 테스토스테론이 유용한 역할을 하기 때문이다. 눈앞의 아이가 차도로 뛰어간다고 생각해 보자. 감정이 반응하고 경계 태세를 갖춰야 할 것이다. 무슨 일이 일어날지 모르기 때문이다. 이 경우, 테스토스테론이 도움 될 수 있다. 돌봄이 어떤 신체 행동을 필요로 하는 모든 경우, 테스토스테론의 도움을 받을 수 있다. 그러니 남성이 아기 울음소리를 듣고 테스토스테론 수치가 높아지고, 이 아이들을 돌보는 능력이 생기면 다시 낮아진다는 사실이 놀랍지 않다.

나의 초기 연구 중 하나에서는 여성에게 테스토스테론을 투여하면 뇌가 울음에 더 강한 반응을 보인다는 것이 확인되었다. 상황이 긴급할 때 특히, 약간의 테스토스테론은 유용할 것이다. 그리고 진화의 역사에서는 테스토스테론의 중요도가 우리가 생각했던 것보다 더 높았을 것이다. 오늘날 서양 세계에서 아이들은 안전한 편이며, 대부분은 성인이 될 때까지 생명을 위협받지 않고 살아갈 것이다. 하지만 그 경험은 개인마다 다르며 세계의 다른 많은 아이들은 아직도 위험에 노출돼 있다. 우리 선조의 아이들이 자연의 적에게 얼마나 자주 노출되었는지는 알려지지 않았지만, 아이들은 분명히 보호가 필요했을 것이다. 최근에는 특히 아이들의 안전이 당연한 것이 아니라는 사실이 한 동료의 비극적인 운명을 통해 확인되었다.

역설적이게도 그는 테스토스테론 연구자로, 남아프리카 남부의 나미비아 사막에서 짧은 산책 중에 뱀에 물려 사망했다. 가이드의 말에 따르면, 그 지역은 혼자 이동하기에는 너무 위험하다. 그럼에도 수십만 년 동안 그곳에서는 아이들이 자라난다. 주의 깊은 부모들 덕분이다.

동물 같은 적 말고 다른 위협도 존재한다. 어떤 전통 사회에서는 아이들이 주로 적대적인 사람들로부터 보호받아야만 했다. 세라 블래퍼 허디는《어머니의 탄생》에서 야나마모와 카라웨타리 같은 남아메리카 부족들의 폭력적인 문화를 설명한다. 갈등이 생기면 무장한 그룹의 남성들이 적대적인 부족으로 이동하여 가능한 한 많은 소년을 죽이고, 그들의 어머니를 빼앗아가는 것이다. 어린아이들은 나무나 바위에 부딪혀 죽을 때까지, 다리를 잡혀 무모하게 끌려다닌다. 이러한 사회에서는 보호가 돌봄에 꼭 필요하다.

요즘에는 많은 서양 국가에서 외부에 이 보호를 위탁하고 있다. 바로 경찰관과 소방관들에게 말이다. 미국의 많은 경찰서는 '보호와 봉사To serve and protect'를 모토로 업무에 임하고 있다. 이는 부모 대부분이 아이들과 함께하며 경험하는 것과 꽤 유사해 보인다. 그런데도 우리는 소방관과 경찰의 보호에 대해서는 주로 이야기하지 않는다. 이러한 종류의 보호하는 직업에서는 테스토스테론이 적어도 문제가 되지 않는다. 남성이든 여성이든 상관없다. 그 수치가 조금이라도 많은 사람이 불타는 집에서 아이들을 구하고 강도들과 맞서는 것이다.

나는 15살쯤에 수구부에서 활동했다. 그중에서도 특별히 실력이 떨어지는 특별한 팀의 주장이었다. 내 팀원 중 몇 명은 경미한 지적 및 사회적 장애로 일반 팀에서의 참여가 어려웠다. 나는 그것조차 즐거웠으며, 육체적인 도전으로 받아들였고 종종 일반 팀을 상대로 승리를 거두기도 했다. 그러던 어느 날, 경기에서 상대편과 갈등을 겪은 후 상대편이 수영장 밖 자전거 보관소에서 나를 위협하고 떠난 바람에 나는 수구를 그만두게 되었다. 아이로서 경쟁적인 소년 그룹에 적응하기 어려웠던 것처럼, 나는 어떻게 사람들이 스포츠에 그렇게 집착할 수 있는지 이해할 수 없었다.

나의 낮은 테스토스테론 수치는 세 아이 덕에 더 높아지지 않고 유지되고 있다. 우리는 21세기의 네덜란드에서 평온한 삶을 살고 있기에 오히려 도움이 된다. 하지만 만약 우리가 이곳에서도 위험한 구역에 살고 있다거나, 리우데자네이루의 빈민가에서 지낸다면 과연 이 아이들이 나 같은 아버지와 오랫동안 살아남을 수 있을지는 확실하지 않다.

하루치 호르몬

지난 20년간의 연구는 호르몬이 우리의 관계에서 중요한 역할을 한다는 점을 밝혔다. 호르몬은 우리의 감정 상태를 일부 결정하고 이로써 사회적 행동에 영향을 미친다. 그러나 우리가 호르몬의 노예라는 생각은 잘못된 것이다. 이러한 연구들은 우리는 행동이 호르몬에 역행할 수 있다는 것을 보여주었다. 자신의 아이를 돌보며 남성뿐만 아니라 여성도 자신의 테스토스테론 수치를 낮출 수 있다.[23] 포옹이나 마사지 같은 쾌적한 신체적 접촉을 하면 옥시토신이 생성되는데, 이에 관한 내용은 7장에서 더 알아보겠다. 즉 호르몬 시스템은 우리의 정해진 운명이 아니라, 우리가 의식적으로 영향을 줄 수 있는 부분이다. 이는 행동뿐만 아니라 호르몬을 직접 투여함으로써도 그에 영향을 줄 수 있다. 연구를 통해 호르몬의 효과를 이해하는 방법 중 하나이다.

때로는 사람들에게 호르몬을 처방하는 것에 대한 윤리적 타당성에 의문이 든다. 이는 연구를 시작하기 전에 책임 있는 의료 윤리 검토 위원회에게 상세하게 답변해야 할 질문이다. 하지만 솔직히 말해서 호르몬을 투여하는 것은 그다지 특별한 일이 아니다. 수백만 명의 네덜란드인이 이미 호르몬을 투여받고 있다. 가장 문제가 있는 형태는 아마도 아나볼릭 스테로이드로 알려진 테스토스테론을 자체적으로 투여하는 일이다. 이는 근육 증가를 돕는 수단으로서 피트니스 세계에서 점점 더 많이 인정받는 방법이다. 스테로이드 투여자의 수에 대한 신뢰할 수 있는 추정치는 없지만, 사용자의 약 30%가 중독에 빠진다는 것이 가장 문제다.[24] 테스토스테론은 근육 성장뿐만 아니라 신경적 보상 체계에도 작용하기 때문에 사용자는 결국 중독되고 만다. 또한 긍정적인 자아 이미지를 유지하기 위해 근육을 유지해야 하는 필요성 또한 중독의 이유가 된다. 아나볼릭 스테로이드의 부작용은 무시할 수 없다. 종종 선수들이 자신들에게 투여하는 용량은 의사들이 말하는 허용치의 100배에 달하는 극단적인 경우도 있다. 이로 인해 무형의 여러 가지 증상이 발생할 수 있다. 불임, 유방 형성, 고환 수축, 심부전은 물론 우울증, 공격성, 감정 인식 감소 등 심리적 영향도 나타난다.[25] 이것은 아직 명확하게 드러나지 않은 사회적 문제다.

에스트라디올과 프로게스테론 호르몬은 아나볼릭 스테로이드보다 훨씬 더 거부감이 적으며 인기도 있다. 이 호르몬들은 아마도 가장 성공적인 네덜란드의 발명품 중 하나인 경구 피임약의 형태로 매일 수백만 여성이 복용할 것이다. 경구 피임약 복용은 호르몬 주기를 조절한다고는 하지만 실제로는 배란을 멈추는 것에 가깝기 때문에 수정을 멈추는 데도 효과적이다. 현재 경구 피임약에 함유된 낮은 용량의 호르몬은 심각한 부작용이 거의 없는 것으로 보이지만, 전무한 것은 아니다. 물론 이런 부작용은 비밀이 아니다. 기나긴 복약 설명서만 봐도 알 수 있기 때문이다. 심리적인 측면에서는 성욕 저하, 우울증, 급격한 기분 변화 또는 감정변화가 줄어드는 부작용이 가장 잘 알려져 있다.[26] 또한, 피임약의 사용으로 호르몬 생성이 줄어들고 이로 인해 잠재적인 파트너의 외관적 특성에 대한 선호도가 영향을 받을 수 있다는 증거가 있다. 예를 들어, 피임약을 복용하는 여성은 남성적인 남성에 대한 선호도가 줄어들 수 있다고도 한다. 아이를 갖기 위해 피임약을 중단하면 참으로 불행한 상황을 초래할 수 있다. 이 경우 선택한 남자에 대한 선호도도 바뀔 수 있다. 이에 대한 연구도 있었는데, 파트너 선택 시 피임약을 복용하다가 관계 중에 피임약 복용을 중단한 여성(또는 그 반대의 경우)은 피임약 복용 여부가 변하지 않은 여성에 비해 파트너에 대한 만족도가 낮은 것으로 나타났다.[27]

일상적으로 복용하는 피임약이 이러한 영향을 미칠 수 있다는 것은 이상하게 느껴질 수도 있으나, 이 연구가 예외적이라는 사실이 더 이상하다. 실제로 피임약이 여성의 사회적 행동에 미치는 영향에 대한 연구는 거의 없다. 많은 여성이 피임약을 복용하고, 심지어는 어린 나이에 이미 복용을 시작하고 있다는 점을 고려하면 이런 사실은 더욱 충격적이다. 보다 많은 연구와 인식 증진은 해로울 게 없다. 그러니 새로운 피임약 복용 지도서에 따라 일반 의사들이 심리적 부작용에 더 중점을 둔다는 것은 좋은 소식이다.[28] 또한, 남성 호르몬 피임제가 실용화되어 여성이 이를 신뢰할 수 있게 될 때까지 시간이 필요할 것이기 때문이다.

최근에는 남성을 위한 호르몬 피임제 관련 실험이 중단되었는데 피임약의 효과가 없었기 때문이 아니다. 효과는 뛰어났으나 부작용이 너무 심해서 제조사와 자문기관이 추가 연구의 효과가 없다고 판단했다. 재미있는 점은, 이러한 부작용은 여성들이 수십 년 동안 감수해야 했던 부작용과 동일하다는 점이다.[29] 지금까지도 호르몬을 복용하기 싫어하는 여성들은 다른 피임법을 사용해야만 한다. 주기를 조절하는 피임법이 그중 하나다. 헤르만 핑커스Herman Finkers는 다음 조건이 수반돼야 한다고 조언한다. (1)주기가 매우 규칙적이어야한다, (2)계산을 잘해야 한다, (3)아이들을 정말 좋아해야 한다.

피임약의 부작용으로 성욕이 감소할 수 있기에, 현재 제약회사들은 여성을 위해 욕구를 높여주는 피임약을 개발 중이다. 이 개발에 중요한 성분은 테스토스테론이며, 이전에 언급한 아드리안 타위튼이 테스토스테론의 성욕 증진 효과를 재정적으로 활용하기 위해 기업을 설립했다.[30] 우리 몸에 이미 존재하는 물질로 문제를 해결하는 기업들이 있어서 다행이다. 장기적으로 예측하기 어려운 향정신성 약물에 의존하는 것보다 나은 접근 방식일 수 있다.

그러나 우리가 해결해야 할 '문제'가 무엇인지에 대한 질문이 남아 있다. 이 약이 시장에 출시되려면 매우 엄격한 기준을 충족해야만 하고, 여성 성욕/흥분 장애FSIAD로 진단받은 여성을 대상으로 출시될 것이다. 이 집단에게는 약이 효과적으로 작용하는 것으로 보이지만 FSIAD를 앓는 여성 수는 알려지지 않았다.[31] 회사가 자체적으로 언급한 43%도 신뢰할 만한 수치가 아니다. 따라서 이에 대한 의견은 분분하다.[32] 여성이 자신의 성적 욕구를 조절할 수 있다는 점에서는 성공적일 테지만, 성욕이 없다는 점을 이런 식으로 의료화하고 사회적으로 오명까지 씌우는 것이라는 비판도 있다. 마치 성욕이 없는 게 문제이니 의사를 찾아가라는 말로 들릴 수 있기 때문이다.[33] 이러한 질문들이 개인의 삶에 어떻게 영향을 미칠 수 있는지는 리저 코르페르스훅Lize Korpershoek의 아름답고 진지한 다큐멘터리 〈내 섹스는 망가졌어Mijn seks is stuk〉에서 확인할 수 있다. 현재 이 약은 시장에 나와 있지 않으며, 미래에야 이 '여성용 비아그라'가 여성들에게 실제로 도움이 되는지 알 수 있을 것이다.

불완전한 해방

스스로 투여했는지, 섹스 중에 생성되었는지, 아니면 특정 호르몬의 높은 수준을 가졌는지에 상관없이, 이러한 호르몬이 우리의 관계에 영향을 미칠 수 있다는 사실은 명백하다. 옥시토신, 엔도르핀, 테스토스테론 및 에스트라디올과 같은 물질이 방어, 보호 및 유기 공포의 책임을 진 뇌 시스템에 미치는 영향은, 우리의 행동과 관계의 질을 결정하는 데 일부 기여한다.

어떤 방식으로 영향을 미치는지는 예측하기가 쉽지 않다. 왜냐하면 호르몬의 효과는 상황에 따라 달라지기 때문이다. 호르몬이 단독으로 행동을 책임지지는 않지만, 행동이 나타나는 속도를 조절한다. 이런 호르몬의 기능을 관찰하기 위해서는 특정 조건이 형성돼야 한다. 예를 들어, 테스토스테론은 감정에 민감하게 반응하도록 만드는

연결 본능

탓에 위협적이거나 경쟁적인 상황에서 공격적인 성향을 이끌 수 있다. 성적 자극이 있는 환경에서는 성욕을 강화할 수 있다. 그러나 아무런 자극이 없는 무균 치료실에서는 테스토스테론의 효과를 느끼지 못할 것이다. 즉, 호르몬이 유익하게 작용할지, 아니면 오히려 방해가 될지는 전적으로 맥락에 달려 있다. 또한 모두가 호르몬의 효과에 동일하게 영향 받지 않는다. 한 가지 좋은 예는 여성들이 어떻게 피임약을 경험하는지다. 어떤 부작용도 경험하지 않는 여성이 있는 반면, 삶이 완전히 달라지는 것처럼 느끼는 여성도 있을 것이다. 저널리스트 브레허 호프스테더Bregje Hofstede도 그렇게 말했다. "나는 피임약을 끊고서 성적으로 더 활발해졌지요."[34]

이 두 가지 요인, 즉 맥락의 중요성과 사람들 사이의 다양성 때문에 연구를 통해서 호르몬의 효과를 항상 명확하게 알아내긴 어렵다. 이 때문에 호르몬의 과학적 연구가 더욱 어렵고 복잡하다. 하지만 복잡하다고 해서 그 중요도나 흥미도가 낮아지진 않는다.

우선, 일부 연구자들의 주장처럼 호르몬이 우리를 '해방'시켰다는 것은 환상에 불과하다. 이런 연구자들은 사회적 행동에 대한 호르몬의 중요성이 제한적이라 주장한다.[35] 하지만 머릿속의 '화학물질'은 이유 없이 존재하지 않는다. 아이를 사랑하거나, 사랑에 빠지거나, 가장 가까운 사람 없이 외로움을 느끼게 하는 신경생물학적 오케스트라에서 역할을 한다.

그러니 호르몬은 그냥 그런 물질들은 아니다. 그리고 이 장에서 설명한 호르몬은 당신의 혈관을 흐르는 다양한 호르몬의 일부에 불과하다. 이러한 물질들이 사회적 행동에 미치는 영향에 대한 연구는 아직 시작도 안 한 경우도 있다. 사람들 간의 화학작용은 아직도 우리에게 미지의 영역이다.

내가 정말 놀랍다고 생각하는 점은 이러한 화학물질의 역사가 길다는 점이다. 바다 깊은 곳에서 다른 해양동물의 사체를 먹으며 사는, 입이 빨판처럼 생기고 별로 예쁘지 않은 칠성장어의 아주 단순한 뇌에서 옥시토신과 바소프레신의 전구체인 바소토신을 찾을 수 있다. 즉, 옥시토신과 바소프레신이 기능하기 훨씬 이전부터 이미 이와 비슷한 화학물질이 존재해왔던 것이다. 이미 4억 5천만 년 전부터 이 바소토신은 칠성장어의 성관계에 영향을 미쳤다. 우리와 같은 포유류의 경우 옥시토신과 바소프레신이 동일한 역할을 한다. 더 흥미로운 점은, 사람들과 마찬가지로 수컷 쥐도 성관계 후 더 편안해하며 불안도가 낮아진다. 이것은 옥시토신의 영향이다.[36] 우리 호르몬의 역사를 더 파고들어가면 더욱 흥미로운 유사점들을 찾을 수 있다. 예를 들어, 물달팽이 종에게는 뉴로펩타이드의 또 다른 변형인 코노프레신이 활성화된다. 이 코노프레신은 달팽이의 발기를 돕고 사정을 가능하게 한다. 마치 옥시토신이 인간 남자들에게 하는 역할처럼 말이다.[37] 우리 인간과 동물들은 생각했던 것보다 더 많은 공통점을 가지고 있다.

5

우리 편, 반려동물, 그리고 적

The Science of Connection

윌슨!!!!!

_ 영화 〈캐스트 어웨이〉의 척 놀랜드Chuck Noland

윌슨은 할리우드 영화 〈캐스트어웨이(2001)〉에 나오는 캐릭터로, 톰 행크스가 주인공인 척 놀랜드 역을 맡았다. 그는 우편 회사인 페덱스의 배송 흐름을 효율적으로 만들기 위해 세계를 돌아다니는 기술자다. 그러던 어느 날 태평양을 가로지르던 비행 중 폭풍에 휘말려 바다에 떨어지게 되고, 버려진 섬에 도착한다. 잠시 후 윌슨도 바다에 표류하여 척의 동료가 돼 함께 생활하게 된다. 그러나 자체 제작한 부유물을 타고 섬을 떠나려고 할 때, 윌슨은 바다에 떨어지고, 척은 그를 구하려 하지만 실패한다. 슬픔에 빠진 척은 완전히 혼자 남게 된다. 소파에 앉아 감자칩을 먹으며 영화를 보는 우리도 척과 공감할 수 있다.

영화를 보지 않은 독자들을 위해 설명하자면, 윌슨은 배구공이다.

인류는 다른 사람의 감정과 생각을 추론하는 데에 뛰어나다. 이것은 우리의 진화적 역사와 관련이 있으며, 그 과정에서 협력이 중요한 역할을 했다. 사회적 환경에서 잘 적응하기 위해 인지적 공감 능력이 강력하게 발달해 왔다.

어린 시절부터 아이들은 다른 사람들의 의도를 '읽을' 수 있는 능력을 보인다. 심지어 15개월 된 아기들도 다른 사람의 행동이 그들의 생각과 일치하지 않을 때를 알아차린다. 이것은 아기들의 주의를 측정하는 연구에서 나타난다. 아기들에게 과일을 찾는 성인의 모습이 담긴 동영상을 시청하게 하는 실험이 있었다. 한 그룹의 성인은 과일이 어디에 숨겨져 있는지 알고 있고, 다른 그룹은 모르고 있다. 아기들은 과일이 숨겨진 위치를 알고 있는 사람에게 더 많은 주의를 기울인다.[1] 그리고 그가 즉시 과일을 찾지 않는 것에 놀란 반응을 보인다. 두 사람의 행동 차이를 발견하려면 다른 사람의 내부 상태에 대한 기본적인 이해가 필요하며, 아마도 그런 이해는 어린 시절부터 이미 형성된다는 것을 이 실험이 나타낸다.

인간은 자동적으로 다른 사람들에게 감정, 의도 및 동기를 부여한다. 상대가 반드시 사람이 아니라 동물에게도 적절함의 여부와 상관없이 쉽게 동기를 부여한다. 심지어는 버려진 화분도 슬플 거라 생

각한다. 이때, '슬픔'이란 용어는 외양뿐만 아니라 식물의 내부 상태를 나타낸다. 그리고, 식물도 인간처럼 '갈증'을 느낀다고 생각한다. 이러한 특성을 인간화anthropomorphism라고 부르며, 이것은 생명이 없는 물체에도 적용된다. 우리는 기대와 다르게 작동하는 장비와 같은 물건에 화가 나기도 한다. 인터넷은 사용자의 요청을 거부하는 컴퓨터와 프린터를 신체적으로 공격하는 영상으로 가득하다. 또한 우리 집에서는 긴 휴가 여행 후에 자동차의 대시보드를 도닥거리며 감사하다 인사를 전하는 게 일반적이다. 그리고 우리의 신피질이 그게 말도 안 된다는 것을 잘 알고 있더라도, 즉 우리가 급할 때마다 우리의 노트북이 의도적으로 업데이트를 설치하는 것은 아니라는 것을 이해하더라도, 그것이 노트북에 대한 우리의 화난 감정을 다독여주진 않는다.

심리학자들은 1980년대와 1990년대에 그 감정이 얼마나 강한지를 조사했다. 이 연구는, 사람들이 히틀러의 것으로 생각하는 스웨터를 입는 걸 얼마나 어려워하는지를 보여주었다.[2] 그 스웨터 자체가 히틀러의 사상을 대변하진 않지만, 우리의 무언가가 그 스웨터와의 접촉을 막는 것은 분명하다. 히틀러의 무언가가 그 안에 남아있어 오염된 것처럼 느껴지는 것이다. 같은 이유로, 최근 뉴욕의 한 레스토랑 주인은 성범죄를 저지른 제프리 엡스타인과 하비 와인스타인의 고정 테이블을 소각했다. 그 둘이 더 이상 레스토랑에 방문하길 원치 않기 때문이다.[3]

우리가 물건에 감정과 의도를 부여하는 능력이 항상 잘못된 것은 아니다. 오히려 완전히 이성적으로만 물건을 다룰 수 없다는 특성 덕분에, 어린아이가 자신의 애착 인형에서 위안을 찾는 것과 같은 현상이 존재한다. 그리고 무생물에 감정을 투사하는 예술이 의미하는 바는 무엇일까? 촬영진과 함께 열대 해변에서 톰 행크스가 재연하는 가짜 모험에 대해 무엇을 느낄 수 있을까? 또는 소설을 읽는 행위는 어떨까?

다른 사람들에게 감정, 기분 또는 생각을 부여하는 능력은 우리가 애착 관계를 형성할 수 있도록 해준다. 이를 위해 우리는 어머니와 아이 사이의 결속 메커니즘에서 진화한 신경과 호르몬 시스템이 사회적 결합을 가능하게 하거나 방해할 수 있다는 것을 배웠다. 이 장에서는 이러한 결합이 얼마나 멀리 확장될 수 있는지를 살펴본다. 배우자와 반려동물과의 관계처럼 가까운 곳에서부터 시작해보자. 이 관계에서, 우리의 애착 시스템은 보호자와 아이 사이의 유대와 매우 유사하게 작동한다. 그리고 세계 반대편의 사람들에 대해서도 알아보자. 우리의 연결 능력의 한계는 어디에 있을까? 멀리 있는 사람과 애착 관계를 형성하기는 어렵지만, 그럼에도 우리는 그 사람과의 연결을 느낄 수 있다. 이게 바로 공감 능력이다. 일부 연구자들은 공감이 모든 세계적 문제의 해결책이라고 주장하지만, 다른 이들에게는 피해야만 하는 감정적 반응이다. 공감이 능사가 아니라는 것은 사람들이 단체로 활동할 때 가장 강하게 보인다. 그때 우리는 내 집단에 대한 사랑과 공감이 외집단에게는 불리할 수 있으며, 이로 인해 외집단을 쉽게 적대적인 존재로 간주하는 것을 볼 수 있다. 그러니 우리가 스스로 결정할 수 있도록 공감의 장단점을 정리해보자. 공감을 많이 하는 게 좋을까, 덜 하는 게 좋을까?

죽음이 우리를 갈라놓을 때까지

파트너를 원치 않는 사람은 거의 없다. 네덜란드 통계청의 수치에 따르면 18세에서 30세 사이의 사람 중에서 연애를 원치 않는 비율은 1%에 불과하며, 나머지는 원하거나 아직 고민 중이다.[4] 연령이 높아짐에 따라 관계에 대한 욕구는 줄어들지만, 65세 이상의 사람 중에도 약 4분의 1이 아직 파트너를 찾고 있다. 하지만 관계가 행복을 보장하는 것은 아니다. 장기적인 관계를 가진 사람들이 싱글보다 행복하다는 것을 보여주는 연구는 있지만, 이것은 선택에 관련된 것일 수도 있다. 즉, 어떤 이유로든 행복한 사람들이 더 빨리 관계를 가질 가능성이 높기 때문일 수 있다.[5] 관계는 외로움에서 벗어나는 효과적인 방법이 될 수 있다. 그러나 우정도 그 역할을 할 수 있으며 연결감이나 애착감을 줄 수 있다.

네덜란드의 싱글 인구는 지난 몇 년간 크게 증가했으며 이 추세는 계속될 것으로 보인다. 고정된 파트너의 좋은 점은 여러 가지 욕구를 한 번에 충족시킬 수 있다는 것이다. 애착을 형성할 사람이 때로는 성적인 파트너가 되며, 많은 경우 가족을 이루는 것도 가능하니 이는 의미 있는 삶을 살 수 있는 느낌을 줄 수 있다.

성인 간의 결합에 대한 대부분의 연구는 로맨틱한 파트너 관계에 집중되어 있다. 그중 가장 오래된 발견은 파트너 간의 애착이 보호자와 아이 간의 애착과 유사하다는 것이다. 아이들처럼 성인들도 안정 또는 불안 유형으로 분류될 수 있는 애착 스타일을 가지고 있다.

메리 에인스워스의 연구에서 영감을 얻은 미국 연구자 신디 하잔과 필립 세이버는 1980년대에 성인 관계에서의 애착이 어떻게 작동하는지 조사하고 싶었다. 지역 신문에 설문지를 게재하여 사람들이 답변을 제출할 수 있도록 함으로써, 그들은 성인들이 관계에서 어떻게 행동하는지에 대한 통찰을 얻었다.[6] 이후의 다양한 연구에서 성인의 애착 방식의 비율이 어린이의 것과 유사하다는 결과를 얻었다. 대부분, 약 50%의 사람들은 안정형 애착을 가진다. 안정형 애착이란 다른 사람과의 가까움을 경험하는 것에 크게 문제가 없다는 것을 의미한다. 다른 사람과 함께 있으면 기분이 좋고 그를 신뢰할 수 있다. 또한 버려질 것에 대해 크게 걱정하지 않는다. 다른 절반은 회피형 애착, 불안형 애착으로 나눌 수 있다. 이때, '회피'라는 용어는 상황을 잘 설명한다. 이것은 다른 사람들이 가까이 다가오는 것을 어려워하고, 그런 상황에 금세 불안함을 느낀다는 것을 의미한다.

이런 사람들은 타인과의 연결에 어려움을 겪고 타인을 잘 신뢰하지 못한다. 불안형 애착은 버려질까 봐 두려워하고 누군가와 완전히 결합하고 '완전히 연결된' 상태를 선호하지만, 그와 동시에 상대방을 겁낸다. 아마도 당신은 이런 애착 유형 중 하나에 해당할 수 있다. 그러나 비록 특정 유형에 가까울지라도, 대부분의 사람은 여러 유형에 속하는 특성을 조금씩은 가지고 있다. 그러니 애착 유형을 엄격하게 정의된 범주로 분류하는 것보다는 연속적인 스펙트럼 위에 있다고 보는 것이다.[7] 특히 애착 유형에서 흥미로운 점은 성인과 아이 간의 애착에서 관찰된 유사점이다. 그리고 행동과 마찬가지로 성인의 애착에 대한 신경생물학적 기제에도 유사점이 나타난다.

양육자와 아이 사이의 결합과 파트너 간의 결합은 동일한 뇌 회로와 호르몬이 관여한다.[8] 따라서 옥시토신은 파트너 결합에 긍정적인 효과가 있는 것으로 보인다. 하지만 Nu.nl(네덜란드의 언론사 웹페이지-옮긴이)의 '포옹 호르몬이 자극하는 남성의 일부일처제'라는 기사 제목은 좀 과하다.[9] 이 언론사는 옥시토신을 투여받은 남성들이 매력적인 여성에게 약간의 거리를 두는 경향이 있다고 보도했다. 예컨대, 관계를 맺고 있는 남성들은 옥시토신의 영향으로 선을 넘는 행동을 할 가능성이 적다는 것이다. 흥미로운 생각이지만, '조금 더 거리를 두는 일'이 바로 일부일처제를 의미한다는 것은 지나친 해석이다.

이러한 결과는 최근의 연구에서 옥시토신이 파트너 관계에 긍정적인 효과를 가져오는 것과 일치한다. 옥시토신은 부부가 갈등 중에 긍정적으로 의사소통하도록 만들며, 뇌의 보상 영역이 파트너를 보는 동안 더 강하게 반응하고 자신의 관계에 대해 더 긍정적인 인식을 형성하도록 돕는다.[10]

옥시토신은 남성들이 다른 사람의 눈을 더 자주 바라보게 만들어, 그로 인해 더 많은 신뢰를 형성할 수 있게 한다.[11] 부부는 일상적으로 신체적 접촉과 성관계를 통해 많은 양의 옥시토신을 분비한다. 아마도 이 호르몬은 많은 사람이 사랑을 나누는 자세와 관련이 있을 것이다. 다른 동물들과 달리 인간은 성관계를 가질 때 서로 눈을 바라볼 수 있는 몇 안 되는 동물 중 하나로, 이는 서로와의 연결감을 촉진하는 메커니즘일 수 있다.

테스토스테론은 양육자와 아이, 그리고 파트너 사이의 유대관계를 증진하는 옥시토신과 비슷하다. 하지만 옥시토신과 다르게, 그것이 유대에 미치는 긍정적인 효과는 적다. 한 명의 파트너와 장기적인 관계를 가진 남성들은 싱글 남성에 비해 테스토스테론 수치가 낮았다. 장기간의 관계에 묶여 있을 때 테스토스테론 수치가 감소하기 때문이기도 하지만, 낮은 테스테론 수치를 가진 남성이 장기간의 관계를 유지하는 데 능하기도 하다. 테스토스테론의 양은 관계에 대한 만족도와 부정적인 상관관계를 가지고 있으며 이는 남녀 관계없이 적용할 수 있다.[12] 이전에 설명한 번식 전략처럼, 테스토스테론은 사람들이 더 많은 파트너를 만나되, 유대감은 줄이는 방향으로 영향을 미치는 모습으로 보인다. 테스토스테론 수치가 높은 남성들이 육아에 덜 적극적이고, 이는 미래의 관계에 대한 좋은 전망을 보이지 않는다. 이러한 결과는 임신 중 상대적으로 적은 양의 테스토스테론이 감소한 남성들이 파트너와의 관계에 덜 투자한다는 점을 발견한 미국인 연구원 다비 색스비Darby Saxbe가 확인한 점이다.[13] 하지만 여성들이 나와 같이 나이 든 수도승만큼 테스토스테론 수치가 낮은 남성에게 큰 매력을 느끼지 못하는 게 낮은 수치의 단점이다.

그냥 단적으로 타입을 나눠보자면, 여성들은 나쁜 남성에게 끌리는 구석이 있는 것 같다. 이게 바로 일부 진화심리학자들이 인류의 역사를 설명할 때 항상 열정적으로 내세우는 주장이다. 여성들이 지배적이고 공격적인 유형을 더 선호하기 때문에 내면의 전사를 가진 남성들이 친근하고 사회적인 타입보다 성공할 가능성이 크다고 말이다. 그러니 우리 조상들이 협동적이고 친절한 유형이라는 이론은 잘못됐다고 말이다. 종종 학회에서 전사의 인상과는 전혀 다른, 양복을 입은 약간 과체중인 성인 남성이 이런 이야기를 전한다는 것이 재미있을 따름이다. 물론 우리 조상들이 히피 공동체처럼 평화롭게 살지 않았음은 분명하다. 그러나 여성들이 항상 높은 테스토스테론 수치를 선호한다는 것은 일종의 신화이며 여성을 향한 모독이다. 여성들이 테스토스테론 수치가 높은 남성을 매력적으로 생각할 수도 있지만, 반드시 그들과 번식하길 원하는 것은 아니다. 앞서 언급한 연구에서도 드러난 바와 같이, 장기적인 파트너를 찾을 때 여성들이 아이에 대한 관심이 있는 남성을 선호한다는 것이 나타났다. 심지어 이러한 남성들이 덜 '잘생겼다' 하더라도 말이다.[14] 그리고 여성들에게 어떤 남성과 로맨틱한 관계를 맺고 싶은지 물었을 때, 그들은 보통 가장 '남성적인' 남성을 선택하지 않는다. 오히려 여성들은 따뜻함과 신뢰감이 있는 남성들을 보다 더 선호한다. 마찬가지로 남성들도 외모가 가장 매력적인 여성을 선택하지 않는다. 또한 다른 연구에 따르면, 관계를 시작할 때 외모를 덜 고려한 남성과 여성이 관계가 진행됨에 따라 만족감을 더 느낀다는 것을 보여주었다.[15] 따뜻함과 신뢰감이 높은 사람들은 일반적으로 테스토스테론 수치가 높은 사람들이 아니다. 만약 우리의 진화상 조상들이 전사였고, 테스토스테론 폭탄을 갈망하는 여성들과의 섹스만 찾아다녔다는 게 사실이라면, 현대의 수많은 사람은 이를 잘 숨기고 있는 게 분명하다.

최근 다양한 인구 집단을 대상으로 사회적 삶에서 중요한 동기가 무엇인지 물었을 때, 남성들과 학생들을 포함한 모든 집단에서 가족 관계와 가까운 이의 돌보기를 압도적으로 중요하게 여기는 것으로 나타났다. 반면, 여러 성적 파트너를 얻는 것은 가장 중요하지 않은 동기로 여겨진다. 실제로 이 후자의 동기를 중요시하는 사람들은 보통 삶에 덜 만족하며, 더 불안하고 우울해한다.[16] 우리의 조상들이 전쟁광이나 히피였는지에 대해선 결코 알 수 없겠지만, 요즘은 전사 스타일보다 히피 스타일을 선호하는 걸로 보인다.

인간의 가장 친한 친구

나의 아버지는 자주 우는 사람이 아니었지만, 그중 한 번은 잊지 못할 기억으로 남아 있다. 7살 어린 소년이었을 때, 나는 당시 반려견을 안락사시키며 아버지의 품에서 함께 울음을 터뜨렸다. 그때 우리 가족은 매우 충격을 받았다. 우리는 사랑하는 개를 구하기 위한 긴급 수술비를 마련하기 위해 애를 썼다. 차를 살 돈은 없었지만, 샘은 살려야 했다. 오랫동안 충실한 가족 구성원이었기 때문이다.

호르몬 시스템이 아이, 큰 개, 또는 코끼리에 상관없이 구분을 두지 않고 작동하기에 우리는 반려동물과 연결감을 느낄 수 있다. 고양이는 고집이 세기에 실험에는 적당하지 않아서, 이에 대한 대부분의 연구는 개를 상대로 진행된다. 그리고 개와 함께 있는 것이 사회적 결속에 관여하는 옥시토신, 엔도르핀 및 프로락틴과 같은 여러 호르몬의 분비를 촉진한다는 것을 보여주는 연구가 있다.[17] 이러한 호르몬들은 주인에게만 작용하는 것이 아니다. 일본에서 수행된 연구는 개와 주인이 서로의 호르몬에 영향을 주고받는다고 입증했다. 눈을 마주치는 것도 중요한 역할을 한다. 개와 주인이 서로 더 많이 눈을 마주칠수록, 주인의 옥시토신이 더 많이 분비된다.[18] 결과적으로 사람은 개를 더 많이 쓰다듬고, 그 결과로 개들은 다시 더 많은 옥시토신을 생성한다. 이 상호적인 옥시토신 자극은 이전에 언급된 이스라엘 연구원 루스 펠드먼이 '생체 행동 동조biobehavioral synchrony'라고 이름 붙인 것과 유사하다. 펠드먼에 따르면, 이것은 사회적 결속의 시작으로, 어머니와 아이(또는 주인과 개)가 서로의 눈빛, 몸의 움직임 및 소리에 대한 조정을 조화롭게 맞추며, 그 결과 생물학적 시스템도 서로 조화를 이룬다. 사람들은 마치 신경생리학적으로나 호르몬적으로 서로 '동기화'되며, 따라서 연결된다.

일본에서 이루어진 개와 그들의 주인에 대한 연구는 이미 흥미롭기는 했지만, 그걸로는 반려동물과의 연결감을 모두 설명할 수 없었다. 개 그룹뿐만 아니라 늑대 그룹과 그들의 주인에 대한 연구도 수행되었다. 실험방법은 구체적으로 언급되지 않았지만, 총 11쌍의 실험 대상이 참여했다. 흥미로운 점은 늑대에게서는 개에게서 관찰된 효과가 아무것도 발견되지 않는다는 것이다. 학자들의 말에 따르면, 개가 주인과 눈을 마주치는 것은 가축화의 결과다. 사람과 개가 이미 오랫동안 함께 살아왔기 때문에, 사람에 자기 행동을 맞추는 것이다. 개는 또한 유전적으로 인간과 유사한 원숭이보다 사람의 사회적 신호를 읽는 데 더 능하다. 개가 지시를 수행해야 할 때 엄격하게 주인의 안내를 따르지만, 동일한 상황에서 침팬지는 약 98%의 공유된 DNA에도 불구하고 인간의 안내를 무시하는 경향이 있다. 원래의 늑대가 가축화된 결과 인간과 의사소통 및 협력이 더 쉬워졌다고 할 수 있다. 그래서 개는 사람들에게 덜 공격적이며, 덜 두려워하고 스트레스를 받지 않으며, 사람들과 더 많이 놀고 사회적 신호에 주의를 더 많이 기울인다. 이러한 길들여짐의 결과는 우리의 삶에서도 관찰할 수 있다.

러시아의 드미트리 벨라예프Dmitri Beljajev(1917~1985)와 류드밀라 트루엣Ljoedmila Troet(1933)은 야생 여우를 대상으로 연구를 수행했다. 인간을 두려워하지 않는 여우를 45세대 동안 교배했더니 친근한 애완동물과 같은 행동을 보이는 여우가 태어났다. 꼬리를 더 많이 흔들었으며, 인간에게 더 친근하게 다가왔다. 서 있던 귀는 점점 접혔다. 이와 비슷한 일이 늑대에게도 일어날 수 있으며, 아이들과 장난을 치는 착한 반려견이 되는 것이다. 미국인 인류학자 브라이언 헤어Brian Hare는 여우들에 대한 연구에 영감을 받아 인간 또한 자신을 길들이는 방식으로 진화해왔다고 가정했다. 사람들이 그룹 내에서 협력에 더 의존했기 때문에, 사회적인 유형이 진화에 더 성공적이었으며, 그로 인해 우리의 사회적 기술은 급격히 발전한 것이다.[19]

물론 여우는 45세대 만에 진화했지만, 인간에게는 더 오랜 시간이 필요했다. 하지만 진화의 시간으로 보자면 그다지 긴 시간이 아닐 것이다. 헤어의 가설을 전제로 한다면, 반려동물에 대한 우리의 애정은 그리 이상한 것이 아니다. 반려동물이 우리가 진화적으로 선택된 기준과 유사한 기준으로 선택되었다고 가정한다면 말이다. 이것은 우리의 호르몬 시스템이 서로 쉽게 조율될 수 있고, 그 결과로 우리가 서로 쉽게 애착을 형성할 수 있게 된다는 말과 같다. 그리고 다행스럽게도, 길들여진 동물이 없어도 사람들은 충분히 유연하기에 천 조각이나 척 놀랜드의 배구공처럼 다른 애착 대상을 찾을 수 있다.

휴먼Human 채널의 멋진 다큐멘터리 시리즈 〈우리는 서로를 봅니다We zien ons〉에서는, 림부르그 지역의 고독한 외딴 마을 린더휴벨Lindeheuvel에 사는 휴 여사와 그녀의 두 거북이를 만난다. "저는 거북이 세 마리를 키웠는데, 하나는 죽었어요…." 그녀의 목소리는 종이처럼 바스락거린다. 그녀가 콘크리트 뒷마당에 놓인 플라스틱 의자에 앉아 있는 동안, 두 거북이는 그녀의 발 주변을 돌아다닌다. "정말 착해요. 말을 못하는 게 아쉬울 따름이야. 말을 할 수 있다면 물을 마셔도 되는지, 밥을 먹어도 되는지 물어보겠죠. 그럼 얼마나 좋을까요. 하지만 난 이제 외롭진 않아요."

공감의 범위

무언가나 누군가에게 애착을 형성하려면 그것이나 그 사람은 우리 가까이에 있어야 한다. 가까움이 없다면 애착도 없다. 이는 어머니에게도, 배구공에도 해당된다. 그러나 사람들은 멀리 떨어져 있는 것에도 영향을 받고 감동할 수 있다. 수천 마일 떨어진 곳에서 살고 있는 낯선 사람과 연결감을 느낄 수 있다. 그 거리감 속에서도 느끼는 연결을 우리는 공감이라고 부른다. 아니, 더 정확히 말하면, 그것도 공감이라고 부른다. 이 용어는 상당히 넓은 범위로 사용되지만, 대체로 세 가지 측면을 가리킨다.

첫 번째는 정서적 공감이다. 이는 다른 사람의 감정에 공감할 수 있는 능력을 의미한다. 다시 말해, 다른 사람의 감정을 이해하고 느끼는 것이다. 정서적 공감은 의식하지 않아도 일어나며, 약간은 조정할 수 있지만 완전히 통제할 수는 없다. 그래서 사람들은 대개 잔인한 공포 영화를 좋아하지 않는다. 아무리 영화 속의 고통이 가짜임을 알지라도, 영화 속 주인공이 느끼는 고통을 보고 있자면 불쾌함이 올라온다. 타인의 감정을 느끼는 것 이외에, 우리는 타인이 무슨 생각을 하는지 상상하는 능력도 뛰어나다. 이것이 바로 인지적 공감이다. 옆에 앉은 데이트 상대와 공포 영화를 보면서 상대가 내가 고른 영화에 대해 어떻게 생각할지를 계속해서 상상한다. 세 번째 종류의 공감은 동정심에 좀 더 가깝다. 연민이라고도 불린다. 단순히 타인의 감정을 느끼거나 이해할 수 있는 능력 이상으로, 상대를 위해 무엇을 할 수 있는지에 관한 문제이다. 그래서 연민은 행동에 관련돼 있다. 상대를 위해 무언가를 할 수 있는지와, 하고 싶은지의 문제 말이다.

과거, 철학과 심리학계에서는 공감의 표현을 주로 인지적인 활동으로 간주했다. 감정이나 정서와는 별개의 이성적인 행동이었다. 이는 돌봄, 자선, 연민은 도덕적으로 우월한 행동이며 인간만이 가진 특별한 가치라는 전통적인 사상과 잘 어울린다. 즉, 인간은 공감할 것인지 선택할 수 있는 존재이며, 다른 동물들은 이러한 능력을 갖추지 못했다는 가설이다. 그러나 프란스 드 발은 이 주장이 얼마나 부당한지를 상세히 설명했다.[20] 그의 말에 따르면, 공감의 몇 가지 측면에서 보자면 사람들은 실제로 다른 사람의 생각을 읽는 데 매우 뛰어나다.

하지만 정서적 공감, 즉 다른 사람의 감정을 느끼는 것은 작은 설치류에서도 관찰되는 현상이다. 쥐는 곤경에 처한 동료를 구출하며, 때로는 자신만이 갖고 있을 만한 맛있는 간식을 상대에게 나눠줄 때도 있다.[21] 쥐를 대상으로 한 연구에 따르면, 쥐들은 동료가 고통을 받을 때 자신 역시 고통에 민감해진다.[22] 이러한 연구들은 쥐가 동료를 관찰하고 감정을 알아챌 수 있다는 점을 증명한다. 누군가를 돕는 행동이 숭고하고 연민 어린 행동일지도 모르지만, 이는 인간만의 고유한 특성이 아니다. 공감은 숭고한 행동 이외에도, 누군가가 자전거 안장에서 미끄러져서 프레임 위로 고꾸라졌을 때 자기도 모르게 자신의 사타구니를 보호하는 자동 반응으로도 나타날 수 있다.

이토록 오랫동안 진화해 온 공감은 이런 행동을 촉진하는 뇌의 신경 시스템에서도 그 흔적을 찾아볼 수 있다. 이 중, 거울 뉴런 시스템이 공감을 가능하게 하는 중요한 요소이다. 거울 뉴런은 특정 행동 및 타인에게서 그 행동을 인식하는 데 관여한다. 이는 원숭이의 뇌에서 신경세포를 측정하고 운동행동을 연구하던 이탈리아 연구자들이 우연히 발견했다. 실험 준비 중, 원숭이의 운동 피질의 센서가 갑자기 신호를 보내기 시작했는데, 그 원숭이는 아무런 움직임도 없었던 것이다. 운동 뉴런이 다른 사람의 움직임에 반응할 수도 있다고 아무도 생각하지 않던 시절이기 때문에, 모두가 혼란에 빠졌다. 이때 바로 거울 뉴런이 처음 발견됐다.[23]

거울 뉴런 시스템은 사회적 유대를 가능하게 하는 뇌 회로와 연결되어 있다. 타인의 상태를 내부적으로 모방하는 능력과 관련되어 있으므로, 다른 사람에 대한 통찰력을 얻는 것을 가능하게 한다. 이는 공감의 중요한 요소다. 거울 뉴런은 행동의 실행과, 타인이 같은 행동을 했을 때 관찰하는 능력과 밀접하게 연관돼 있어, 이를 통해 우리는 타인을 모방하고 이해할 수 있다. 따라서 거울 뉴런은 걷기와 같은 운동 기술을 배우는 데 매우 유용하다. 아기의 거울 뉴런은 다른 아기가 기어가는 모습을 보면서 활성화되며, 할 수 있는 기술이 늘수록 더 강하게 활성화된다.[24]

거울 뉴런은 다른 사람의 움직임을 내 것으로 만드는 일뿐만 아니라 감정을 배우는 데도 작용한다. 뇌선엽, 즉 뇌의 깊은 부분에 있는 이 부위는 역겨움과 같은 강한 감정적 반응, 예를 들어 상한 우유 냄새를 맡았을 때 활성화된다. 상대가 역겨워하는 모습을 보고 나의 뇌선엽도 활성화되는 것이다. 진화적으로 이것은 매우 효율적이다. 타인의 반응을 보고 상한 음식을 피해야 한다는 것을 배울 수 있기 때문이다. 우리는 공감을 통해 학습을 하며, 그로 인해 타인을 더 잘 돌볼 수 있는 능력을 기른다.

타인과 관계를 맺는 일을 가능하게 하는 뇌 시스템들은 공감을 촉진하는 회로와 강하게 연결되어 있다. 따라서 관계에 영향을 미치는 호르몬이 공감에도 영향을 주는데, 그 영향은 공감의 형태에 따라 다르다. 여태까지는 인지적 공감에 대한 연구가 많이 진행돼왔다. 그리고 그런 연구는 우리가 이전에 봤던 호르몬의 대립적 효과를 증명했다. 호르몬의 효과는 미묘하지만, 옥시토신 투여는 공감을 강화하는 반면, 테스토스테론 투여는 공감을 줄인다는 점이다.[25]

이 중, 테스토스테론에 대한 내용은 동료들과 함께 했던 연구에서 증명해 낼 수 있었다. 여성들을 상대로 사진을 보고 타인의 감정을 맞추도록 했던 실험이다. 테스토스테론을 투여받은 실험 참가자들의 성적은 위약 투여그룹에 비해 좋지 않았다.[26] 하지만 남성들에게는 유사한 효과를 찾지 못했으며, 이는 호르몬의 효과가 남성과 여성에게 다를 수 있다는 것을 보여준다.[27] 남성들에 대한 결과는, 아마도 남성들이 애초에 시각적으로 타인의 감정을 인식하는 일에 능숙하지 않기 때문일 수 있다. 남성들은 생리적으로 이미 높은 테스토스테론 수치를 가지고 있으므로, 이미 점수가 낮을 것이다.[28] 그리고 이미 그 능력이 뛰어나지 않기 때문에, 테스토스테론의 추가 투여가 낮은 점수에 굳이 큰 기여를 하지 않는 것이다.

즉, 호르몬은 성별, 또는 다른 개인적 특성에 따라 그 효과가 다르다. 특히, 인지적 공감 능력이 떨어지는 사람들은 호르몬 투여를 통해 혜택을 받을 수 있다. 예를 들어, 자폐 성향이 있는 사람들은 옥시토신 투여를 통해 잠재적으로 치료를 받을 수 있다.[29] 옥시토신은 사회적 신호에 더 민감하게 만들어 주기 때문에, 타인의 감정을 인식하는 데 도움이 된다.

간단한 약으로 우리가 서로에게 더 공감할 수 있다면 좋겠다. 초기의 연구자들은 옥시토신이 이를 가능하게 만들 것이라고 주장했다. 최근에 나는 미국 국기가 그려진 빨간색 티셔츠를 입은 소녀와 기차 안에서 마주 앉아 있었다. '공감을 다시 위대하게 만들자make empathy great again'라는 문구가 그려진 셔츠였다. 좀 더 많은 공감은 실제로 해로운 것이 아닐 수 있다. 하지만 공감의 세 가지 형태를 주의 깊게 살펴볼 필요가 있다. 정서적 공감, 인지적 공감, 그리고 연민은 함께 나아갈 수 있다. 다른 사람의 상황을 느끼고 연민을 느끼지 못하는 사람은 타인에게 도움의 손길을 내밀 동기가 덜 생길 것이다. 또한 목표를 달성하기 위해 다른 사람의 필요성을 이해해야 한다. 그러나 공감은 타인이 실제로 도움이 될 것이라는 보장은 아니다.

소수의 사람만이 공감이 다른 사람을 고문하거나 호러 영화를 만드는 데 필수적인 조건임을 깨닫는다. 다른 사람이 무엇을 느끼는지 이해하지 못하면 어떻게 그 사람에게 고통을 줄 수 있을까? 또한 공감의 다양한 측면은 서로 방해될 수 있다. 응급실 의사가 끊임없이 공감하고 고통을 느낀다면 그게 유익할지는 의문이다. 정서적 공감 반응이 많은 스트레스를 유발하면 실제로 도움을 방해할 수도 있다.

어린아이들과 베이비 모니터를 이용한 재미있는 연구가 있다. 아이들이 베이비 모니터가 설치된 대기실에 있다. 이 모니터로 아이들은 다른 방에 있는 아기 소리를 듣게 된다. 아이들에게는 두 가지 선택권이 주어진다. 아기가 울면 베이비 모니터에 말하며 달래주거나 모니터를 끄는 것이다. 후자의 경우, 아기에게는 안타깝지만 문제는 해결된다. 사실 실험실에는 아기가 없었으며 녹음된 울음소리만 틀어준 것이었다. 이 실험 동안 아이들의 생리적 스트레스 수준을 측정했고, 이것은 울음으로 인한 공감적 스트레스가 얼마나 유발되는지 보여주는 지표였다. 이 실험에 참여한 대규모 아이 그룹 중 스트레스를 덜 받은 아이들은 기꺼이 베이비 모니터를 통해 아기를 달랬으며, 스트레스를 더 많이 느낀 아이들은 더 자주 스위치를 끄는 경향이 있었다.[30]

정서적 공감이 스트레스를 유발할 때, 연민은 오히려 방해 요소가 될 수 있다. 그러면 당신은 자신의 불편함에만 집중하고 상대방의 불편함을 챙길 여유가 없어진다. 여기서 우리는 공감 능력이 도움을 주려는 의지의 보장이 아니라, 다만 전제조건은 된다는 결론을 내릴 수 있다.

성인들에 대한 연구도 공감 능력이 반드시 가장 사회적이고 도덕적으로 책임 있는 해결책으로 이어지지 않는다는 것을 보여준다. 상대방과 강하게 공감하는 경우, 전체적인 상황을 간과할 수 있다. 벨기에 철학자인 이그나스 데비스Ignaas Devisch(1970)는 자신의 책인

《공감의 과잉Het empatisch teveel》에서 이 문제를 명확하게 제기한다. 비급여 약품이 필요한 심각한 병에 걸린 아이들을 대하는 방식에 관한 내용이다. 보통 이런 경우는 의약품의 효과가 확실하지 않고 의약품의 가격이 높기 때문에 급여처리가 되지 않는다. 그리고 제약회사는 이를 기회로 삼는다. 다급한 부모들을 상대로 로비를 진행하고 급여처리를 요청하게 만든다. 이러한 제약회사는 부모들을 통해 어려움에 빠진 아이들의 논쟁을 확산시키고 소셜 미디어 등의 관심을 집중시킨다. 이 상황에 공감하는 시민들은 곧 혜택을 받지 못하는 아이들의 상황에 분노하게 되고, 급여처리를 해주지 않는 국가를 비난한다. 시민들은 정치인들을 압박하고 이러한 사회적 압박에 결국 국가 재정이 열리는 것이다. 이런 아이들의 어려움과 그를 바라만 보는 부모의 모습은 내게도 연민을 불러일으긴다. 하시만 이렇게 직접적으로 공감하는 반응이 꼭 올바른 정책에 도움이 되진 않는다. 사람들의 공감이 상업적 목적을 위해 악용되고 있으며, 의약품의 효과가 의심스러운 경우에는 특히 제약회사가 그 혜택을 입기 때문이다. 그리고 결국, 그 투자금은 더 효과적인 치료에는 사용되지 않을 것이다. 여기에서의 문제는 공감이 이러한 방식으로 연대감을 방해한다는 점인데, 데비스는 결코 그래서는 안 된다고 주장한다.

공감은 또한 근시안적이다. 이것은 잔인한 사고실험이지만, 나는 내 아이 중 한 명의 삶을 두 명의 모르는 아이의 삶을 위해 포기할 수 없다. 비록 도덕적으로는 그것이 최선의 해결책이 될지라도 말이다. 나는 내가 특이한 부모라고 생각하진 않는다. 또한 우리는 한 개인 이야기에 대해 익명의 그룹 이야기보다 훨씬 민감하다. 미국 심리학 교수인 폴 블룸Paul Bloom(1963)이 제기한 예시 중 하나는 2005년 다르푸르의 대량 학살에 수천 명의 사람이 목숨을 잃은 사건보다 실종된 대학생 나탈리 할로웨이의 이야기에 미국 언론이 더 많은 관심을 기울였다는 것이다.[31] 외모도 중요하다. 예를 들어, 털이 많고 큰 눈을 가진 멸종 위기에 처한 동물을 위한 기부금을 모으는 건 쉽지만, 외모상으로는 좀처럼 매력적이지 않은 아귀를 위한 기부금을 모으는 일은 어렵다. 데비스의 경고는 옳다. 공감은 어떤 딜레마의 최상의 해결책으로 이어지지 않을 수 있으며, 연대감을 방해한다.

그러나 연대감은 공감 없이는 존재할 수 없다. 그것은 우리 사회의 많은 취약한 이들을 돕기 위한 기반을 형성하고, 그래서 공감은 연대의 필수 요소다. 그러니 블룸이 그의 책인《공감의 배신Against Empathy》에서 제안하는 것처럼 우리는 공감 개념을 버리지 말아야 한다. 그의 논리를 따른다면, 그의 다음 책 제목은《식량의 배신Against Food》이 될 것이다. 왜냐하면 많은 식사량은 고통을 몰고 오기 때문이다. 나는 인간 사이의 많은 문제에 대한 요인으로 공감을 지목하고 싶진 않다. 오히려, 공감을 어떻게 효과적으로 활용하여 사람들을 서로 가깝게 연결할 수 있는지를 살펴봐야 한다. 우리에게는 그 자체가 이미 어려운 문제이기 때문이다.

사회적 결속의 이면

나는 13살 때 신문에서 이상한 사진을 보았다. 그 사진에는 갈라진 풀밭 위에 맞아 죽은 카를로 피코르니의 시체가 있었다. 지금은 '베베르베이크Beverwijk 전투'라고 불리는 이 사건은 나폴레옹 시대에 일어난 일로 여겨지지만, 실제로는 1997년 3월 23일에 일어난 일이었다. '전투'라는 용어에 걸맞게 아약스와 페예노르트의 훌리건들이 서로를 공격했고, 사망자 한 명이 발생했다.

사람들이 집단 안에 있을 때 사회적 상호작용이 극단적인 형태로 변하는 이유는 무엇일까? 훌리건이든 빈디캇Vindicat(네덜란드의 흐로닝언 지역에 위치한 대학의 유명한 학생회. 네덜란드 전체에서 두 번째로 오래된 학생회이다.-옮긴이) 학생이든, 오토바이 클럽 회원이든, 또는 경쟁하는 갱단이든, 전체는 각 부분의 합보다 더 많은 불행을 초래한다. 그 이유 중 하나는 사람들이 자신에게만 긍정적인 특성을 부여하는 것뿐만 아니라, 자신이 속한 그룹에도 부여한다는 점이다. 상호 융합돼 외부와 충돌하는 것이다. 공공의 적만큼 서로를 뭉치게 하는 것은 없다. 진화심리학자들에 따르면, 이것은 원시 부족 사회에서 형성된 우리의 '부족 정신' 때문이라고 한다. 이것은 서로를 공격하고 부족끼리는 적에 맞서 단결했던 시절에 형성되었다. 맞는 접근인지는 결코 알 수 없지만, 사람들이 임의의 그룹 분류에 매우 민감하다는 점은 사실이다.

추상적인 예술과 사실적인 예술을 좋아하는 사람들을 다른 그룹에 나누어 놓으면, 이들은 자신이 다른 그룹의 사람들에 비해 더 똑똑하고 멋지며 친절하다고 생각한다. 사실 특별한 규칙 없이 우연히 사람들을 분류했지만, 다른 그룹에 비해 자신의 그룹을 더 우월하게 느꼈다. 최근 우리 동네에서 비슷한 일이 일어났다. 내가 사는 골목은 이웃 골목 거주민들이 다른 목적지로 향하는 지름길이다. 그리고 이로 인해 불편함과 위험한 상황이 생기기도 했다. 누군가의 요청으로, 시에서는 두 거리 사이에 통행을 막는 볼라드를 설치했다. 그러자 원래의 목적은 서로 간의 화목한 소통이었던, 거주민들이 참여하는 채팅방은 곧 그 목적을 잃고 논의가 불붙기 시작했다. 같은 골목의 주민들끼리는 더 가까워졌지만, 두 골목 사이의 관계를 적대적으로 만들었다. 그리고 다른 골목의 사람들이 우리 아이들은 신경도 쓰지 않기에 이 지름길을 막고 있다는 말이 나오기 시작했고, 싸움은 계속됐다. 결국 어느 날 밤, 누군가가 몰래 볼라드를 부수었다. 이 사건은 르완다의 후투족과 투치족 간의 충돌이나, 전 유고슬라비아의 민족 갈등과는 그 정도가 다르지만, 역학은 같다.

이렇게 그룹 간의 대립을 일으키는 일은 매우 쉽다. 특히 가장 효과적인 방법은 외모적 특징을 이용하는 것이다. 이탈리아의 신경생물학 교수 살바토레 마리아 아글리오티Salvatore Maria Aglioti는 연구를 통해 사람들이 자신과 피부색이 같지 않은 사람들의 고통을 목격할

연결 본능

때 덜 공감한다는 것을 증명했다.[32] 그리고 심지어 인종차별적 동기가 없더라도 피부색에 대해 특정한 편견을 무의식적으로 나타낸다. 이것은 인종차별이 없어지기 어려운 이유가 된다. 우리는 패턴을 인식하는 데 매우 능숙하지만, 패턴에서 벗어나는 것을 인식하는 데에도 뛰어나다. 이 점은 세계를 이해하고 예측할 때는 유용하지만, 모든 사람을 동등하게 대하려고 할 때는 문제가 된다.

과거와 달리 요즘 우리는 먹이사슬 최상단에 서 있다. 진화적 역사에서 우리는 사냥꾼이자 먹이였으며, 무리를 지어 서로를 보호해야만 했다. 그 무리가 가족, 동일한 인종적 배경을 가진 사람들 또는 '같은 팀의 팬'들로 구성되었는지는 큰 상관이 없었다. 핵심은 혼자보다 함께였을 때 강하다는 것이다. 그러나 집단이 서로 대립할 때 생기는 문제는 호르몬과 관련이 있는 듯하다. 그래도 호르몬이 그룹 간의 역학에 미치는 영향은 개인 간의 영향과 같지 않다. 예를 들어 베베르베이크 전투에서 벌어진 사망 사건은 테스토스테론과 옥시토신 둘 다 기여했을 수 있다. 이전 장에서 설명한 바와 같이, 테스토스테론은 감정에 더 반응하게 만들고, 충동적인 행동을 제어하기 어렵게 만들 수 있다. 테스토스테론 그 자체가 공격적으로 만드는 것은 아니지만, 폭력을 표출할 수 있는 임계값은 낮춘다. 이때, 성적 행동에도 동일한 원리가 적용된다. 이는 우연이 아니다. 뇌 과학적으로 성적 행동과 폭력은 상당히 가깝다. 폭력과 성을 조절하는 뇌 영역이 중첩되기 때문이다.

결국, 테스토스테론은 평화를 유지하는 데 도움이 되지 않는다. 그 양이 공격으로 이어지는 시점을 결정하기 때문이다. 집단 안에서 자신을 억제할 수 있는 사람이 한 명뿐이라면 사태는 심각해질 수 있다. 축구 팬 그룹에서는 잠재적인 폭력에 기여하는 또 다른 요인이 있다. 테스토스테론은 경쟁적인 상황에서 크게 증가하는데, 이는 스포츠의 '재미'에 기여하는 핵심 요소이기 때문이다. 또한, 이러한 스포츠는 신체적인 노력이 필요하지 않아도 된다. 경쟁이 있다면 체스 경기도 이와 동일한 효과를 낼 수 있다.

승자는 패자보다 테스토스테론이 빠르게 상승한다.[33] 승자가 마치 고릴라처럼 가슴을 치는 것은 우연은 아니다. 이게 바로 문헌에서 언급하는 '승자 효과'라는 현상이다. 이러한 현상은 스포츠 선수뿐만 아니라 관중에게도 해당한다. 축구 팬들도 경기 중에 테스토스테론이 강하게 상승하는데, 경기가 중요하고 긴장되는 경우 상승폭이 더 크다.[34] 따라서 남성 집단 간의 경쟁은 문제를 일으키기 쉽다. 특히 술과 함께 폭력이 얹히면 더하다. 남성 집단과 함께 있을 때 내가 편치 않았던 이유가 바로 그것일지 모른다. 한 사람이 살짝만 불을 붙여도 사태가 폭발하기에 충분하다.

이전 장을 읽은 후 옥시토신이 그룹 간 갈등에서 어느 정도 위안을 준다고 생각했다면 실망을 느낄지도 모른다. 이에 대한 증거가 없기 때문이다. 그러나 옥시토신은 집단의 차이를 확대하는 데 사용될 수 있음이 밝혀졌다. 레이던대학교의 사회 및 조직심리학과 교수인 카르스텐 드 드류Carsten de Dreu(1966)는 옥시토신이 집단의 프로세스에 미치는 영향을 연구했다.[35] 이를 위해 그는 네덜란드 학생들을 컴퓨터 앞에 앉히고, 그룹 내에서 다른 사람들을 평가하는 집단 실험을 진행하게 했다. 이 과정에서 옥시토신을 투여한 후, 학생들은 자신의 그룹에 대한 선호도가 높아졌다. 그들은 자신의 집단 구성원들을 더 신뢰하고 그들에게 보호적인 자세를 보였다. 이와 같은 메커니즘은 집단을 인종에 따라 분류할 때도 발생한다. 네덜란드 출신의 학생들은 옥시토신 투여 후 페터르Peter나 디르크Dirk라는 전형적인 네덜란드 이름을 가진 사람들에게 긍정적인 특성을 부여했으며, 유세프Youssef나 헬무트Helmut라는 이주 배경을 가진 이름에는 덜 긍정적이었다.

옥시토신이 집단 내 사랑을 선택적으로 강화함으로써, 내집단과 외집단의 차이가 커지게 된다. 옥시토신이 포옹 호르몬이라지만, 유감스럽게도 그건 내집단에만 도움이 된다. 이것은 '엄마 곰 효과'라고 불린다. 자신의 새끼를 돌보는 엄마 곰은 외부 세계에 대해 더 적대적으로 대한다. 따라서 등산객은 엄마 곰으로부터 멀리 떨어져야 한다. 그러나 곰에만 해당하는 일은 아니다. 벨루베 국립공원에서 조깅을 하던 어떤 이는 한 일요일 아침에 야생 멧돼지 새끼들을 품은 엄마 멧돼지가 사라질 때까지 두 시간 동안 나무 위에 앉아 있었다. 이것도 옥시토신이 할 수 있는 일이다. 어머니에게 몇 가지 추가적인 옥시토신을 주입하면, 새끼에게 다가오는 것에 대해 더욱 공격적으로 변하기도 한다. 갓 태어난 아이가 있는 엄마(와 아빠들)이 바로 이 경향을 알아채고, 아이에게 다가오지 말라며 공격적으로 변할 것이다. 나의 첫 아이가 태어난 지 막 한 달이 지났을 무렵, 병원으로 가야 했던 그 순간을 생각하면 아직도 내가 어리석었다고 느껴진다. 아이가 안과 검사를 받을 때였다. 지금에야 그 검사가 별로 필요치 않았다는 걸 알지만 그때는 그렇지 않았다. 검사를 위해 세 명의 건장한 남성 의사가 달라붙어 클램프로 아이의 눈꺼풀을 고정하자 아이는 자지러지게 울었다. 이미 10년도 지난 일이지만, 난 아직도 아이에게 그런 고통을 겪게 했다는 게 창피하기만 하다. 호르몬의 이야기를 듣고, 아이에게서 손을 떼게 만들었어야만 했다.

우리는 이제 옥시토신이 절대적인 포용 호르몬이 아니라는 것을 알게 되었다. 호르몬이 사회적 행동에 미치는 효과가 맥락에 따라 다르다는 점도 확인했다. 최근 이스라엘의 연구팀은 옥시토신의 중요도를 높이기 위한 시도를 했다. 그들은 연구에서 실험 대상자들에게 유럽 유대인과 팔레스타인인들의 고통을 평가하도록 요청했다. 대상자들은 특히 팔레스타인인들의 고통에 대해 덜 공감했지만, 옥시토신을 투여한 후에는 이러한 차이가 사라졌다.[36] 드 드류의 연구와 달리, 이 연구에서는 옥시토신이 내집단과 외집단 간의 차이를 없애는 역할을 하는 것으로 나타났다. 이것은 이스라엘 연구자들이 수행

연결 본능

한 실험이 특정 유형에 속하기에 일어난 일일 수도 있다. 내 연구 중 하나에서는 옥시토신이 물리적인 고통에 대한 공감적인 반응을 줄일 수 있다는 것을 보여주었다. 아마도 옥시토신이 자체적으로 고통을 줄이기 때문일 수 있다.[37] 다시 말하지만, 모든 것은 맥락에 달려 있다. 그래도 이스라엘 연구자들은 낙관적이었다. 그들의 논문 제목은 〈평화에게 기회를 주자Giving Peace a Chance〉였다. 이스라엘 거주민으로서 희망을 가질 필요가 있다. 그러나 이미 보았듯이, 옥시토신은 집단 간의 갈등에서 도움이 되지 않으며, 오히려 갈등을 확대시킬 수 있다.

어떻게 해결해야 할지는 모르지만, 집단 간 갈등은 남성적인 문제다. 테스토스테론 수치가 최고치에 이르는 생애 주기에 있는 젊은 남성들이 폭력, 범죄 및 성적 범죄와 관련된 가장 높은 통계치를 보여준다.[38] 이에 여성의 비율은 적으며 경우에 따라 무시할 수 있을 정도다. 경쟁 상황에서도 여성은 테스토스테론 수치가 훨씬 적게 상승했다. 여성 그룹 간의 갈등 중에 테스토스테론 수치는 심지어 내려갈 수도 있으며, 이는 아마도 옥시토신이 그렇듯 집단 내 결속을 강화하기 위함일 것이다.[39] 그렇다면 여성은 집단 간 갈등에 참여하지 않는 걸까? 또는 범죄를 저지르지 않는 걸까? 그건 또 아니다. 물론 이 모든 것이 테스토스테론 때문만은 아니지만, 기여하는 것은 사실이다.

유쾌한 넷플릭스 시리즈 〈바이킹 따라잡기〉에서 프로야Frøya는 마을이 벌이는 약탈 원정에서 유일한 여성으로서 싸우고 있다. 다시 한번 성공적인 약탈 후에 돌아온 프로야는 약탈 중에 고문한 수도원 수도사들의 생식기가 매달린 목걸이를 목에 걸고 자랑스럽게 걸어 다녔다. 동료 바이킹들은 프로야가 어떻게 수도사들을 씹어 삼켰는지 듣고 칭찬을 아끼지 않았다. "프로야가 그 수도승 위에 올라가서 고함을 지르고 겁을 주는 걸 보고 얼마나 감탄했는지 몰라!" 하지만 프로야의 남편은 관심을 두고 싶어 하지 않는다. 이건 너무나 터무니없는 코미디 씬이다. 프로야가 여성이라는 이유만으로도 터무니없는 내용일 뿐이다. 만약 주인공이 남성이었다면, 어떤 전투에서든 실제로 발생할 만한 일이기에 웃기기보다는 안타깝게 느껴졌을 수도 있다. 우리는 테스토스테론 없이 살 수 없고, 젊은 청년들이 없는 세상도 상상하기 어렵다. 그러나 테스토스테론이 좀 더 적게 흐르는 세상이 어떤 모습일지 볼 수 있으면 좋겠다는 생각을 한다.

우리 집단은 얼마나 크지?

연결되어 있다는 것은 또한 연결되지 않거나, 아니면 잘못 연결되어 있을 수도 있다는 의미다. 사회적 관계에 덜 의존하는 동물들은 이런 문제에 큰 영향을 받지 않는다. 마찬가지로 우리의 공감 능력에도 역효과가 있다. 다른 사람의 내면세계를 이해하며 타인을 도와줄 수 있지만, 고의적으로 상처 주기도 한다. 복수, 쾌락, 증오는 우리의 공감 능력의 어두운 면이다. 이러한 것들은 사람들이 집단에서 활동할 때 가장 강력하게 드러난다. 인간으로서 우리는 다른 사람들과 가질 수 있는 관계에 유연하지만, 이러한 유연성에는 대가가 따른다. 가까운 이웃들과의 강한 결합은 당신을 더 먼 곳에 있는 사람들과 멀어지게 할 수 있다. 그러므로 우리의 집단이 얼마나 큰지가 관건이다.

이러한 인간 심리적 특성을 어떻게 다뤄야 할까? 다른 이들의 고통과 고뇌에 점점 더 직면하면서, 이민으로 인해 우리 사회가 점점 더 다양해지고 있는 세계에서 어떻게 대처해야 할까? '흑인의 목숨도 중요하다Black Lives Matter'는 운동을 둘러싼 논의에서 이 질문의 긴박성을 알 수 있다.

폴 블룸과 같은 사람들에 따르면, 현재의 우리가 직면하는 문제들은 공감에 이끌려 해결하기에는 너무 복잡해졌다. 공감은 우리의 관계 내에서는 가치가 있지만, 윤리적 결정에 있어서는 오히려 종종 우리를 방해한다. 블룸은 윤리적으로 가장 책임 있는 결정을 내리기 위해 이성적인 논리를 사용해야 한다고 말한다. 그럴듯한 말이지만, 어떻게 다른 사람의 운명에 공감하지 않고 윤리적 판단을 내릴 수 있을까? 다른 사람의 운명을 올바르게 판단하려면 공감이 필요하다. 그래서 나는 우리가 좀 더 공감적이어야 한다고 생각한다. 그러나

이는 연대에 피해를 주지 않는 선까지만이다. 우리는 공감에 굴복해야 하며, 동시에 그 단점들을 주의 깊게 살펴봐야 한다. 연민은 다른 이를 돕는다는 보장은 아니지만, 여전히 필요한 조건이다. 바다에서 3살 아이의 시체가 발견된 보드룸 해변의 사진을 볼 때 무관심할 수 있겠는가? 난민 소년 알란 쿠르디가 터키에서 그리스로 향하는 위험한 항해 중에 가족과 함께 탔던 보트가 전복되어 익사했다. 그 사진은 네덜란드 관광객들이 저렴한 가격에 휴가를 보내는 장소에서 촬영됐다. 이 사진을 통해 네덜란드에서 시리아 내전이 갑자기 매우 가깝게 다가왔고, 난민들의 절망에 대한 이해도가 증가했다. 이전에도 이미 수천 명의 다른 난민들이 익사했고 여전히 비참한 상황에서 계속 살아가야 하는 상황이 슬프지만, 이제라도 공감하게 되어 다행이다.

비록 충분하지는 않지만, 소셜 미디어를 통해 자주 보는 이미지는 상황에 공감하고 타인의 배려심도 끌어올릴 수 있다. 그러나 여기에도 한계가 있다. 연대의 규모와 정도에도 한계가 있기 때문이다. 우리는 모든 사람의 운명에 대해 무한히 공감할 수는 없다. 특히 소셜 미디어 덕분에 다른 사람들의 고통에 노출되는 것이 가능해진 이후에는 더욱 그렇다. 미국을 향해 이주하려는 이민자들, 호주에서 불타는 캥거루, 해수면 수위 상승으로 피해를 입은 사람들, 중국의 위구르인들, 베이루트 항구에서의 폭발 사고 등 끝이 없다. 이들의 고통을 완화하는 데 기여할 동기를 어디서 찾아야 할까? 공감이 아니라면, 어떤 능력을 활용해 그들의 고통을 완화할 수 있을까?

작가 수전 손택Susan Sontag(1933~2004)은 이런 딜레마를 자세히 살펴보았다. 그녀는 에세이 《타인의 고통》에서 언론에서 피해자들의 모습과 반응을 어떻게 보여주는지를 신중하게 다루었다. 이 에세이는 소셜 미디어가 우리의 삶을 지배하기 전인 2003년에 쓰여졌지만, 그녀의 관찰은 오히려 지금과 더 관련이 깊다. 그녀는 피해자들의 이미지가 우리에게 불러일으키는 감정에 대해 어떻게 대처해야 할지에 대해 의문을 제기했다. 그녀의 결론은 이러한 이미지들을 계속해서 보여주되, 공감을 일으키는 것만으로는 충분하지 않다는 것이다. "동정을 느낄 때, 우리는 자신이 고통의 원인에 동조하지 않았다고 생각할 수 있다. 우리의 동정은 무죄라는 증거와 무력함을 나타낸다. 그런 점에서 동정은 부적절하다고 할 수는 없지만 때로는 무관한 반응이 될 수 있다. 우리의 임무는 전쟁과 살인적인 정치 체제에 시달리는 이들에 대한 연민을 제쳐두고, 우리의 특권이 그들의 고통과 어떻게 관련되는지, 때로는 그들의 고통과 직접적으로 관련이 있을 수도 있는 것처럼, 그것을 고민해 보는 것이다. 이 과제를 풀기 위해 고통스럽고 감동적인 이미지들을 보는 것은 단지 첫 번째 불씨에 불과하다."[40]

손택의 견해는 데비스가 '실용적 무관심'이라고 부르는 것과 유사하다. 다소 냉정하게 들리지만, 정부 기관에서 연대를 보장하고 시민들의 공감에 의존하지 않아야 한다는 주장이다. 우리의 공감적 성향에는 한계가 있으니, 연대는 제도화되어야 하며, 공감과 어느 정도 분리되어야 한다. 그러나 손택의 그 불씨 없이는 아무것도 가능하지 않다. 약 150년 전에는 쇼펜하우어가 이미 공감의 중요성을 강조했는데, 그는 공감의 가치를 알아본 몇 안 되는 철학자 중 한 명이었다. 심지어 비관론자임에도 불구하고 공감이 긍정적인 인간적 특성 중 하나라고 했다. 그는 연민에 대해 다음과 같이 말했다. "타인의 고통에 다른 모든 고려와 관계없이 무조건적으로 참여하지만, 그 고통을 막거나 없애는 데도 참여하는 것. 결국 모든 만족감, 모든 행복이 그로부터 나온다는 것이다. 연민이야말로 모든 자유로운 법질서와 진정한 인간 애정의 기초이기도 하다."[41]

쇼펜하우어의 칭찬에도 불구하고 우리 사회에서의 공감의 중요성은 여전히 논쟁거리이다. 그러나 우리의 관계 내에서의 중요성은 의심할 여지가 없다. 관계의 질을 위해서 상호 공감은 꼭 필요하다. 따라서 중요한 점은 우리가 전문적인 관계에서 공감을 어떻게 다루는가이며, 전문적인 관계는 실제로 우리의 개인적인 관계와 어떻게 관련되어 있는지이다. 이 질문에 대한 답변을 얻기 위해 이제 직장으로 관심을 돌려보자.

연결 본능

6

직장 내 관계와 호르몬 문제

The Science of Connection

> 신뢰, 격려, 보상, 충성… 만족. 이게 내가 말하는 거예요. 사람
> 들을 믿으면 그들도 당신에게 진실될 것이고, 훌륭하게 대하
> 면 그들도 훌륭한 모습을 보여줄 거예요.
>
> _리키 저베이스의 〈더 오피스The Office〉 데이비드 브랜트 역[1]

'직장 관계'와 '사적 관계'라는 용어들은 사람들이 직원으로서의 역할과 사적인 분위기에서의 역할이 다르다는 것을 암시한다. 우리가 직장이나 집에서 개인으로서 완전히 똑같은 방식으로 행동하지는 않는다는 점은 의심할 여지가 없다. 하지만 우리는 인간관계가 근본적으로 다를 수 있다고는 생각하지 않는다. 사회적 기술, 감성 및 패턴은 어디에서나 다른 사람들과의 관계에 영향을 미친다. 그래서 문제가 발생할 수 있는 모든 관계 형태에 대해 가정 내에서나 직장에

서 모두 마주할 수 있다. 우정, 로맨스, 섹스, 권력 및 갈등 관계를 포함한 모든 문제는 직장에서도 발생한다.

어린 시절, 매주 300만에서 450만 명에 달하는 네덜란드 사람들은 TV 시리즈 〈웨스트 병원 사람들Medisch Centrum West〉을 시청했다. 병원에서 일어날 법한 의사 이야기를 담은 내용이었다. 어떤 직장이든 간에 내부의 사회적 관계 속에는 긴장감이 흐른다지만 병원의 경우 좀 더 특별한 분위기를 풍긴다. 엄격한 계층 구조와 의사들의 행동, 그리고 그 행동에 영향을 받을 수밖에 없는 환자와 가족의 취약성이 병원을 유독 특별한 공간으로 만들었을 것이다. 하지만 의료 종사자들은 우리와 다르지 않고, 그러기에 관계에 영향을 주고받는 동일한 특성을 가지고 있다. 하지만 업무 자체가 유독 취약한 집단을 마주치는 일이기에 관계가 깨졌을 때, 유독 더 큰 영향을 받는다.

2017년 4월에 방영된 〈젬블라Zembla〉(네덜란드 버전의 '그것이 알고싶다' 같은 프로그램-옮긴이)는 위트레흐트 대학병원의 호흡기내과 부서의 분위기를 비판적으로 보도했다.[2] 직장 초년생 시절, 내가 MRI 뒤에서 많은 시간을 보냈던 바로 그 병원이다. 그 부서의 분위기는 전혀 안전하게 느껴지지 않았다. 내부고발자에 따르면, 부서의 상사는 폭군이었으며 직원들을 서로 대립시켰다. 직원들은 두려움을 느끼고 있었고, 의사들은 비용을 낮추기 위해 가능한 한 빨리 수술하도록 압박받았다. 효율성이 가장 떨어지는 의사는 직장을 잃어야 했다. 2013년에는 내부고발자에 따르면, 시간 압박에 시달린 의사가 목 주변의 위험한 수술을 하던 중 실수를 저질렀다. 환자의 경동맥이 손상되어 사망하고 만 것이다. 계층적인 관계의 압력 아래서의 부조리는 어디에서나 발생하지만, 그 결과는 항상 같은 수준이 아니다.

이 책이 다루는 여러 가지 주제들이 병원에서 벌어진다. 돌봄, 취약성, 의존성, 공감의 중요성, 그리고 관계와 의료의 품질이 어떻게 압박을 받는지 등이 있다. 병원 내 긍정적인 관계는 외부에서보다 더 중요하다. 좋은 관계는 좋은 의료에 필수적이기 때문이다. 의료 관계자 사이의 관계뿐만 아니라 의료인과 환자의 관계에도 해당되는 말이다. 한 내부고발자는 이렇게 말했다. "누군가가 묵시적으로 내게 이렇게 말한다고 생각해 보라. '나는 당신을 충분히 신뢰하므로 내 목을 열어도 됩니다.' 이것은 엄청난 책임감을 느끼게 만든다. 왜냐하면, 이 신뢰는 서로를 잘 알지 못하는 사람 간에 형성된 것이기 때문이다." 그리고 이 장의 후반부에서 신뢰의 중요성에 대한 내용을 다룰 것이다. 그 전에 먼저 현대의 직장 내 관계가 어떻게 보이는지, 그리고 어째서 이런 관계들이 아직까지도 계급적인지와 그로 인한 결과에 대해 살펴보자.

직장 내의 관계

오랜 시간 동안 인간의 역사에서 가족기업이란 '기업'이란 단어가 생겨나기도 전부터 너무나도 당연한 개념이었다. 인간의 일상 활동은 수천 년 동안 식량의 채집, 사냥, 재배였다. 이는 가족 전체가 참여하는 활동이었다. 또한 동료들이 당신의 가족이기도 했다. 하지만 산업혁명 이후 이 개념이 바뀌었다. 직원이라는 개념이 탄생했고, 일이란 가정 밖에서 일어나는 행위가 됐으며, 더 이상 가족들과 하루 대부분의 시간을 보내지 않았다. 직원의 개념과 함께 관리자, 상사, 또는 오늘날은 흔한 개념인 매니저와 팀 리더가 등장했다. 이러한 발전으로 인해 직장 내의 관계는 계급적으로 변화했고, 20세기에는 이러한 관계가 더욱 명확히 굳어졌다. 상사는 상사였다. 그리고 20세기 후반에는 상황이 바뀌기 시작했다. 경제적 번영과 사회적인 변화로 직원들은 해방되었고, 더 나은 근로 조건과 개인 복지로 관심이 쏠렸다. 동시에 전통적인 남성 세계에서 여성 직장인들이 등장했다. 직장 내의 여성들은 더 이상 비서나 복도에서 커피를 건네주던 사람이 아니었다. 남성 비서들도 등장했고, 커피를 타 주던 여성도 없어졌다. 직장 내 생활을 비밀로 공유할 수 있는 전문 상담자들과 조직심리학자가 등장했으며, 관리자들은 과거에 비해 인간적인 면을 더 살피는 관리자로 바뀌었다. 이 모든 변화가 이루어지기까지 백 년 정도가 걸렸지만, 결국은 직원들도 사람임을 깨달은 것이다.

연결 본능

직장 내 관계의 역동이 변화하면서 사람들의 요구와 기대도 변했다. 흥미롭게도 21세기에 들어서도 직장 내 관계에 대한 연구의 필요성이 대두되고 있다. 심리치료사 에스더 페렐Esther Perel(1958)은 기업이 '최고 관계 관리자Chief Relationships Officer'를 선정해야 한다고 주장했다. 페렐에 따르면 이 용어는 농담에서 비롯된 것이지만, 기업은 직장 내 관계를 더 진지하게 다뤄야 한다. 직장은 돈을 벌기 위한 곳 뿐만 아니라 자아를 개발하고, 만족감을 느끼고, 도전받을 수 있는 곳이기도 하기 때문이다. 페렐은 현대의 직장생활과 결혼에 대해 냉정하게 말했다. "우리는 기대가 너무 큽니다."[3]

하지만 우리만 변하는 게 아니라, 직장생활의 본질도 변하고 있다. 기술이 점점 더 많은 생산 업무를 대신하고, 그 이외의 업무는 다른 사람들과 서로 협력해야만 한다. 이는 직장 내 관계와 리더의 역할에 대한 기대에 영향을 미친다. 모든 무역은 공정해야 하는데 굳이 '공정' 무역이라는 개념을 만든 것처럼, 인간적인 관리자라는 말 자체도 사실은 불필요하다. 모든 관리자는 당연히 인간적이어야 하기 때문이다. 직원과 기업 리더 간, 그리고 직원 간에 건강한 관계를 유지하기 위해서는 '정서적 지능'이 필요하지만 많은 기업에서는 이 부분이 부족하다. "스티브 잡스도 말도 안 되는 사람이었습니다. 하지만 그 옆에는 스티브 워즈니악이 있었죠. 잡스와 머스크 같은 인물들은 자의식이 그리 크지 않은 협력자가 필요합니다. 워즈니악 없는 잡스는 지금의 명예로운 잡스가 될 수 없었을 것입니다. 고독한 천재lonely genius는 존재하지 않아요. 고독한 천재라는 말 자체가 존재하지 않죠. 대부분의 천재 곁엔 누군가가 머무릅니다."

이전 장에서 소개된 연구자 신디 하잔과 필립 세이버도 가정과 직장 간의 관계가 본질적으로 다르지 않다고 말했다. 사람들의 애착 유형은 직장 경험에 영향을 미친다고 말이다. 불안형 애착이나 회피형 애착 방식을 가진 가진 직원들과 비교하여 안정 애착 방식을 가진 직원들은 일을 더 즐거워하고, 불안도가 낮으며, 거부에 대한 두려움도 덜하고, 일과 사생활을 비교적 쉽게 병행한다. 또한 우울감과 외로움을 경험하는 경우가 덜해 아플 확률도 낮다.[4] 안정 애착 유형은 자신에게만 도움이 되는 것이 아니라, 안정 애착 유형을 가진 상사와 일하는 것도 도움이 된다. 그러한 리더들은 직원들의 요구에 더 많은 주의를 기울이며, 이로 인해 더 많은 동기 부여가 이루어진다.[5] 상호 관계가 인간의 애착 요구를 충족시키는 경우 모든 사람에게 좋지만, 이를 위해서는 전통적인 상사의 리더십과는 다른 종류의 리더십이 필요하다.

2008년 〈하버드 비즈니스 리뷰〉에 실린 기사도 리더의 사회 지능의 중요성에 대해 설명했다.[6] 기사의 부제는 '최근 뇌 연구에 따르면, 리더가 공감의 생물학을 이해함으로써 조직의 성과를 향상시킬 수 있음을 보여준다'였다. 그 새로운 연구는 협력에 있어 공감의 중요성을 강조하기 위해 굳이 필요하지 않았을 것이다. 인류의 역사는 사회적 지능이 협력의 주요 동력이었고, 그 반대 또한 사실이기 때문이다. 직원을 다루는 과정에서 사회적 스킬의 중요성을 강조하는 게 잘못된 일은 아니지만, 그렇다고 해서 서로가 협력해야 한다는 사실을 확인하기 위해 더 이상의 뇌 연구는 필요하지 않다. 하지만 우리 모두가 공감을 하고, 이해심이 많고, 안정적으로 애착을 형성했으며, 열심히 일하고, 감성 지능이 높은 존재라는 건 아니다.

그러면 우리는 어떻게 대처해야 할까? 우리는 사회적인 동물이지만, 일상적인 사회적 상호작용에서 여전히 많은 문제가 발생한다. 어느 날 아침, 지구상의 어딘가에 있는 직장 커피머신 옆에서 몇 시간을 관찰하면 이것이 분명해질 것이다. 지구상 모든 영장류가 관심을 가져야 할 한가지 요소가 있다면 안타깝게도 그건 바로 사회적 계급이다.

달, 로켓, 태양, 별

빌럼 알렉산더르 국왕은 취임식에서 다음과 같이 말했다. "이 가치 중 하나는 국왕의 봉사하는 역할에 관한 것입니다. 국왕은 공동체를 위해 직책을 수행합니다."[7] 이 발언은 역사적 인식을 보여준다. 네덜란드의 왕은 역사를 공부했고, 프랑스 혁명 중에 무슨 일이 일어났는지 잘 알고 있다. 지도자는 상대가 진지하게 받아들일 때만 지도자라는 점이다. 그리고 좋은 지도자는 자신의 추종자들이 지도자로 인정할 때만 지도자가 될 수 있다는 것을 이해한다. 모두가 두려워하는 독재자조차도 굴복을 지지하는 충분한 사람들이 있을 때만 유지될 수 있기 때문이다. 이 원칙은 솔로몬이나 라윗에게도 동일하게 적용된다. 솔로몬은 개코원숭이고 라윗은 침팬지로 둘 다 사회적 집단의 우두머리 원숭이였다. 솔로몬은 케냐의 세렝게티 평야에서 수년 동안 한 집단과 머물렀고, 앞서 언급한 로버트 새폴스키가 그를 관찰했다. 새폴스키가 수행했던 동물의 사회적 행동에 대한 스트레스와 호르몬의 영향에 대한 연구는 혁신적이었다. 개코원숭이 집단은 엄격한 계급제를 가지고 있었고, 당시 집단 내 순위 3위였던 솔로몬은 전술적인 조치를 통해 지배권을 획득했다. 1위와 2위가 장기간 싸움을 하고 지쳐 있을 때, 솔로몬은 그의 큰 이빨로 정치에 개입한 것이다.

1위 개코원숭이는 죽었고, 2위 개코원숭이는 심각한 부상을 입었으며, 3위 개코원숭이가 지배자가 되었다. 상급자들의 상황을 이해한 솔로몬은 상대적으로 쉬운 승리를 거두었다. 그는 다른 수컷에게 패배하기 전까지 3년 동안 우두머리로 남을 수 있었고, 이는 원숭이로서는 예외적으로 긴 기간이다.[8]

라윗의 이야기는 프란스 드 발이 설명했다.[9] 개코원숭이에게는 주로 강자의 권리가 적용되지만, 침팬지는 조금 더 정치적이며 권력을 위해서는 단순한 힘 이상의 것이 필요하다. 동맹과 음모는 우두머리 수컷이 누구인지를 결정하는 데 영향을 미친다.

라윗은 아른헴 동물원에서 신체적으로 가장 강한 침팬지였지만, 자는 동안 다른 침팬지 두 마리에게 살해당했다. 그를 공격한 두 마리의 침팬지들은 라윗이 자신들과 함께 밀폐된 울타리 구석에 있도록 손을 쓴 후, 라윗을 공격했다. 그래서 다른 개체들의 간섭을 막은 것이다. 라윗의 잔인한 죽음 후에 두 공격자는 우두머리 지위를 차지하게 되었고, 권력과 암컷은 상호 분배되었다. 드 발이 설명한 침팬지의 복잡한 계급적 사회 과정에는 높은 사회적 지능이 요구된다. 인간의 권력 분배 방식과 유사한 모습을 보이기에, 프란스 드 발은 침팬지들의 '게임'을 정치적 행동이라 이름 붙였다.

우리는 서로 쉽게 공격하지는 않지만 침팬지나 개코원숭이와 마찬가지로 계급에 민감하다. 근육을 보여주거나 이빨을 드러내는 것이 아니라 승진, 회의에서의 칭찬, 수동 공격적 이메일을 통해 우리의 지배력을 표현한다. 그러한 행동은 직장에서의 평등하고 안전한 관계에 대한 우리의 필요와 상충한다. 왜냐하면 계급이 존재하는 곳마다 이를 악용하는 사람들이 있기 때문이다. 이러한 행동을 통해 상위 계급에 속하는 데 도움을 받을 수 있겠지만, 그렇다고 해서 반드시 사랑받는 동료가 되는 건 아니다. 특히 지속 가능한 지도자가 되는 데는 도움이 되지 않는다. 왜냐하면 고전적 리더의 수단인 지배는 현대 직원들의 요구와 맞지 않기 때문이다.

이것은 나르시시스트적 리더십에 대한 연구에서 확인할 수 있다.

나르시시즘은 우월감, 공감 능력 부족, 경탄을 받기를 바라는 욕구로 특징지어지는 성격 특성이다. 나르시시스트적 인물들은 우리가 좋은 지도자로 연상하는 다양한 특성을 갖추고 있다. 그들은 매력적이고 자신감이 넘치기 때문에 집단의 지도자로 추앙받는 경우가 많다. 그러나 그들은 지도자로서 빛을 발하지 않는다. 나르시시스트들은 종종 다른 사람에게 충동적으로, 심지어 공격적으로 반응하며, 부하들의 의견을 수용하지 않기 때문에 상호 협력을 저해한다. 나르시시즘 전문가인 에디 브루멜만Eddie Brummelman은 책《나를 존경해!Bewonder mij!》에서 나르시시스트들이 변화를 원하는 기관에서는 좋은 리더라고 설명했다. 그들은 카리스마가 있으며, 단호하게 결정을 내릴 수 있기 때문이다. 하지만 장기적으로 사랑받지는 못한다.[10]

지배적인 리더가 반드시 좋지만은 않다는 이론은 전통적인 리더십의 이미지와 대조된다. 경영 관련 문헌에서는 지배와 경쟁과 관련이 있는 호르몬인 테스토스테론의 위상이 다소 떨어졌다. 2007년에는 리더를 테스토스테론으로 알 수 있다고 썼던 경영 관련 잡지는 2012년에는 테스토스테론을 직장에서의 위험 요소라고 말했다.[11]

최근 연구 결과, 테스토스테론이 나르시시즘과 관련이 있으며, 높은 테스토스테론 수치를 가진 실험 대상자들은 권력을 획득하는 상황에서 더욱 나르시시스트적인 행동을 하게 된다는 것을 보여주었다.[12] 테스토스테론이 안정적인 위계질서를 형성하는 데 도움이 되지 않는다는 점은 영장류 연구에서도 확인된다. 이는 연구를 위해 개코원숭이에게 종종 마취총을 쏘던 새폴스키와 같은 영장류 학자들 덕에 알 수 있는 내용이다. 연구 결과, 안정적인 서열을 유지하는 지배적인 수컷들은 반드시 테스토스테론 수치가 높은 것이 아니었다. 오히려 테스토스테론 수치가 높은 개체는 서열이 낮은 수컷들로, 이들은 자신의 위치를 지키기 위해 끊임없이 싸워야 했다. 그러나 사회적 불안의 시기에는 지배적인 수컷들도 테스토스테론 수치가 급격히 상승하는 경향이 있었다. 이는 그들 역시 하위 개체들과 마찬가지로 끊임없는 갈등 속에 놓이게 되기 때문이었다.

테스토스테론의 유용성은 맥락에 따라 다르다. 잠재적인 지도자를 선출하는 내용을 다룬 연구에 따르면, 전쟁 시기에는 덜 신뢰할 만하고 더 지배적인 얼굴들이 선택되는 경향을 보인다.[13] 그러나 지도자 위치에 놓인 사람들과 일반 사람들을 비교할 때, 테스토스테론 수치에는 차이가 없음을 발견했다.[14] 반면, 같은 연구에서 테스토스테론 수치가 높은 사람들이 더 지배적인 리더십 스타일을 보이는 경향이 있다는 점은 확인되었다. 리더가 되는 것은 모두에게 같은 의미를 가지지는 않는다. 애착 스타일과 직장에서의 경험 사이의 관계에 대한 연구가 이를 명확히 증명했다. 어떤 사람은 직장에서의 위치에서 자신의 영혼, 열정, 자아를 찾지만, 누군가에게는 그것이 별로 중요하지 않을 수 있다.

좋은 리더십을 이해하는 일도 중요하지만 이를 실현시키려면 또 다른 노력이 필요하다. 호흡기내과의 문제를 비롯한 여러 가지 사안을 고려하여, 위트레흐트 대학병원의 경영진은 병원 내 리더십 문화에 대한 감사를 실시하기로 결정했다. 그리고 감사는 237명에 달하는 직원들과의 인터뷰를 기반으로, 연구자들이 위계적 스타일, 즉 지배적이고 반응적이며 사건 중심의 문화가 우세했다고 결론지었다.[15] 11,000명이 넘는 직원수, 1,000개의 병상, 그리고 매년 수천 명의 사람들이 의료 서비스를 받는 기관의 평가로는 실망스러운 결과였다. 하지만 내겐 놀라운 일이 아니었다. 실제로 그 당시 병원에서 느꼈던 분위기가 좋지 않았기 때문이다.

　조직 문화를 바꾸고 싶다면, 해야 할 일이 많다. 조직 문화는 조직에 뿌리 깊게 박혀 있기 때문이다. 이를 해결하기 위해서는 어린 시절부터 시작해야 한다. 특히, 학교에서, 아이들이 처음으로 서열의 현실을 경험하는 곳에서 말이다. 만약 어린 시절부터 반 친구들과 경쟁하도록 길러진 사람이 병원에서 리더가 된다면, 그가 자신을 부하 직원들과 동등한 존재로 여기길 기대할 수 있을까? 학교에서는 성적과 상관없이 '별', '달', '로켓', 또는 '태양'이라는 중립적인 이름을 가진 그룹으로 학생들을 나눈다. 그러나 이 시스템을 만든 사람은 아이들이 이런 중립적인 이름에 쉽게 속을 것이라고 착각한 듯하다. 물론 토끼나 달팽이라는 이름을 붙였어도 마찬가지였을 것이다. 왜냐하면 아이들은 아주 짧은 시간 안에, 누가 수학을 잘하고 못하는지를 정확히 간파하기 때문이다. 인간이 위계와 집단 정체성에 민감하다는 사실은 평등을 만들어가는 과정이 결코 쉽지 않으며, 우리의 지속적인 관심이 필요하다는 점을 의미한다.

#MeToo

앞선 이야기에서 #미투#MeToo 운동이 자연스럽게 다루어졌다. 알파 수컷이 가진 가장 큰 이점 중 하나는 암컷에 대한 성적 접근이다. 미투 운동으로 최근에 드러난 사실은 아직도 세렝게티의 개코원숭이와 자기를 동일시하는 남자들이 많다는 것을 분명히 보여준다. 미국의 트럼프 대통령은 많은 분야에서 자신을 최고라고 여긴다. 하지만 그가 최고로 잘하는 것이 있다면, 바로 무엇이 잘못되고 있는지를 보여주는 데 있다. "당신이 스타가 되면, 다들 당신이 무엇을 하든 받아줄 것입니다. 그러면 뭐든지 할 수 있습니다. […] 대중을 휘어잡아야 합니다. 그러면 모든 게 가능해집니다."[16]

권력은 부패한다고 한다. 그 예는 무수히 많으며, 미투 운동 덕분에 이런 일탈 행위도 수면 밖으로 드러나고 있다. 실비오 베를루스코니의 붕가붕가Bungabunga 파티, 제프리 엡스타인의 성 착취 네트워크, 하비 와인스타인의 캐스팅 카우치, 빌 클린턴과 모니카 르윈스키 사건, 그리고 네덜란드에서는 조브 고스칼크와 모두가 잊었을 수도 있는 2005년 성희롱 혐의로 유엔에서 사임한 루드 루버스의 사건까지 말이다.

이 중 수많은 사건이 테스토스테론과 관련해 일정한 패턴을 보여주고 있다. 테스토스테론이 권력 격차가 존재하는 상황에서 자기애적 행동을 촉진하는 것처럼, 이 호르몬은 성적 행동을 유발할 수 있다. 네덜란드의 심리생리학 연구자 린더 판더 메이어Leander van der Meij는 이와 관련된 두 가지 연구를 수행했다. 첫 번째 연구에서 그는 남성들이 여성과 함께 대기실에서 몇 분을 보내는 것만으로도 남성의 테스토스테론 반응을 유발할 수 있다는 것을 보여주었다. 이런 행동은 특히 지배적인 남성들에게서 가장 강하게 나타났다.[17] 두 번째 연구에서는 비슷한 설정에서 남성 실험 참가자들이 먼저 경쟁적인 컴퓨터 작업을 수행하여 테스토스테론 반응을 유발한 다음, 다른 남성 또는 여성과 다시 5분을 보내게 했다. 경쟁적인 작업 동안 강한 테스토스테론 반응을 보인 남성들은 이후 여성에게 더 많은 관심을 보이며, 자신에 대해 더 많이 이야기하고 대기실에서 더 많이 눈을 맞췄다.[18] 그러나 옆에 남자가 있었을 때는 그렇게 하지 않았다.

이러한 행동이 남성들의 충동 제어 능력 부족과 관련이 있을 수 있다는 것을 보여준 연구도 있었다. 네덜란드 틸뷔르흐대학교의 연구원인 틸라 프롱크Tila Pronk의 연구는 매우 매력적인 여성이 앉아 있는 대기실에서 어떤 유혹 행동이 나타났는지를 다루었다. 남성 실험 대상자들은 모두 연애 중이었고, 대기실에 앉기 전에 충동 제어 능력을 측정하는 컴퓨터 과제를 수행했다. 결과는 충동 억제 테스트에서 점수가 낮은 남성들이 다른 남성들보다 매력적인 여성을 더 적극적으로 유혹하는 경향을 보여주었다.[19] 한 실험 대상자는 그의 여자 친구가 밖에서 기다리는 동안 데이트를 제안하려고 시도할 정도였다. 여성의 존재는 분명히 남성들의 테스토스테론 같은 호르몬 반응을 촉진시킨다. 하지만 테스토스테론과 같은 호르몬은 남성의 충동 제어에 부정적인 영향을 줄 수 있기 때문에, 해당 남성이 조직 내 계층 구조에서 더 높은 위치에 있을 때 성적 행동에서의 경계를 넘는 경우를 초래할 가능성도 있다.

최근 암스테르담대학교의 노동법 학과에서 장기간에 걸친 문제가 발생했다. 높은 지위에 위치한 교수가 학생들과 부하직원들에게 성적인 침해 행동을 한 것이다. 그는 학과장이었으며 학계에서 떠오르는 스타였기 때문에 오랜 기간 이런 행동을 저지르고도 처벌을 피해갈 수 있었다. 법정에서 그의 아내가 그를 변호했다. 그는 단지 '부드러운 환경에서 과하게 결과 중심적'이었을 뿐이며 아마도 '부적절한 농담'을 했을 수도 있지만, 그것은 전혀 나쁜 의도를 가진 행동은 아니었다고 주장했다.[20] 높은 지위를 가진 직업의 실무자들은 자신의 권력을 남용하는 것을 방지하기 위해 더욱 노력해야 한다.

미국의 한 저널리즘 집단은 2016년과 2017년에 미국에서 의사가 의료 윤리 위원회나 법정에 성적인 행동으로 소환된 450건의 사례를 조사했다.[21] 물론 이런 부적절한 행동이 병원에서만 일어나지는 않는다. 그럼에도 불구하고, 병원이라는 환경 자체의 특성 때문에 적절한 행동의 중요성이 더욱 대두된다. 그리고 이러한 관계의 중요성에 대해서는 이번 장의 마지막 부분에 다룰 것이다.

돌봄이 일일 때

어느 따뜻한 가을 오후였다. 나는 항상 그렇듯 약속 시간보다 30분 늦게 진행되는 내과의와의 진료를 기다리고 있었다. 나와 마찬가지로 옆에 앉은 어머니도 긴장해 있었다. 그때의 나는 연노란색 폴로 셔츠, 인기 있던 서핑 브랜드의 물이 빠진 반바지, 그리고 전혀 패셔너블하지 않은 테바Teva(아웃도어 신발 브랜드-옮긴이) 샌들을 신고 있었다. 항암 때문에 머리칼이 하나도 없는 대머리의 내 모습은 꼭 간디를 코스프레하다가 만 것처럼 보였을 것이다. 진료받기 직전 꼼꼼하게 혈액 검사를 받았고, 폐 사진을 찍은 나는 오늘은 앞으로의 치료 방향에 대해 듣게 될 것이라고 생각했다. 최소한, 그렇게 예상은 했다. 그러나 내 주치의는 먼저 아들의 연구와 오스트리아에서 보낸 휴가에 관해 이야기하고 싶어했다. 프로이트 박물관을 방문해 즐거운 시간을 보냈다는 얘기를 나는 계속해서 들었다. 아주 짧은 침묵에서 어머니가 기회를 놓치지 않고 검사 결과에 대해 들을 수 있냐고 물을 때까지 말이다. 자신의 이야기보다 내 암 치료를 더 궁금해하는 우리에게 놀란 얼굴을 보인 의사는 검사결과지를 찾아보았다. 다행히 검사 결과는 좋았다.

얼마 지나지 않아, 그는 골수 천자 시 내가 요청한 전신 마취를 거부하려 했다. 나는 처음에는 국소 마취도 싫지 않았다. 실제로 첫 번째 천자 때 경험해보았기 때문이다. 하지만 골수 천자에 국소 마취를 하는 것은 두개골이 열린 뇌 손상에 파라세타몰을 쓰는 것과 마찬가지로 무효하다는 걸 알게 됐다. 나는 전신 마취를 해달라고 여러 번 요청했으나 의사는 이를 거부했다. 국소 마취가 표준이었고, 나처럼 젊은 남성이 전신 마취를 원한다는 걸 이해하지 못한다면서 말이다. 그에게는 나의 감정이 별로 중요하지 않아 보였다. 전신 마취가 가능하지 않다면 골수 천자를 거부할 거란 내 말에, 그는 결국 전신 마취를 허용했다. 그리고 결과는 나쁘지 않았다.

고문 같은 일련의 화학 요법을 마친 후, 방사선 치료 시간이 됐다. 한 달 동안을 매일 네이메헌으로 향했다. 나는 의사에게 위트레흐트 대학교에서 공부하고 있으니 그곳의 대학병원에서 방사선 치료를 받을 수 있는지 물어보았다. 그편이 훨씬 더 수월했기 때문이다. 하지만 불행히도 그것은 불가능하다는 답변을 들었다. 병원 간 계약이 자신의 손을 묶고 있다고 말이다.

그때까지 큰 문제는 없었다. 주치의는 잘못된 약을 처방하지 않았고, 암을 적절히 치료했으며, 폭력을 행사하지도 않았다. 하지만 네이메헌의 방사선 전문의와 이야기를 나누던 중 비로소 무언가 잘못

되었을지도 모른다는 생각이 들기 시작했다. 매우 친절하고 이해심 많은 네이메헌의 의사가 내게 처음으로 "여기서 뭐 하고 있어요? 위트레흐트에서 공부하고 있던데, 거기선 치료받고 싶지 않았어요?"라고 묻고 난 후부터였다. 나는 그를 멍하니 바라보며, '계약, 관료주의…' 때문에 그런 것이 불가능하다고 더듬거리며 말했다. 하지만 네이메헌의 새로운 친구에 따르면, 이는 단지 몇 가지 서류를 작성하는 것이 귀찮았던 사람에게만 불가능한 일이었다. 바로 그 순간에야 나는 모든 것을 완전히 이해할 수 있었다. 거의 20년이 지난 지금, 내 주치의는 은퇴한 지 오래니 난 이제야 공식적으로 말할 수 있다. 문제가 무엇인지는 놀랍도록 간단했다. 내 주치의가 나쁜 사람이었던 것이다.

공감과 연민이 좋은 치료에 중요하다는 것은 너무나 분명해서 거의 아무도 이에 대한 연구를 생각하지 못했다. 스티븐 트리지악과 앤서니 마자렐리라는 미국 의사들은 2019년에 출간된 그들의 책《연민경제학Compassionomics》에서 최근 몇 년간의 기존 연구를 모았다.[22] 처음에는 그들도 상당히 회의적이었다. 서구 의료는 전통적으로 공감과 거리가 멀었기 때문이다. 그러나 그들의 광범위한 연구는 연민 있는 치료에 대한 변론으로 바뀌었다. 그들은 이해, 관심, 공감을 보이는 것이 환자와의 관계에 긍정적인 영향을 미친다는 것을 인정했다. 그리고 의사의 공감적 태도는 환자가 치료자에게 더 많은 신뢰를 갖게 하고, 불안과 우울한 증상을 덜 느끼게 만들며, 심지어 신체적 통증도 줄어들게 한다고 했다. 질병 과정 전체에 미치는 긍정적인 영향인 것이다.

공감적인 의사는 환자의 건강에 더 도움이 된다. 이런 의사에게 치료받는 당뇨병 환자는 혈당과 콜레스테롤 수치를 더 수월하게 조절하고 합병증도 덜 겪는다. 이해심 많은 의사는 면역 체계에도 긍정적인 영향을 미친다.

그리고 간접적으로 가져오는 긍정적인 효과도 있다. 의사들의 공감은 부적절한 행동과 실수의 가능성을 낮춘다. 공감하는 의사들은 업무 수행력이 높다. 또한 환자들도 치료에 도움이 되는 행동을 하며, 시간에 맞춰 약을 복용하는 등 자신을 더 잘 돌본다. 이 모든 효과들은 서로를 강하게 만든다. 좋은 유대관계가 형성된다면, 서로를 위해 더 열심히 노력하고, 의료 서비스의 효과도 좋아진다. 공감은 돈이 들지 않으면서도 많은 이점을 안겨 주기에, 높은 공감은 재무적으로 보았을 때도 이득이 될 수 있다.

너무나 아름다운 이야기이지만, 조금 더 세심하게 접근해보자. 이전 장에서 설명한 것처럼, 공감은 넓은 개념이다. 프랑스-미국 신경과학자인 장 데세티Jean Decety(1960)는 특히 동정심을 표현하는 것이 긍정적인 영향을 미친다고 조사했지만, 타인에게 감정적으로 무조건적으로 공감하는 정서적 동정심은 오히려 역효과를 낼 수 있다고 밝였다.[23] 다른 사람의 고통에 감정적으로 공감하는 의사나 간호사는 더 많은 스트레스를 경험하며, 이러한 개인적인 스트레스는 피로와 탈진의 가능성을 높인다. 다행히 의사들은 이러한 공감의 측면에 대해 훈련을 받았으므로 환자에게 고통스러운 치료를 제공할 때 그들의 뇌는 상대적으로 덜 반응한다.[24] 더 적은 공감은 더 많은 연민을 일으킬 수 있다. 공감으로 인한 감정적인 고통에 덜 집중하면 다른 사람의 필요에 집중할 여유가 생긴다. 이전에 언급한 연구에서 옥시토신이 다른 사람의 고통에 대한 신경 반응을 줄인다는 것을 보여주었으며, 이는 감정적인 스트레스가 줄어들었음을 의미한다. 따라서 의료 제공자는 도움을 줄 수 있는 능력이 더욱 향상될 수 있다. 누군가가 감정적인 스트레스로 마비되어 교통사고를 당한 환자를 지켜본다면, 그는 아마 도움을 줄 첫 번째 사람이 아닐 것이다. 정서적 공감은 불을 붙이는 불꽃이지만, 연민은 행동으로 이어지는 타오르는 불이다.

스티븐 트리지악에 따르면, 연민은 잠재적으로 오는 번아웃burnout을 예방할 수도 있다. 그 자신도 의료 분야에서 공감의 역할을 연구하기 시작했던 시기에 이를 겪었다. 그는 한 인터뷰에서 다음과 같이 말했다. "종종 번아웃이 사람들에게서 공감을 빼앗아 간다고 듣습니다. 하지만 내 생각에는 오히려 반대입니다. 연민을 덜 표현하는 사람들이 번아웃에 더 쉽게 빠지는 경향이 있습니다." 그는 사람들 간의 연결, 특히 공감이 깃든 연결이 번아웃에 대한 저항력을 높일 수 있다고 강조했다. 그는 자신의 연구에서 얻은 교훈을 실제로 적용해 보았을 때, 공감적인 태도가 얼마나 긍정적인 영향을 미치는지 깨닫게 되었다. "나는 더 많이 소통했고, 덜 돌아섰습니다. 더 많이 돌보았고, 더 신경 썼습니다. 뒤로 물러서기보다는 더 깊이 다가가려 했습니다. 그리고 그렇게 번아웃의 안개가 걷히기 시작했습니다."[25]

타인의 고난에 공감하는 태도가 당신의 반응을 변화시킨다는 것은 호르몬 반응에서도 볼 수 있다. 공감력 있는 사람들은 병세가 심한 아동의 영상을 볼 때, 옥시토신의 분비가 공감 능력이 낮은 사람들에 비해 높았다.[26] 이러한 연구 결과는 공감력과 그로부터 비롯되는 모든 것을 훈련할 수 있다는 것을 보여준다.

인문과학대학교Universiteit voor Humanistiek, UvH(네덜란드 위트레흐트에 위치한 인문학과 사회과학에 중점을 둔 교육 및 연구 기관-옮긴이)의 철학자인 요아힘 뒨담Joachim Duyndam(1954)은 요양보호에 대해 글을 썼다. 뒨담은 마르텐 톤데르Marten Toonder의 작품에서 나온 플라문을 언급했다. 플라문이라는 캐릭터는 자신이 바라보는 사람들의 감정과 두려움에 너무도 예민하게 반응하고 이를 직접 체험한다.[27] 정서적 공감에 재능이 뛰어난 것이다. 뒨담에게 플라문이란 상대의 고통을 자신의 것처럼 느끼고 처리하며 돕는 이들을 상징한다. 이런 유형의 돌봄 종사자들은 사실 환자들을 자신의 감정적 충족을 위해 이용한다. 그들은 누군가를 진정으로 돕는 것이 아니라, 단순히 타인의 고통에 빠져있는 것에 만족한다. 뒷담은 한 사회복지사가 고의로 보호자의 감정을 자극하려 시도하는 예시를 들었다. 이는 진정한 의미의 공감이나 연민과는 거리가 먼 태도이다.

독일인 간호사 닐스 호겔은 2000년부터 2005년 사이에 의도적으로 환자들에게 심장마비를 유발시켜 자신이 영웅이 되도록 조작했다.[28] 그 결과 수백 명의 환자들이 사망했다. 이것은 다소 극단적인 예지만, 그리 이상한 일도 아니다. 예민하고 감수성이 높으며 우울함을 느끼는 청소년을 상대로 한 텔레비전 프로그램의 인기는 우리가 다른 사람의 고통에 동참하는 것에서 얻는 인간적인 즐거움을 증명한다. 상대와 동일하게 비참한 상황을 겪지 않고도 감정을 경험하는 게 가장 효과적일 것이다. 나도 극적인 영화를 볼 때 일상적인 내용을 다룬 영화를 볼 때보다 더 쉽게 눈물을 흘린다. 우리는 안전한 상황에 놓인 채로 다른 사람들의 비극에 공감한다. 이에 대해 미국 메탈 밴드 툴TOOL의 보컬리스트 메이너드 제임스 키넌이 인간이 얼마나 비참함을 사랑하는지 노래한다. "피가 흐를 때까지 우리는 멈추지 않을 거야. 나는 안전하게 멀리 떨어져서 무언가 죽어가는 것을 지켜봐야 해. 대리로 삶을 경험하면서, 온 세상이 죽어가는 동안 나는 살아갈 거야." 우리 모두, 속으로는 조금은 플라문인 것 같다.

돌보기에는 너무 부족한 시간

돌봄은 인간적 특성이지만, 동시에 전문 업무이다. 돌보는 직업을 가진 사람들에게는 많은 것이 요구된다. 좋은 부모의 돌봄에서 볼 수 있는 특성, 즉 타인의 신호에 대한 민감성, 그 신호에 대한 공감적이고 이해심 있는 반응, 그리고 충동적인 감정 반응을 조절하는 능력이 필요하다.

이러한 특성들은 모든 사람에게 동일하게 발달하지 않는다. 8장에서 나는 어려운 유년기가 부정적인 결과를 초래할 수 있다는 것을 보여줄 것이다. 하지만 이게 문제가 되지 않을 수도 있다. 직업 선택에서 이미 1차 선택이 이루어지기 때문이다. 그리고 사람들에게 좋은 돌봄 기술을 개발할 기회가 주어져야 한다. 아이들은 구르기를 할 줄 알아야 하고, 관사가 무엇인지, 2,000년 전 이탈리아의 지배자에 대해서 배워야 한다. 하지만 왜 사회적 기술을 학교 과목으로 가르치지 않을까?

교육의 일부로서든 아니든, 내 주치의는 분명히 사회적 분야에서의 능력을 평가받지 않고 학업을 마친 것 같다. 반면에, 일상에서 훨씬 더 자주 접했던 간호사들은 다행히 그 부족함을 충분히 보완해 주었다. 그들은 내게 어떻게 지내는지 물었고, 그 질문이 단순한 예의에서 비롯된 것이 아님이 느껴졌다. 병원에 입원한 첫 며칠 밤, 어두운 방에서 천장을 바라보며 누워 있을 때, 한 간호사가 긴 근무 후에도 잠시 내 곁에 앉아 이야기를 나누었다. 그저 나를 외롭지 않게 해주기 위해서였다. 이러한 돌봄의 가치를 결코 과소평가해서는 안 된다. 간호사들이 현재 그런 기회를 여전히 가질 수 있는지는 의문이다. 그들은 너무 바쁘고, 특히 코로나바이러스가 등장한 이후로는 그 상황이 더 악화됐다.

내가 지금 스스로 빠지고 있는 함정 중 하나는 지난 몇 십 년간의 문제를 잘 보여준다. 우리는 사람이 훈련을 통해 배려심이 깊어질 수 있고, 훈련을 해야만 한다고 말한다. 하지만 공감이 돌봄 서비스 제공자만의 책임은 아니다. 이는 시간적 여유가 있고, 안전한 환경이 만들어져야만 공감이 가능해진다. 시간을 들여 연결을 맺는 것이다. 단 40초의 개입만으로도 암 진단을 받은 사람들의 불안을 줄일 수 있다.[29] 그러나 〈드 코레스폰던트De Correspondent〉(네덜란드의 혁신적인 대안 언론-옮긴이)의 저널리스트인 린 버거가 언급한 바와 같이, 그 40초조차 주어지지 않을 만큼 의료 서비스의 부담이 가중될 때가 있다.[30] 감염이 의심되는 상황에서 검사가 끝난 후, 그녀는 스스로 상처를 드레싱해야 했다. 의사는 시간이 없고, 간호사도 없었다. 하물며 연민은 말할 것도 없었다. 환자가 의료 서비스 제공자에게 공감을 보여야 하는 상황이 온다면, 그건 상황이 뭔가 잘못됐다는 걸 뜻한다. 하지만 스트레스가 의료 서비스 제공자의 연민을 막고 있는데, 환자가 어떻게 연민을 기대할 수 있을까? 이것은 다음 장에서 다룰 질문 중 하나다.

7

스트레스와 관계, 최악의 조합

The Science of Connection

나는 압박이 건강하다고 생각한다. 하지만 그것을 견뎌내는
사람은 매우 적다.

_고든 램지[1]

누구도 견딜 수 없는 무언가가 어떻게 건강할 수 있을까? 영국의 스타 셰프인 고든 램지는 이 질문에 답하지 않는다. 그는 '이 열기가 싫다면 주방을 떠나야지!'라는 모토의 전형이다. 즉, 압박을 견디지 못하면 물러나라는 뜻이다. 그리고 그의 주방에서 일하고자 하는 대부분의 사람들은 진짜로 금방 포기한다. 엄격한 등급 제도와 특히 치열한 경쟁은 스트레스를 불러일으키며, 램지의 주장과 상관없이 압박받는 상황에서 받는 스트레스는 건강에 좋지 않다. 약간의 스트레스는 해가 되지 않지만 말이다. 하지만 여기서 약간이란 얼마일

까? 그 정도는 사람마다 다르다. 스트레스의 영향을 결정하는 데 중요한 요소는 얼마나 많은 스트레스를 경험하는가, 스트레스가 얼마 동안 지속되는가, 스트레스의 원인을 통제할 수 있는가, 지원을 받을 수 있는가, 그리고 그 스트레스를 다룰 수 있는가다. 이 모든 요소에 다른 사람과의 관계는 매우 중요하다. 관계는 스트레스의 원인이 될 수도 있고, 스트레스를 완화시킬 수도 있으며, 외부 스트레스로 인해 영향을 받을 수도 있다. 하나 확실한 것은, 전혀 스트레스 없이 지낼 수는 없다는 것이다.

'스트레스'라는 단어가 우리의 감정을 표현하는 데 사용된 것은 비교적 최근의 일이다. 이 용어는 캐나다계 오스트리아인인 의사 겸 내분비학자 한스 셀리에Hans Selye(1907~1982)에 의해 널리 알려졌다. 그는 쥐를 대상으로 연구를 진행하고 스트레스 호르몬이 강하게 분비되면 장기적으로 질병에 걸릴 수 있다고 처음 예측한 사람이다. 그는 월터 캐넌Walter Cannon(1871~1945)으로부터 '스트레스'란 용어를 차용했는데, 캐넌은 감정을 연구하고 사람과 동물이 위협을 받을 때 싸우거나 도망가는 것, 즉 투쟁-도피 반응fight or flight response과 같은 두 가지 기본적 감정 스트레스 반응을 설명했다. 캐넌과 셀리에는 스트레스 연구의 선구자다.

셀리에의 동료들은 처음엔 지나치게 '대중적'이라는 이유로 그의 이론을 진지하게 받아들이지 않았다. 셀리에는 자신의 아이디어를 비학계 대중에 알리기 위해 많은 노력을 기울였는데, 그런 점을 동료들이 싫어했기 때문이다. 그러나 1950년 이후로 스트레스에 대한 연구가 가속화되었다. 그리고 현재 스트레스 연구는 엄청난 영역을 포함하고 있다. 학술 출판물 온라인 데이터베이스에서 '스트레스'를 검색하면 90만 건 이상의 논문이 나온다. 우리의 일상에서 스트레스라는 용어를 떼놓을 순 없다. 거의 모두가 그것에 시달리고 있으며, 다양한 방법으로 스트레스를 풀고 휴식을 취하려고 노력한다.

나는 스트레스의 생리학에 대해 간단하게 소개하고, 스트레스가 문제인지에 대해 논의할 것이다. 스트레스가 우리의 관계에 미치는 영향과 그 반대로 우리의 관계가 스트레스에 미치는 영향은 무엇일까? 마지막으로, 이전 장에서 이어서, 계층 구조의 밑바닥이 스트레스를 유발하는 이유와 그것이 우리 사회에 미치는 영향에 내해 사세히 살펴보자.

스트레스 축에서 균형 잡기

브루스 매큐언Bruce McEwen(1938~2020)도 스트레스 연구의 중요한 선구자 중 한 명이다. 세포생물학자인 그는 1960년대에 뇌에 호르몬의 영향을 연구하기 시작했으며, 평생 동안 스트레스가 뇌와 신체에 미치는 영향, 특히 생애 초기의 스트레스가 초래하는 부정적인 결과에 주목했다.

매큐언의 중요한 기여 중 하나는 알로스타시스Allostasis, 즉 생체적
응 개념이다.[2] 알로스타시스는 신체가 생리학적 시스템 및 행동의
변화를 통해 몸의 균형을 회복하는 과정이다. 예컨대 추운 방에서
일하는 탓에 체온이 천천히 낮아지고 있다고 치자. 이것을 느낀 당
신의 몸은 해결책을 찾아낸다. 가슴이 오싹해지지만, 몸의 모든 털
을 곤두세움으로써 털 사이에 머물러 있는 공기로 따뜻함을 유지하
는 것이다. 불행히도 우리는 진화 과정에서 그 털을 잃었고, 나는 오
싹한 기분에서 따뜻함을 느끼지 못한다. 그러나 오싹함 외에도 내
피부 아래 혈관이 수축하여 불필요한 열이 손실되지 않도록 한다.
또한, 우리는 몸을 움츠리기도 한다. 그리고 이 모든 것이 제 역할을
하지 못할 때, 뇌에 신호가 전달되어 불쾌한 감정을 인식하게 만든
다. 추운 것 같아! 그러면 우리는 니트를 입고, 난방 온도를 높여 몸
을 다시 데운다. 그러면 땀이 흐르는 게 느껴진다. 몸이 열을 빼내는
방법이다.

알로스타시스는 몸을 원하는 상태로 변화시키는 변화의 모음이
다. 스트레스 시스템을 활성화하는 것은 몸이 균형을 회복하기 위해
적용할 수 있는 주요 메커니즘 중 하나이다. 스트레스를 일으키는
것은 시스템을 불균형하게 만드는 것이다. 신체적 스트레스 반응은
불균형한 것을 다시 균형 잡힌 상태로 되찾으려는 목적이 있다.

스트레스는 우리 몸의 기본적인 요구를 위해 작동한다. 우리 몸의

온도를 유지하고 충분한 음식을 섭취하는 것뿐만 아니라, 안전, 애정, 사회적 연결에 대한 우리의 요구에도 작용한다. 그러니 스트레스는 유용하다. 상황이 우리의 요구와 일치하지 않을 때 우리가 행동에 나서게 만들기 때문이다. 그러나 스트레스 시스템의 활성화에는 대가가 따른다고 매큐언은 말했다. 지속적으로 상황에 적응하고 스트레스 시스템이 만성적으로 활성화되면, 언젠가 시스템은 더 이상 감당할 수 없게 된다. 이를 '알로스태틱 과부하Alostatic overload'라고 부른다. 이런 증상은 힘든 상황에서 성장할 때 발생할 수도 있다. 또는 고든 램지의 주방에서 정규직 직원이 되는 것이 좋은 생각이라고 생각했을 때 발생할 수도 있다.

스트레스 시스템을 활성화하면 무슨 일이 일이날까? 그 시스템이 효과적으로 작동하려면 스트레스 응답이 빨라야 한다. 또한 곧장 행동에 나서기 위해 전신이 상황을 인지해야 한다. 신경 경보 시스템이 위협을 감지하면 즉시 교감신경계가 활성화된다. 신체의 모든 부분에 신호가 전달되어 심장 박동과 호흡이 가속되고, 근육의 혈관이 확장되며, 혈액에 아드레날린이 배출된다. 이것이 바로 투쟁-도피 반응이다. 아드레날린 호르몬은 당을 분해하고 면역 시스템을 활성화한다. 왜냐하면 싸우거나 도망치기 위해서는 에너지가 필요하고, 면역 시스템의 활성화는 그에 도움을 주기 때문이다. 소화나 생식과 같이 긴급하지 않은 체내 과정은 중단된다. 이게 성관계와 스트레스가 잘 어울리지 않는 이유다. 스트레스 반응이 충분히 크면 몸은 불필요한 짐을 덜기 위해 노력한다. 특히 배설도 심해진다.

내 뇌는 즉시 시상하부를 통해 HPA 축을 활성화한다. HPA는 시상하부hypothalamus, 뇌하수체pituitary, 부신adrenals을 의미하며, 네덜란드어로는 HHB 축이라고 부른다. 이 시상하부-뇌하수체-부신 축은 호르몬 사슬로, 뇌가 여러 중간 호르몬을 통해 부신과 소통하여 스트레스 호르몬인 코르티솔을 생성한다. 뇌가 심장에 신호를 보내는 것보다 이런 호르몬의 활동이 더 오래 걸린다. 그래서 코르티솔이라는 궁극의 스트레스 호르몬은 활성화가 늦게 시작되어 거의 30분 후에 정점에 도달한다.

코르티솔의 느린 활성화는 이 호르몬과 투쟁-도피 반응이 크게 관련이 없음을 시사한다. 스트레스에 반응하기는 너무 느리기 때문이다. 그러나 코르티솔은 몇 가지 다른 중요한 기능을 가지고 있다. 그중 하나는 새로운 기억을 만들 수 있게 하는 뇌의 영역인 해마를 활성화하는 것이다. '해마'라는 단어는 '바다말'을 의미하는 라틴어에서 유래했으며, 잘 생각해 보면 뇌의 해마도 그와 비슷하게 생겼다. 스트레스에 대한 기억이 활성화되는 것은 우연이 아니다. 스트레스가 심한 사건은 종종 위험을 동반하며, 이는 기억해야 할 중요한 사건이기 때문이다. 이런 기억이 다음에 비슷한 상황이 발생했을 때 우리에게 주의하라는 경고를 줄 수 있다. 그리고 스트레스에 시달린 상황을 학습할 수도 있다. 나는 여태까지 방문했던 수많은 홍

미로운 장소의 상당수를 기억하지 못한다. 하지만 과거에 강도를 당하고 위협을 받은 경험을 했던 두 장소는 절대 잊지 못할 것이다. 스트레스 덕분이다. 나는 그 장소에서 항상 조심할 것이다!

스트레스 반응 중에는 몸뿐만 아니라 뇌에서도 큰 변화가 일어난다. 신경과학자 에르노 헤르만스Erno Hermans(1974)는 네덜란드 네이메헌 라드바우드대학교에서 스트레스와 뇌에 대한 연구를 진행하고 있다. 스트레스를 연구 대상자에게 유발하는 것이 윤리적으로 적절해야 하며, MRI 스캐너에서 사람들에게 스트레스를 유발할 방법이 많지 않기 때문에 어려운 연구다. 이 연구에서, 실험 참가자 80명은 MRI 스캐너에서 강간 장면이 나오는 강렬한 영화 장면을 보았다.[3] 그리고 대조군이 본 영화에서는 사람들이 등장하지만 강간이 일어나지 않았다. 집중적인 컴퓨터 분석을 통해 모든 실험 대상자의 뇌 활동을 동시에 분석하였고, 다양한 영화 장면에서 어떤 뇌 네트워크가 활성화되는지를 살펴보았다. 강렬한 영화 장면은 아드레날린과 코르티솔 수치를 증가시켰고, 뇌 활동에 큰 변화가 관찰되었다. 강렬한 장면을 볼 때 뇌 활동이 즉시 경계와 감정적 반응에 관여하는 네트워크로 이동하는 것을 볼 수 있었고, 신피질의 통제 영역에서 활동이 감소했다. 스트레스 반응에서는 '사고하는 지방 덩어리'의 제어 영역 활동이 일부 비활성화된다. 스트레스는 즉각적인 반응을 요구할 뿐, 조용히 생각하는 시간을 요구하지 않는다. 후속 연구에서 헤르만스는 뇌에서 아드레날린이 차단될 때 이러한 변화가 덜 일어나는 것을 알아냈다. 따라서 뇌 내부와 외부의 호르몬은 스트레스 상황을 잘 대처하는데 있어 매우 중요한 요소다. 연구자가 당신을 스캐너에서 불러내면 호르몬과 뇌가 다시 균형을 맞추어야 한다. 바로 이게 알로스타시스다.

따라서 스트레스의 생리학은 행동이 필요한 상황에서 몸을 준비 상태로 만들기 위한 아름다운 시스템이다. 이후에는 안정된 상태에서 균형을 회복하게 된다. 이러한 이유로 스트레스는 필수적이며, 심지어 건강에도 도움이 된다. 그러나 만성적인 스트레스에 시달려 알로스타시스를 달성하기가 어려운 상황에서 스트레스는 문제가 될 수 있다.

적당한 스트레스 즐기기

나는 태양 아래에서 온기를 얻으려고 누워 있는 이구아나의 모습에 매료된 적이 있다. 특히 그 동물이 다른 것은 아무것도 하지 않는 모습이 매력적이었다. 이구아나는 냉혈동물이기에, 스스로 몸을 덥힐 노력조차 하지 않는다. 그저 태양에게 맡길 뿐이다. 그리고 그 무엇에도 신경 쓰지 않는다. 우리와 같은 동물 종은 끊임없이 생각하기 때문에 이구아나의 이런 모습이 부럽다. 사람은 생각하고, 말을 하며, 계획을 세우고, 기대를 하며 미래를 바라본다. 다 좋은 특성이지만, 그로 인해 걱정을 하고, 감정적으로 행동하고, 우울하고, 실망하기도 하며, 서로 같은 이야기를 하고 있다고 믿지만 그렇지 않을 때도 있고, 이해받지 못했단 느낌도 받는다. 우리는 이런 혼자만의 세상에서 빠져나와 마음의 안정을 찾기 위해 조용한 음악을 듣고, 유튜브 튜토리얼을 보며 요가를 배운다. 하지만 문제는 그 마음이 온갖 것들로 항상 가득 차 있다는 것이다. 이구아나는 그런 문제가 없다. 그는 태양 아래에서 편안하게 이구아나로 존재한다. 이메일을 확인하거나 자신이 쓸모없다고 느끼지 않으면서 말이다. 영국의 문화 철학자 존 그레이(1948)는 《동물들의 침묵The Silence of Animals》에서 그 감정을 공유하고 인간의 침묵에 대해 탐구한다. "다른 동물들에게 침묵은 휴식의 자연스러운 상태인 반면, 인간은 침묵을 통해 내면의 혼란으로부터 탈출하려고 한다. 본능적으로 변덕스럽고 모순이 많은 인간은 자아로부터의 휴식을 위해 침묵을 찾는다. 다른 동물들은 침묵을 그들의 타고난 권리로 가지고 있지만, 인간은 자신으로부터 벗어나길 원한다. 다른 동물들은 해방될 필요가 없기에 침묵 속에서 살아간다."[4] 나는 아직도 생각을 멈추고자 하는 이구아나를 만나본 적이 없다. 우리는 똑똑하지만, 동시에 그렇지 않기도 하다.

거의 모든 동물은 음식이나 따뜻함이 부족하거나 위험이 도사리고 있을 때 생리적 원인으로 스트레스를 경험할 수 있다. 이구아나 조차도 스트레스에서 자유롭지 않다. 갈라파고스 제도의 이구아나는 천적이 거의 없는 탓에 정기적인 식량 부족 문제를 유일한 스트레스 요인으로 삼는다. 연구에 따르면, 스트레스 시스템을 잘 관리하고 짧은 스트레스 상황 후에 스트레스 호르몬이 빠르게 균형을 회복하는 이구아나가 식량 부족 시 폐사율이 낮다고 한다.[5] 이구아나의 삶을 낭만적으로 바라볼 필요는 없다. 하지만 그들은 우리 인간보다 훨씬 덜 쉽게 스트레스에 휘둘리는 건 사실이다.

동물들, 특히 동료에 의존해 생존하는 포유류는 신체적 스트레스뿐만 아니라 사회적 스트레스도 경험할 수 있다. 예를 들어, 무리에서 소외되거나 어머니를 잃었을 때 등의 상황에서 사회적 스트레스를 경험한다. 이는 이전에 설명한 유기 공포를 신경 시스템이 활성화하기 때문이다. 또한 인지 능력으로 인해 심리적 스트레스를 경험할 수도 있다. 그래서 무언가 나쁜 일이 일어날 것 같은 예감이 들거나, 기회를 놓쳤다고 생각하거나 마감일에 대해 걱정할 때 스트레스 시스템이 활성화된다. 특히 예측 가능성과 통제가 부족한 상황에서 이런 종류의 스트레스가 유발된다. 하지만 이런 활성화는 별로 도움이 되지 않는다. 왜냐하면 스트레스 반응이란 스트레스의 원인을 피하거나 공격하기 위한 행동을 야기하기 때문이다. 그렇지만 3주 후의 발표에서 도망치는 것은 별 도움이 되지 않는다. 마감일과 싸우는 것도 마찬가지다. 심리적 스트레스 요인에 대한 스트레스 반응은 무의미하다.

하지만 몸은 신경 쓰지 않는다. 수백만 년 된 스트레스 축은 먹이로서 우리를 평가하는 사자의 시선과 소셜 미디어에서의 부정적인 댓글을 구별하지 않는다. 그리고 그저 불쾌한 느낌을 준다. 스트레스를 받으면 긴장으로 떨리며, 목구멍에서 심장이 뛰는 것 같은 느낌이 들지만, 다행히 이러한 반응은 저절로 사라진다. 심리적 스트레스가 문제가 되는 것은 그 이유를 바꿀 수 없는 경우다. 물론 시도는 할 수는 있다. 핸드폰을 화장실에 버리기, 직장 스트레스로 인해 직장을 그만두기, 학교 스트레스로 인해 학교를 그만두기, 가정 스트레스로 인해 가족을 떠나기 등이다. 하지만 이런 시도가 무엇을 가져다 줄지는 의문이며, 이는 새로운 스트레스 원인을 만들 가능성이 크다. 그렇기 때문에 환경을 바꾸려고 시도하거나 스트레스를 다루는 다른 방법을 시도하는 것이 종종 더 효과적이다. 하지만 이는 쉽지 않은 일이며 심리적 스트레스의 원인이 종종 만성적이기 때문에, 이는 빠르게 만성 스트레스가 될 수 있다. 고인이 된 국가 사상가 레네 구데(1957~2015)의 말에 따르면, 삶은 '단지 귀찮은 것'이며, 이로부터 벗어나기는 어렵다.

따라서 문제가 되는 스트레스는 주로 '만성'이라는 용어에 있다. 스트레스 반응이 급박한 문제를 해결하는 데 도움이 될 수 있더라도 만성 스트레스에서는 더 이상 그렇지 않다. 스트레스는 몸의 에너지를 많이 소모하는 활동으로, 오래 지속되면 온몸이 망가질 수 있다. 심각한 만성 스트레스, 즉 알로스타시스 과부하는 온몸에 영향을 미친다. 예를 들어, 만성 스트레스는 심장 질환, 비만, 우울증, 중독 및 거의 모든 질병을 포함하여 암을 유발할 수 있다. 이것은 만성 스트레스가 면역 체계를 약화시키기 때문이다.[6] 급성 스트레스는 면역 체계의 활동을 증가시키지만, 장기간에는 면역 체계의 활동이 저하되어 원치 않는 바이러스와 세균에 더 쉽게 노출될 수 있다.

로버트 새폴스키의 스트레스에 관한 훌륭하고 접근하기 쉬운 책의 제목이 《얼룩말에게 궤양이 없는 이유Why Zebras Don't Get Ulcers》인 이유가 바로 여기에 있다.(한국에는 《스트레스》라는 제목으로 번역 출간되었다.-옮긴이) 스트레스가 면역 체계에 부정적인 영향을 미치기 때문에, 만성 스트레스를 겪는 동물들은 궤양에 더 쉽게 걸릴 수 있다. 얼룩말은 허기진 사자나 하이에나의 신체적 위협을 받지만, 직장, 학업, 또는 인스타그램 팔로워가 부족한 것과 같은 만성적인 사회적 또는 심리적 스트레스를 거의 경험하지 않는다. 그것은 안타깝게도 인간에게만 해당하는 문제다. 스스로를 아프게 할 정도로 생각할 수 있으려면, 인간만큼 똑똑해야 하는 듯하다. 그리고 이게 바로 우리가 진화적 발전이라고 부르는 것인지도 모른다.

연결 본능

메시지는 간단하다. 스트레스는 스트레스를 유발하는 상황에 대처하는 동안에는 유용하지만 대부분의 독자들이 겪는 정신적 스트레스의 경우에는 거의 그렇지 않다. 그리고 만성적인 스트레스는 거의 긍정적이지 않다. 한편 스트레스는 우리의 관계에 어떤 영향을 미칠까? 아니면 질문을 바꿔보자. 왜 스트레스와 관계는 잘 맞지 않을까?

내 개인적인 예를 다시 한번 들어보겠다. 이 장을 쓰며 현실의 벽을 마주했던 경험이었다. 때는 2020년 3월 중순, 머나먼 중국 시장에서 발견된 기침하는 누군가가 NOS(네덜란드의 방송국-옮긴이)의 헤드라인을 차지했다. '코로나바이러스 - 4월 6일까지 전국 학교, 카페 및 레스토랑 봉쇄'. 마침 관계와 가족의 스트레스에 대해 쓰고 있었으니, 이 쇼킹한 헤드라인이 내 글에 무슨 영향을 미칠지 잠시 생각해 보았다. 그리고 곧, 나는 가족의 스트레스에 물들기 시작했다.

어느 날 갑자기 아이들이 집 밖을 나가지 않았고 집이 갑자기 너무 작아 보였다. 우리는 평소에 하던 모든 일과 함께 모든 걸 가정 교육으로 전환해야 했다. 세 아이와 항상 함께하니 평범한 생활은 더는 생각할 수 없었다. 특히 보육 도우미 및 조부모의 도움이 없는 상황에서는 더 그렇다. 이제 아이들을 교육하는 일도 더해졌다. 그래도 배우자의 도움을 받아 시도해보기로 했다. 책을 쓰고, 이메일을 확인하며, 중간중간 막내의 기저귀를 갈고 넷플릭스도 틀었으며, 온라인으로 회의를 진행했고, 막내를 무릎에 앉힌 채 학생들의 과제물을 확인했다. 동시에 집에서 수업을 듣기 시작한 지 30분 만에 흥미를 잃고 침대 밑으로 던진 연필을 찾는 아들에게 잘할 수 있다고 달래며 수학 공부도 시켰다. 그러나 이 모든 일의 병행은 불가능했다. 집안의 관계를 너무 많이 시험하는 것 같았다. 상황은 나아지지 않았고 결국 나는 현실에 타협했다. 일은 미룰 수 있었지만 기저귀 갈기는 미룰 수 없었다.

스트레스가 관계에 미치는 영향이 긍정적이지 않다는 것은 우리 모두 경험으로 알고 있을 것이다. 첫 번째 락다운 중, 새벽 두 시에서 세 시 사이 우는 딸에게 짜증을 내며 말했다. "자 이제 그만. 아빠 피곤해!" 두 살이 조금 넘은 어린아이는 아무것도 이해하지 못했다. 아마도 아이는 치아가 자라서 아팠을 것이고, 악몽을 꿨거나 몸이 안 좋다고 느꼈거나 이 모든 걸 동시에 경험했을지 모른다. 그러나 잠들지 못하는 밤이 이어지고 며칠간의 스트레스가 쌓인 후, 나는 한계에 도달했다. 다행히도 나 혼자가 아니었고, 침대 옆에는 위로를 해주는 아내가 있었다. 그녀도 나에게 의지할 수 있게 될 때, 그것이 바로 좋은 관계다.

스트레스로 가득 찬 상황에서는 당신이 원하는 부모나 파트너가 되기 어려울 수 있다. 이는 스트레스 호르몬의 영향으로 발생하는 뇌

연결 본능

활동의 변화와 관련이 있다. 따라서 행동에 대한 인지적 통제가 어려워진다. 스트레스가 많을 때는 억제, 즉 원하는 것을 하지 않는 기술이 훨씬 어려워진다. 또한 사회적 스트레스를 받으면 스트레스 호르몬인 아드레날린과 코르티솔뿐만 아니라 테스토스테론 수준도 상승한다. 이 테스토스테론 증가는 감정 통제를 어렵게 만든다.[7] 따라서 우리는 민감하고 감정적으로 행동하게 된다. 어린아이를 키우는 것은 본질적으로 스트레스가 많이 발생하는 활동이다. 특히 첫째 아이일 때는 제어 부족과 예측할 수 없는 것 두 가지 요소가 가정생활에 내재되어 있기 때문에 더욱 심한 스트레스에 시달린다. 아기 울음소리는 스트레스 시스템에 대한 보편적인 시발점이다. 울음소리로 인해 호르몬 수치가 즉시 상승하여 사람들이 빠르게 대응한다. 스트레스 시스템을 활성화시키면 아이를 보호하거나 돕는 데 도움이 될 수 있다. 이는 부모뿐만 아니라 모든 사람에게 해당한다. 그래서 현재 대부분의 항공사는 비행기 좌석 선택 시 2세 미만 아이가 앉는 좌석을 보여주는 기호를 제공한다. 대부분의 여행자들은 그곳을 피하고 싶어서 추가 요금을 낼 의향이 있다. 울음소리가 대응을 요구하기 때문에 그로 인한 스트레스 반응은 유용하지만, 이 유용함은 실제로 도움을 줄 수 있고, 도움을 줄 의사가 있는 사람에게만 적용된다. 비록 다들 자다 깬 아기가 울 때, 다시 잠들길 기대하며 달래지 않고 놔둬야 한다고 좋은 마음으로 조언해주기는 하지만, 그 조언을 따르기엔 너무나 고통스럽다. 내 몸은 어서 움직여 아이에게 가라고 신호를 보내기 때문이다.

울음에 반응하는 것이 진화적으로 내재되어 있기에, 이를 무시하는 것은 많은 인지적 통제를 요구한다. 하지만 과거의 부모들은 '울음은 폐에 좋으니' 죄책감을 덜라는 이야기를 들어왔다. 하지만 이건 자위를 하면 척수병에 걸린다는 이야기만큼이나 과학적으로 말도 안 되는 이야기다.

막내딸은 우리와 같은 침대에서 잤고 필요할 때마다 모유를 먹었는데, 이는 가족 모두가 느끼는 스트레스를 줄여주었고 우리가 원하는 방식으로 양육하는 부모가 될 수 있도록 도와줬다. 하지만 아이의 사랑스러움과 상관없이, 좁은 침대에서 아이의 발에 얼굴을 차여 잠에서 깨는 경험이 계속되다 보면 그 누구도 이상적인 부모가 될 수 없을 것이다. 이건 스트레스의 대가이다. 스트레스는 빠르게 대응하게 만들어주지만, 그렇다고 해서 아이나 배우자에게 더 공감하거나 민감하게 대하지는 못하게 한다. 이것은 또한 나와 함께 연구를 진행했던 네이메헌 라드바우드대학교의 카롤리나 드 웨르스 교수가 수행한 연구 결과가 전하는 메세지다.[8] 그 연구에는 임신 중에 실험실에 와서 아이 인형을 15분 동안 돌보라는 임무를 받은 부모들이 참여했다. 아쉽게도 부모들에게는 인형이 반응하지 않고 주로 울기만 하는 실험이었지만, 스트레스 호르몬을 자극하는 좋은 방법이었다. 부모가 인형에 얼마나 민감하고 협조적인지 관찰할 수 있도록 부모의 행동도 촬영되었다. 결과적으로 코르티솔과 테스토스테론 수치가 높을수록 아버지들은 인형에 덜 민감하게 반응했다. 그뿐만 아니라, 진짜 아이가 태어난 후 집에서 녹화가 이루어졌을 때도 같은 관계가 관찰되었다.

심지어 더 높은 코르티솔과 테스토스테론 수치를 가지고 인형을 돌보는 아버지들은 몇 달 후 실제 자신의 자녀를 돌볼 때, 덜 민감하게 반응했다. 반면 어머니들의 경우 호르몬과 민감성 사이에는 연관성이 발견되지 않았다. 이는 임신 중 호르몬 수준이 이미 매우 높아 자녀를 돌보는 동안 변화가 적었기 때문일 수 있다. 두 번째 측정에서 대부분의 어머니는 모유 수유를 하고 있었고, 이는 스트레스 호르몬을 낮추는 역할을 했을 가능성이 있다. 후속 연구는 아버지와 어머니 사이의 차이가 어디에서 오는지를 밝혀야 할 것이다. 남성과 여성의 스트레스 시스템에서의 근본적인 차이가 이와 관련이 있을 가능성이 있다.[9]

스트레스는 부모와 자녀 간의 관계뿐만 아니라 성인 간의 관계에도 영향을 미친다. 이는 스트레스가 공감에 영향을 미치기 때문이다. 공감은 매우 넓은 개념이기 때문에 아직 그 영향은 명확하지 않다. 스트레스가 공감을 강화하거나 약화하는지는 공감이 어떻게 정의되는지에 따라 달라진다. 또한 연구에 따르면 스트레스의 정도가 결정적이다. 사람과 쥐 모두에서 수행된 연구에 따르면, 파트너나 친구들이 낯선 사람들보다 타인의 고통에 더 공감하는 것으로 나타났다.

하지만 스트레스 시스템이 억제될 때 이 차이는 줄어들고, 사람들은 낯선 사람들에게도 더 공감하는 것처럼 보인다.[10] 스트레스 시스템의 억제가 공감으로 인한 스트레스를 감소시켜, 그 결과 다른 사람에게 더 쉽게 공감하게 만드는 것일 수 있다.

다른 연구에서는 반대로, 스트레스를 받은 남성이 다른 사람들이 감정적인 상황에 처해 있는 사진을 더 강렬하게 평가하고, 심지어 위기에 처한 사람들을 더 빨리 돕는 것으로 나타났다.[11] 이것은 스트레스가 충분히 심할 경우 증가하는 감정 반응성의 결과일 수 있다. 충동적으로 다른 사람을 돕게 되는데, 이는 자신에게 손해가 될지라도 마찬가지다. 물론 충동적 행동이 반드시 나쁜 것은 아니다. 루트허 브레그만Rutger Bregman(1988)이 그의 책《대부분의 사람은 착하다 De meeste mensen deugen》에서 충분히 예를 들어 설명했다. 아기가 위기에 처한 경우처럼 긴급하게 행동이 필요한 상황에서, 스트레스가 어른들 사이에서도 유용한 행동을 이끌어낼 수 있다. 하지만 장기적으로 지속 가능하지는 않다. 앞서 언급한 의사들의 예에서 보듯, 적절한 도움을 제공하기 위해서는 감정 반응을 어느 정도 통제할 수 있는 통제력과 공감이 결합되어야 한다. 하지만 스트레스를 받을 때 바로 이 감정 조절이 실패한다.

스트레스가 공감에 영향을 미칠 수 있을 뿐만 아니라, 우리는 다른 사람의 스트레스에 대해서도 공감한다. 우리는 함께 고통을 느끼지만, 함께 스트레스를 받기도 한다. 이것이 바로 누군가가 목에 빨간 반점이 생기고 숨을 헐떡이며 흔들리는 포인터로 슬라이드를 넘기는 발표를 보는 것이 그렇게 드라마틱한 이유다. 그것은 직접 발표하는 것만큼이나, 아니면 그보다 더 스트레스가 될 수 있다. 이는 가족 내에서도 마찬가지로 작용한다. 파트너들은 서로의 스트레스를 공유할 수 있고, 부모가 스트레스에 시달리며 집안을 돌아다니는 모습을 보는 아이들은 스트레스 호르몬과 심박수의 증가를 경험한다.[12] 스트레스는 전염성이 있으며, 이 때문에 가족 내 역학이 매우 중요하다. 공동 조절은 이 경우 중요한 용어인데, 이는 다른 사람의 도움으로 스스로 다시 균형을 되찾는 것을 의미한다. 아이를 진정시키기 위해 차분함을 유지하는 아버지나 어머니, 그리고 밤중에 상황을 악화시키지 않기 위해 침착함을 유지하며 상대방이 스트레스로부터 회복할 기회를 주는 파트너가 그 예이다. 이처럼 서로를 위해 스스로에게 제공하지 못하는 완충 역할을 해줄 수 있다. 파트너와 가족 구성원들은 때로 서로에게 스트레스의 원인이 될 수 있지만, 동시에 스트레스를 완화해주는 존재가 될 수도 있다.

연구에서 스트레스를 유발하는 고전적인 방법은 실험 대상자에게 발표를 시키는 것이다. 거의 모든 사람이 발표를 앞두고 어느 정도의 스트레스를 느낀다. 더욱 불쾌한 것은 심리학자들이 발표 주제를 몇 분 전에만 알려주고, 이어서 어려운 수학 문제가 따라온다는 것이다. 청중은 세 명으로 구성되어 있으며, 발표자와 마주 앉아 있고,

이야기에 특별히 열정적이지 않도록, 오히려 무덤덤하게 있거나 한숨을 쉬며 눈길을 돌리도록 지시받는다. 마치 그것만으로도 충분치 않은 것처럼 발표자를 향해 카메라와 마이크가 설치되어 있다. 이런 실험은 트리어 사회적 스트레스 테스트Trier social stress test, TSST로 알려져 있다. 이 절차가 아드레날린과 코르티솔 같은 스트레스 호르몬의 증가를 유발한다는 것은 놀랄 일이 아니다. 하지만 고통은 완화될 수 있다. 예를 들어 옥시토신을 코 스프레이를 통해 투여하는 것처럼 말이다. 특히 발표 준비 중, 내게 익숙한 사람의 참여로 정서적 지지를 받는 것이 불안을 줄이고 호르몬 스트레스 반응을 낮추는 데 도움을 준다.[13]

파트너의 지원은 고통의 정도를 줄일 수 있다. 여러 연구에서 파트너의 손을 잡거나, 사랑하는 사람의 사진을 보는 것만으로도 고통을 완화하고 뇌의 경보 시스템 활성화를 줄일 수 있음이 밝혀졌다.[14] 이는 옥시토신과 엔도르핀의 활성화를 통해 가능하다. 나는 이미 파트너 간의 다툼을 가라앉힐 수 있는 옥시토신에 대한 연구를 언급했다. 그 연구에서는 커플들이 연구실에서 자신들의 관계 내 어려운 주제에 대해 토론해야 했다.

옥시토신을 투여받은 사람들은 서로에게 적대심을 덜 느꼈으며 위약僞藥 코 스프레이를 받은 사람들에 비해 코르티솔 수치도 낮았다.[15] 이러한 연구들은 우리는 성인이 되어서도 웰빙을 위해 다른 사람들에게 의존하고 있는지를 보여주는 훌륭한 연구들이다. 어느 정도 이해는 간다. 우리는 어릴 때 부모에게 신체적으로 의존했고, 그 것을 가능하게 하는 신경생물학적 시스템은 나이가 들어도 바로 사라지지 않는다. 대신, 공동 조절에 덜 의존할 수는 있다. 왜냐하면 자기 조절을 조금 더 잘하게 되기 때문이다. 생후 이틀 된 아기가 엄마와 함께 자면, 울지 않는 아기라도 따로 자는 아기보다 물리적으로 훨씬 덜 스트레스를 받는다.[16] 8살 된 아이들의 경우, 간단한 어깨 두드림만으로도 타인에 대한 두려움이 줄어들 수 있다.[17] 그러나 부모의 지원에는 한계가 있다. 사춘기를 겪은 사람이라면 누구나 알고 있다. 어린이와 사춘기 아이들이 참여한 (조금 덜 심한 버전의) TSST를 거친 재미있는 연구가 이를 확인해 준다. 9세와 10세 아이들의 경우 부모의 존재만으로 코르티솔 상승이 거의 사라졌다. 반면, 15세와 16세 청소년들에게는 부모의 존재가 아무런 영향을 미치지 않았다.[18] 엄마, 저리가!

자기중심적인 청소년뿐만 아니라 그들의 부모, 또는 아이가 없는 연인들도 주변 사람들과의 관계로 많은 스트레스를 받을 수 있다. 그러나 동시에 그런 관계들은 스트레스와 고통을 완화하는 가치를 지닌다. 코로나바이러스에 따른 조치들은 이 두 가지 측면을 모두 부각시켰다. 가정이나 커플들 사이에서 이미 긴장과 스트레스가 특징이었다면, 부득이한 봉쇄는 상황을 개선시키지 못했을 것이다.

봉쇄 기간 동안 전문가들은 가정 폭력의 증가에 대한 우려를 표현했고, 어린이 전화 상담 서비스는 분주했다.[19] 동시에, 혼자에서 오는 외로움도 증가했다. 독신자들은 벽에 갇혀있는 느낌을 받았다. 더욱 비극적인 것은 면회가 금지된 탓에 노인들이 혼자 방에서 사망해가는 요양원의 상황이었다. '치료가 병보다 더 나쁜가?'라는 질문을 나 역시 하게 되었다. 혼자 사는 나의 89세 할머니가 점점 더 우울감을 느끼는 것을 보았다. 봉쇄로 인한 사회에서 격리된 시간이 길어질수록, 이는 점점 더 확실해졌다. 하지만 과연 얼마나 버틸 수 있을까? 모든 사람과 가족은 자신만의 한계점을 가지고 있다. 스트레스가 지속되고 희망적인 전망이 없으면 결국에는 고든 램지와 같은 사람조차도 무너진다.

현대적인 용어로 이러한 상황을 번아웃이나 우울증이라고 부른다. 이 둘의 구별은 어렵다. 직업적으로 바빠야만 이러한 상태에 이르는 것은 아니다. 바쁜 가정도 마찬가지로 번아웃을 유발할 수 있으며, 과학자들도 이에 동의한다. 이를 '부모 번아웃parental burnout'이라고 하며, 상당수의 네덜란드 부모들이 이로 인해 고통받고 있다.[20] 육아가 지치는 일이라는 것은 그들에게 설명할 필요가 없다. 자녀가 없는 동료들은 휴가 동안 일에서의 스트레스에서 회복하는 반면, 어린 자녀를 둔 부모들은 아이들이 학교로 돌아가고 자신들이 일로 다시 돌아갈 첫날을 고대한다. 자녀가 없는 나의 좋은 친구 중 한 명은 내게 말했다. "자녀와 함께하는 삶은 끔찍해 보이지만, 자녀가 없는 삶은 그보다 훨씬 더 나쁘다고 생각해."

연결 본능

나가!

코로나 위기의 첫 몇 주 동안 집에서 극심한 압박에 시달린 후, 나는 결국 일을 포기한 채 가족을 선택했다. 소득을 유지하면서 그런 선택을 할 수 있었던 것은 내가 감사하게 여기는 특권이다.(저자는 대학 교수이기 때문에 이런 선택이 가능했을 것이다. 네덜란드의 대학은 업무의 유동성이 보장되기 때문이다.-옮긴이) 많은 사람이 그런 사치를 누릴 수는 없다. 수백만 명의 사람들이 갑자기 일자리를 잃게 되었고, 모든 선택은 그들을 대신해 강제로 이루어졌다. 또 다른 사람들은 소득을 얻어야 하는 탓에 어쩔 수 없이 일터로 가야 했다. 미국과 같은 나라들에서는 제한적인 사회 복지 시설로 인해 재앙의 규모를 가늠하기 어려웠고, 남미, 아시아, 아프리카, 남유럽의 일부 지역은 말할 것도 없었다. 네덜란드에서도 많은 이들이 크게 타격을 받았다. 이 이야기의 씁쓸한 점은 이러한 위기가 원래도 불리한 위치에 있던 집단을 더욱 불균등하게 크게 타격한다는 것이다. 이것이 바로 사회경제적 계층에 관한 주제로 이어진다.

위기의 결과처럼 스트레스도 사회에서 불균등하게 분포되어 있으며, 특히 저소득층이 가장 크게 타격을 받는다. 이로 인해 주로 건강 상태가 더 나빠지고, 스트레스 관련 질환인 심혈관 질환, 위장 질환, 정신 건강 문제 등으로 나타난다. 낮은 소득은 이러한 질환의 직접적인 예측 요인이다.[21] 코로나바이러스 역시 저소득층에서 가장 많은 희생자를 낳았으며, 특히 빈곤이 비만과 강하게 연관된 나라에서는 그랬다. 또한 비만은 코로나바이러스 감염의 나쁜 결과를 초래할 수 있는 주요 위험 요인으로 작용한다.

낮은 사회경제적 계층에서 성장하는 것이 건강에 해로울 수 있는 이유는 많다. 예를 들어 덜 건강한 생활 스타일, 더 힘든 직업, 그리고 환경 내 위험 요소에 더 많이 노출되는 것 등이다.

연구에 따르면 특히 주관적인 사회경제적 계급이 건강 문제의 위험 요소가 된다. 따라서 실제로 가난한 것이 문제가 아니라, 자신이 주변 사람들보다 못한 것처럼 느끼는 것이 문제다. 수단이 적은 사람들은 종종 불확실성의 스트레스, 지불할 수 없는 청구서, 불안정한 소득을 경험하며, 다른 사람이 할 수 있는 것을 자신은 할 수 없다는 심리적 스트레스도 겪는다. 로버트 새폴스키는 그의 스트레스 호르몬과 개코원숭이의 사회계층에 관한 연구를 통해 사회계층 하위에 있는 동물들이 실제로 더 높은 코르티솔 수치를 가지고 있음을 발견했다.[22] 앞서 언급했듯이, 스트레스를 유발하는 중요한 요소 중 하나는 통제력의 부족이다. 자신의 삶을 통제하는 것은 특권적인 위치에서 더 쉽게 이루어질 수 있다. 일을 하지 않기로 스스로 결정하는 것과 상사가 다시 오지 말라고 말하는 것은 전혀 다른 경험이다.

따라서 사회에서 다른 사람들보다 특권이 덜 하다는 자체가 스트레스다. 이 스트레스는 특권을 덜 가진 가정 내에서도 나타나며, 이는 관계의 질에 압박을 가할 수 있다. 반면에, 가정 내에서 좋은 상호 관계는 가족들이 겪는 스트레스에 맞서 싸우는 데 중요한 요소다. 사회경제적으로 취약한 가정의 아이들을 향한 양육이 더 엄격하고, 폭력에 노출되는 빈도가 잦으며, 사회적 지지를 덜 받는 것은 우연이 아니다.[23] 이는 부정적인 순환으로, 스트레스가 스트레스를 함께 조절할 수 있는 예방적 요소들을 제거한다. 로테르담 남부에서 근무하는 가정의 미셸 판 통어로Michelle van Tongerloo는 '양육 빈곤'에 매일 직면하며, 〈드 코레스폰던트〉에 실은 칼럼에서 그녀의 우려를 표현했다. "때로는 어디서부터 시작해야 할지 모르겠어요. 이 악순환에서 무력감을 느낍니다. 여기서는 취약한 아이들이 취약한 부모가 되어, 다시 취약한 아이들을 만들어내죠."[24]

램지는 마음에 들지 않는 부하 직원들에게 "나가!"라고 반복해서 외친다. 다행히 모든 주방에는 출구가 있다. 하지만 낮은 사회경제적 계급에서 벗어나기는 훨씬 더 어렵다. 사회적 이동성은 아름다운 개념이지만 모든 사람에게 해당하는 것은 아니다. 가정 내 스트레스를 줄이려면, 그 가정의 경제적 위치를 개선하는 것이 중요하다. 더 나은 재정적 위치에서 사람들은 자신의 삶에 대한 통제력이 커진다고 느낀다. 이는 또한 미래에 대한 전망을 위한 필수적인 구성 요소인 예측 가능성을 증가시킬 수 있다. 이것이 바로 루트허 브레그만과 같은 옹호자들이 기본소득을 강력히 주장하는 이유 중 하나다. 만약 그것이 사회 내에서 더 많은 평등을 촉진한다면, 주관적인 사회경제적 계급의 부정적인 결과를 줄이는 데 분명히 도움이 될 것이다. 하지만 갈등 없이 이루어지지는 않을 것이다. 그럼에도 불구하고 필요한 싸움이다. 사회경제적 사다리의 상단에 있는 사람들은 자신들의 위치를 기꺼이 포기하고 싶어 하지 않을 것이다. 프란스 드 발은 그의 저서 《마마의 마지막 포옹》에서 영장류가 지배적 위치에 얼마나 집착하는지에 대해 설명하며, "권력의 자리에 있는 사람을 제거하는 것이 아기의 애착 인형을 빼앗는 것과 같은 반응을 유발한다는 것은 이러한 경향이 얼마나 깊이 뿌리박혀 있는지를 증명한다"고 썼다.[25] 사회경제적 계급의 차이를 줄이는 것은 자발적으로 쉽게 달성할 수 없는 고귀한 노력이다. 사회에서 더 공정한 분배를 위해 어떤 특권을 포기하고 싶은지 묻는 것은 쉽지만, 그에 대한 대답은 어렵다.

예방 또는 치료

우리의 삶은 스트레스로부터 자유로울 수 없다. 이는 세상에서 가장 이상적인 장소와 시간에도 마찬가지이며, 오히려 바람직하지 않은 것일 수 있다. 스트레스는 실제로 우리가 살아 있음을 느끼게 하지만, 스트레스 시스템이 지속적으로 활성화되면 부정적인 결과를 초래할 수 있다. 이것이 지속될 경우, 결국 치료가 선택이 아닌 필수가 된다. 이는 스트레스가 특히 어린 나이에 경험될 때 신체에 깊이 자

연결 본능

리 잡기 때문이다. 이 주제는 다음 장에서 더 자세히 다루도록 하겠다. 다행히도, 효과적인 조치를 통해 많은 스트레스를 예방할 수 있다. 여기서 강조하고자 하는 조치는 새로운 부모와 갓 태어난 아기 사이의 관계 형성이다.

나는 세 자녀를 낳았을 때 아이 하나당 이틀씩, 총 6일만 휴가를 낼 수 있었다. 마치 아이가 태어나면 방에 새 벽지를 바르고 아이 보호 울타리만 설치하고 바로 출근하라는 것처럼 말이다. 네덜란드 정부는 이제 이 휴가 일수가 부족하다는 것을 인식하고 있다. 남성은 일터로 바로 돌아가야 하고, 그로 인해 여성은 더 오랫동안 집에 머물러야 하며, 이는 여성이 경력 사다리에서 뒤처지게 만든다. 무엇보다 출산은 막대한 스트레스를 가져올 수 있는데, 아빠가 단 이틀만 집에 있어서는 큰 도움이 되지 못한다. 겨우 첫 충격을 가라앉히기에 충분한 정도일 뿐이다. 현재 네덜란드의 많은 고용주는 나처럼 이해심이 많아 부모가 몇 주간 휴가를 쓸 수 있도록 하고 있지만, 이는 보장된 것은 아니다. 그렇기에 2020년에 파트너의 출산 휴가는 이틀에서 일주일로, 그 후에는 5주로 확대되었다.

확실히, 네덜란드에서의 휴가 확장 정책은 젊은 부모들에게 안도감을 제공하고, 번아웃을 예방하는 데 도움이 될 것이다. 부모들은 이 시간을 이용해 서로를 지원하고 안정을 찾는다. 또한 모든 엄마가 출산 후 기간을 즐겁게 경험하는 것은 아니기 때문에, 특히 그럴 때 파트너의 지원이 더욱 중요하다. 아버지들 역시 이 시간 동안 어려움을 겪을 수 있으며, 산후 우울증은 엄마뿐만 아니라 아빠에게도 영향을 미칠 수 있다. 열 명의 남성 중 한 명꼴로 이 문제로 고통받는다는 사실은 이는 단순히 개인의 문제가 아니라 가족 구성원 모두에게 영향을 준다는 것을 의미한다.[26]

부모가 집에 있는 동안 아기와 더 많이 교감하고 보호자로서의 경험을 쌓을 수 있는 것은 큰 이점이다. 특히 기저귀를 한 번도 갈아본 적 없는 아버지들에게는 더욱 그렇다. 또한, 아버지에게 긴 휴가를 줌으로써 아이와의 관계뿐만 아니라 부모 간의 관계도 강화될 수 있다. 예를 들어 아이슬란드에서는 이미 20년도 전에 아버지에게 출산 후 한 달이 연장된 추가 휴가를 제공했다.[27] 그러자 그렇지 않은 경우보다 이혼율이 낮아졌으며, 이 효과는 아이들이 15살이 된 지금까지도 지속되고 있다. 이는 좋은 시작이 오랜 기간 동안 긍정적인 영향을 미칠 수 있음을 보여준다.

그러나 네덜란드에서의 휴가 확장과 관련해 한 가지 문제점이 있다. 이 기간 동안 파트너는 급여의 70퍼센트만을 받게 되는데, 이는 충분한 수입이 있는 가정에서는 큰 문제가 되지 않는다. 그러나 평균적인 수입으로 생활하는 가정, 특히 경제적으로 더 어려운 상황에 처한 저소득층 가정에는 큰 부담이 될 수 있다. 이로 인해 저소득층 가정은 이러한 혜택을 충분히 활용하지 못할 가능성이 있다. 이 문제를 해결하기 위해서는 추가적인 정책 개선이 필요할 수 있다. 사회적 격차가 심화될 수 있는 위험성을 고려해야 하기 때문이다.

2020년, 주로 젊은 여성으로 구성된 핀란드 정부는 산모 배우자의 휴가를 출산 휴가와 동등한 기간인 7개월로 조정할 계획을 발표했다.[28] 이러한 조치는 네덜란드의 현재 제도와 비교할 때 더 진보적으로 보이며, 부모들이 16주의 임신·출산 휴가와 파트너를 위한 5주 휴가에 만족해야 하는 상황과 대비된다. 이러한 변화는 과도한 스트레스로 얻게 되는 부정적 결과를 방지하고, 더 많은 부모가 자녀에게 좋은 시작을 제공할 수 있기를 기대한다.

그러나 스트레스를 줄인다고 해서 이상적인 돌봄이 보장되는 것은 아니다. 가장 이상적인 상황에서도 개인의 행동 방식에는 큰 차이가 있으며, 이는 애정 어린 모습에서부터 자기중심적인 나르시시즘에 이르기까지 다양할 수 있다. 9장에서는 돌봄 행동의 스펙트럼을 살펴보고, 이러한 변화의 원인을 탐구하려고 한다. 또한, 스트레스가 이러한 변화에 어떻게 기여하는지, 특히 학대와 방치로 인한 초기 생활의 스트레스가 어떤 영향을 미치는지에 대해 좀 더 자세히 논의할 것이다. 이는 즐거운 주제는 아니지만 매우 중요한 문제다.

8

나쁜 시작의 긴 그림자

The Science of Connection

> 나에게는 야망과 공감으로 가득 찬 여신 같은 아내가 있어요.
> 그리고 너무나도 사랑과 기쁨으로 가득 차, 만나는 모든 사람
> 에게 입을 맞추며 세상 모든 이가 선하고 자신을 해치지 않을
> 거라 믿는, 과거의 저를 떠올리게 하는 딸이 있어요.
>
> _커트 코베인[1]

밴드 너바나의 프론트맨인 커트 코베인은 1994년, 27살의 나이로 스스로 목숨을 끊으며 젊은 나이에 세상을 떠난 아티스트를 가리키는 신화적인 '27 클럽27 club'의 일원이 됐다. 위의 인용구는 그의 유서에서 발췌한 것으로, 깊은 우울증과 죄책감, 수치심, 두려움에 대한 통찰을 드러낸다. 그의 죽음은 NOS 뉴스에서 그가 머리에 총을 쏜 집안 내 헛간의 이미지와 함께 애도하는 팬들의 모습과 크게 보

도되었다.

　커트 코베인은 예술적으로도 상업적으로도 성공했음에도 불행한 삶을 살았다. 하지만 부모님의 결함 있는 결혼, 재정 문제, 그리고 폭력을 행사하던 지배적이고 엄격한 아버지가 있었음에도 행복한 유년기를 보냈다고 말했다. 아홉 살에 그의 부모가 이혼하면서 아버지와 어머니와의 관계가 악화되었다. 그는 다른 가족 구성원들과 함께 살면서 점점 더 많은 정신적 문제와 신체적 증상을 겪었고, 그로 인해 점점 더 많은 약을 처방받았다. 그는 그 약들이 더 많은 해를 끼쳤다고 스스로 판단했다. 커트 코베인은 짧지만 우울증, 고통, 불안, 전설적인 음악, 그리고 빈번한 마약 사용으로 가득 찬 삶을 살다가, 어린 시절의 상상 속 친구에게 쓴 작별 편지를 남기고 이 세상을 떠났다.

안정적이고 따뜻한 가정에서 자랐다면 그의 인생이 어떻게 달라졌을지 알 수 없다. 과학적으로 탐구하긴 어려운 주제이다. 이상적인 상황이라면, 무작위 대조 시험Randomized Controlled Trial을 실시해 실험군과 대조군을 비교해야만 할 것이다. 그러나 인간에게는 윤리적으로 허용되지 않기 때문에 연구자들은 자연 실험에 의존하게 된다. 이는 이미 발생하고 있는 비윤리적인 상황을 활용하여 연구 질문에 답하는 방법을 말한다. 예를 들어, 니콜라에 차우셰스쿠Nicolae Ceauşescu(1918~1989) 같은 독재자가 진행한 실험이나, 수십만 명의 아이들이 영아원에서 고통받은 사례, 또는 지니Genie처럼 극단적으로 제한된 환경에서 자란 개인을 연구한 경우가 있다.

1970년, 지니(가명)는 시각 장애가 있는 어머니와 함께 복지 사무실을 잘못 찾아갔고, 이는 결국 그녀의 사례가 주목받게 된 계기가 되었다. 지니는 당시 13살이었지만, 의료진이 그녀의 나이를 그 절반으로 추정할 정도로 발달이 지연돼 있었다. 처음에는 자폐증으로 진단될 가능성이 있었으나, 곧 그녀가 심각한 방치의 피해자 중 하나라는 사실이 밝혀졌다. 지니는 두 살이 되기 직전 아버지에 의해 작은 침실에 갇혀, 낮에는 어린이용 화장실에 묶이고 밤에는 철망으로 덮인 유아용 침대에 묶여 10년을 보냈다. 아버지에게 학대받던 다른 형제와 아비지가 그녀에게 유동식을 주기 위해 잠깐 들를 때 빼고는 그녀는 늘 혼자였다. 그녀는 소리를 낼 수 없었다. 소리를 낸다면 아버지에게 판자로 맞거나 질책을 받았다. 아버지는 지니와 전혀 소통하지 않았다. 그녀가 그 모든 상황을 견뎌낸 것은 기적에 가깝지만 저주와도 같은 일이었다. 그녀의 어머니 역시 학대를 받고 있었으며 거의 실명 상태였지만, 1970년 11월 4일에는 지니를 밖으로 데려올 수 있었다.

구출된 이후, 지니는 처음 몇 년 동안 연구자들의 큰 관심을 받았다. 그들은 그토록 오랜 시간 동안 이어진 격리 이후에 그녀의 언어학습 능력이 얼마나 남아 있는지 탐구할 기회를 가졌다. 당시 심리학자들은 언어와 인지 과정 같은 분야에 많은 연구 시간을 할애했다. 하지만 시간이 지나면서 관심은 점차 사라졌고, 지니는 이후 수년간 고아원과 보건 시설에서 생활하며 점차 잊혀졌다.[2] 현재 그녀의 상황에 대해서는 잘 알려져 있지 않지만, 그녀를 만난 연구자들에 따르면 지니는 결코 충분한 사회적 기술을 익히지 못했다. 이미 발생한 피해가 너무나도 컸기 때문이다.

마음의 상처

1980년대 루마니아에서 발생한 사건은 자연 실험이라고 부를 수도 있겠지만, 재해와도 같았다. 당시 나라의 소수 부유층이었던 독재자 차우셰스쿠는 국가를 극빈 상태로 몰아넣었다. 나의 할머니 할아버지가 1990년대에 루마니아의 새로운 고아원 건설을 돕기 위해 방문했던 적이 있었는데, 당시 차우셰스쿠의 궁전을 방문하고 그곳에 단하나뿐인 화장실이 금으로 만들어져 있다는 이야기를 해준 적이 있다. 차우셰스쿠의 몰락 후에 이곳은 관광지가 돼 일반인도 입장이 가능해졌다. 차우셰스쿠의 정책 중 하나는 낙태와 피임 금지였고, 이로 인해 출산율이 급증했다. 대다수의 가정이 아이들을 키울 재정적 여력이 없어, 수천 명의 아이가 국가 운영의 고아원에 맡겨졌다. 이 고아원들은 필요한 자원이 부족한 상태에서 운영되어야 했고, 특히 장애를 가진 아동들을 위한 고아원의 상황은 더욱 심각했다. 약품이나 깨끗한 물이 없었고, 충분한 음식도 공급되지 않았다. 학대, 성적 학대, 방치는 일상이었다. 아이들은 대부분 옷을 거의 입지 못하고 바닥에 배설했으며, 아기들은 한 침대에 네 명씩 놓여 대부분 방치당했다.

1990년에 루마니아 고아원을 방문한 최초의 외국인 중 한 명인 영국 교사 모니카 맥데이드는 지하실에 들어서면서 충격적인 광경을 목격했다. 몇 년 동안 자연광을 보지 못한 아이들이 거기 있었다. 그녀는 그들이 처음으로 밖에 나왔을 때를 묘사하며 대부분의 아이들이 벽에 매달리며 태양빛을 막기 위해 손으로 눈을 가렸다고 말했다.[3]

지니의 이야기만큼이나 가슴 아픈 것이 수천 명의 지니들의 이야기다. 이 사건들은 인간으로서 겪을 수 있는 극한의 환경과 그로 인한 깊은 정신적, 육체적 피해를 생생하게 보여준다.

1990년대 초, 루마니아 아동들의 비참한 상황이 전 세계에 알려지면서 대규모 입양 프로그램이 시작되었다. 많은 아동이 부모의 희망을 안고 임시로 고아원에 맡겨졌으나, 부모들은 자신들의 자녀가 겪게 될 열악한 환경을 상상조차 하지 못했다. 현재, 입양이 최선의 해결책인지 여부는 여전히 논란의 여지가 있지만, 이 아동들이 영국, 미국, 캐나다와 같은 국가에서 새롭게 삶을 시작하게 되면서, 그들의 경험이 미친 영향을 연구하는 데 큰 도움이 되었다. 이 연구들은 방치와 학대가 아동의 뇌, 호르몬 시스템, 행동에 미치는 영향에 대해 많은 정보를 제공했으며,[4] 이는 고통 속에서도 얻은 소중한 교훈이었다.

어린 나이에 아동의 뇌는 매우 유연하지만, 일부 경험들은 영구적인 손상을 일으킬 수 있다. 이러한 손상은 아동이 장기간 방치를 겪었을 때 더 크게 나타나며, 단 6개월의 경험만으로도 충분할 수 있다. 심지어 사랑이 넘치는 가정으로 입양된 이후에도 마찬가지다. 뇌에 영구적인 변화를 일으키는 주된 두 가지 원인이 있다. 첫 번째는 아동 발달에 필요한 자극의 결핍이다. 자극이 필요한 결정적인 시기가 있어서, 이 시기에 아동이 배울 수 있는 것들이 있다. 예를 들어, 어린 나이에는 자연스럽게 언어를 습득하지만, 이후에는 학습이 훨씬 더 어려워진다. 지니의 사례가 이를 잘 보여준다. 두 번째 원인은 스트레스에 장기간 시달린 탓에 물리적 손상을 입은 것이다. 스트레스로 인해 발생하는 코르티솔과 같은 호르몬은 부신에서 생성되어 혈액-뇌 장벽을 쉽게 통과하며 뇌의 다양한 부위에 있는 수용체에 영향을 미치고, 이는 뇌 스캔에서 확인할 수 있는 흉터로 남는다. 이러한 연구는 방치와 스트레스가 어린이의 발달에 미치는 깊은 영향을 이해하는 데 중요한 기여를 하고 있다.

대부분의 코르티솔은 해마에서 발견되는데, 이 부위는 기억을 형성하는 데 매우 중요하다. 동물 연구에 따르면, 높은 코르티솔 수치가 오랫동안 지속되면 해마에서 새로운 뇌세포의 생성을 억제하고 건강한 뇌세포를 손상시킬 수 있다. 장기간 스트레스를 받은 경우 해마가 수축할 수 있으며, 이는 특히 유년기에 학대나 방치를 받은 성인에서 자주 관찰된다.[5] 스트레스는 또한 편도체, 전전두엽, 그리고 스트리아툼과 같이 위험과 위협을 인식하고 보상에 대한 반응 및 감정을 조절하는 데 중요한 역할을 하는 뇌의 다른 영역들에도 영향을 미친다. 스트레스가 많은 유년기를 보낸 아이들의 뇌는 종종 크기가 더 작으며, 뇌 영역 간의 연결도 덜 발달되어 있다. 특히 남자아이들이 여자아이들보다 이러한 영향을 더 심각하게 받는다는 연구 결과도 있다.

이러한 비정상적인 뇌 발달은 행동과 인지 기능에 큰 영향을 미친다. 방치나 학대를 받은 아이들은 일반적으로 동년배 아이들과 다르게 행동하며, IQ 테스트에서 평균보다 낮은 점수를 받는 경우가 많다. 뇌의 보상 시스템이 덜 민감해진 것도 여러 번 입증되었는데, 이는 이러한 청소년들이 알코올이나 약물 남용의 위험이 훨씬 더 크다는 것을 의미한다. 그들은 일반적인 자극으로는 충분한 보상을 느끼지 못하며, 보다 강한 자극이 필요하다. 예를 들어, 어린 독일 소년이 고속도로에서 시속 140킬로미터로 차를 몰았던 일은 이러한 강한 자극을 필요로 하는 예가 될 수 있다. 또한, 이들은 처벌에도 덜 민감하게 반응하는 경향이 있다. 이러한 민감성의 감소는 그들이 위험한 행동을 하게 만드는 요인 중 하나다.[6]

며칠 후, 그 소년은 다시 고속도로에서 잡혔고, 이번에는 시속 180 킬로미터로 운전하고 있었다. 이런 행위는 손상된 전전두엽 피질과 이와 연결된 보상 및 경보 영역의 영향으로 위험 평가가 달라지고 충동적 반응을 억제하기 어려워진 결과일 수 있다. 이러한 뇌의 변화는 청소년과 성인이 더 위험한 행동을 할 가능성을 높이며, 늦게 경보가 울리기 때문에 위험을 제대로 인식하지 못하게 된다. 2017년 미국의 연구에 따르면, 많은 스트레스를 경험한 젊은 성인들은 처벌과 보상에 대한 신호를 다르게 처리하며, 이는 도박 실험에서 잘못된 결정을 내리는 경우가 더 많다고 한다.[7]

어린 시절의 스트레스는 행동의 결과에 대한 민감도를 감소시킬 뿐만 아니라, 경계성을 증가시키기도 한다. 이 영역에서 피해자들은 다른 사람들보다 더 민감할 수 있다. 불행히도, 이 증가한 감수성은 어린이와 성인이 실제로 위협이 없는 상황에서도 위협을 느끼게 만들 수 있다. 예를 들어, 선의의 어깨 두드림이 오만으로 해석되거나, 미소가 비웃음으로 받아들여질 수 있다. 이러한 환경 인식의 편향은 갈등의 가능성을 높일 수 있다.

발달심리학자들과 학대 및 방치의 결과를 연구하는 학자들은 종종 이러한 현상을 연속체로 설명한다. 그들은 개발 과정을 폭포에 비유하며, 시작점에 따라 물의 경로가 다르고, 각 단계에서 물이 다른 방향으로 흐를 수 있어 결과를 예측하기 어렵다고 말한다. 일반적으

연결 본능

로, 생애 초기의 스트레스는 뇌 발달을 방해하고 사회적 및 감정적 행동 문제를 초래할 수 있다. 이는 사회에도 큰 도전이 되며, 이해와 적절한 지원이 필요한 영역이다.

폭포처럼 계속되는 생애 초기의 스트레스 경험은 심리적 문제를 일으킬 가능성을 더 크게 만든다. 불안, 기분 장애, 외상 후 스트레스 장애, 조현병과 같은 심각한 정신 건강 문제들은 잘못된 시작으로 인해 그 위험이 상당히 높아진다. 이와 같은 유년기의 어려움이 비만, 심혈관 질환과 같은 뇌 외의 질환에도 영향을 미친다는 사실은 이전에도 언급되었다. 이런 맥락에서 생애 초기 경험이 나중에 발생할 문제들과 어떻게 연결되는지를 이해하는 것은 반드시 필요하다.

그럼에도 불구하고, 많은 연구자가 이러한 연관성을 완전히 인지하지 못했다. 생애 초기의 경험이 나중의 정신 건강 문제에 큰 영향을 미칠 수 있다는 이론은 연구에서 항상 고려되지는 않았다.[8] 이는 정보가 부족하거나 신뢰할 만한 데이터를 확보하기가 어려워서일 수 있다. 성인 환자의 유년기에 대한 정보는 종종 불확실하며, 환자 본인의 회상에 의존해야 할 때가 많다.

더욱이, 우울증과 같은 질병에서 해마의 역할에 대한 이해는 오래전부터 있었지만, 우울증 환자들이 일반적으로 해마가 더 작다는 사실이 우울증의 결과가 아니라 어려운 유년기의 결과일 수 있다는 사실이 밝혀졌다. 이는 우울증 환자들이 흔히 다른 사람들보다 더 어려운 유년기를 경험했을 가능성을 시사한다.

이러한 지속적인 스트레스의 영향은 호르몬 시스템, 특히 HPA 축에까지 미친다. 과도한 스트레스 호르몬은 뇌의 변화를 일으키는 것뿐만 아니라, 내부 스트레스 반응 시스템의 조절 방식도 변경시킨다. 이는 온도 조절기가 자체 활동을 억제하는 것과 유사한 방식으로, HPA 축이 자체를 억제하도록 설정된다.[9] 결론적으로, 나중에 발생할 수 있는 문제들을 이해하고 해결하기 위해서는 이러한 연속적인 경험을 전체적으로 파악하는 것이 필수다. 이는 특히 정신 건강 문제를 예방하고 치료하는 데 중요한 접근 방식이다.

이 시스템은 특정 범위 내에서 균형을 유지하도록 설계되었다. 그러나 어린 시절에 심각한 방치나 학대를 경험하게 되면, 이 온도 조절기는 다르게 조정되어 몸이 만성적인 스트레스에 효과적으로 대응하지 못하게 된다. 이러한 현상은 특히 해마에서 쉽게 관찰되는데 이는 코르티솔에 매우 민감하기 때문이다. 스트레스에 심하게 시달릴 때, 해마는 코르티솔에 대한 수용체를 더 많이 생성하여 더욱 민감해지고, 이는 HPA 축을 더 효과적으로 억제할 수 있도록 한다. 그러나 지속적이고 심각한 스트레스 상황에서는 오히려 코르티솔 수용체가 감소하는 현상이 나타난다. 이는 마치 해마가 스트레스에 대응하는 기능을 포기한 것과 같다. 이 시스템은 오랫동안 스트레스 상황을 견디려고 하지만, 이는 에너지를 많이 소모하는 일이며 오랜 시간 동안 유지하기 어렵다. 결국, 이 온도 조절기는 완전히 꺼지게 되고, 그 결과 심각한 방치나 학대를 받은 경우 종종 코르티솔 수치가 낮고 스트레스 반응이 느리게 나타나는 것을 볼 수 있다.

HPA 축뿐만 아니라 다른 호르몬 시스템들도 초기 경험에 민감하다. 예를 들어, 옥시토신 시스템은 특히 설치류를 대상으로 한 연구가 많다. 이런 연구에 따르면 가벼운 스트레스에 노출된 쥐의 새끼들은 뇌에서 옥시토신 수용체가 증가했으나, 방치된 쥐의 새끼들은 반대의 결과를 보였다. 옥시토신 수용체가 감소하며 옥시토신에 대한 민감도가 떨어진 것이다. 인간에 대한 연구는 아직 충분하지 않지만, 초기 연구들은 방치나 학대 후 옥시토신에 대한 민감도가 감소했다는 것을 보여준다. 엄격하게 양육된 참가자들은 안전하게 양육된 참가자들보다 옥시토신 코 스프레이를 투여받았을 때 반응이 덜 강하다는 결과를 나타내, 민감도 감소를 보여준다. 이러한 연구는 이려운 양육 환경이 개인의 호르몬 반응에 어떻게 영향을 미치는지 이해하는 데 중요한 통찰을 제공한다. 안정적으로 애착이 형성된 아이들은 그렇지 않은 아이들보다 혈중 옥시토신 수치가 높다.[10]

스트레스의 효과는 연구자들이 말하는 '역 U-곡선'을 따른다. 스트레스가 증가함에 따라 처음에는 신체 시스템의 활동이 증가하여 실험 대상이 더 빠르고 강하게 반응하게 되지만, 시스템이 스트레스에 대한 반응에서 최적의 기능을 발휘하는 지점에 도달하면 그 이후로는 스트레스가 증가함에 따라 시스템의 활동이 하향하고 더 평평해지는 것이다. 이는 초기 생애의 스트레스에도 적용되어, 약간의 스트레스는 발전을 촉진시킬 수 있지만, 과도한 스트레스는 기능을 저하시킬 수 있다. 최적의 스트레스 수준이 무엇인지, 너무 많은 스트레스가 어느 정도인지, 너무 긴 기간이 얼마나 되는지에 대한 질문은 아직 명확한 답이 없다. 이는 스트레스의 발생 시기, 상황, 가용한 지원 등 다양한 요인에 의존하기 때문이다.

유년기 경험은 사람들에게 모두 같은 방식으로 영향을 미치지 않는다. 다음 장에서는 이러한 개인 차이가 어디에서 오는지에 대해 더 깊이 탐구할 예정이다. 초기 생애의 다양한 유형의 경험들이 독특한 효과를 가지고 있기 때문에, 특정 형태의 고통이 다른 형태와 같지 않다는 점을 살펴볼 것이다.

각자의 방식대로의 불행

학대와 방치에 관한 연구에서 아이들이 겪는 다양한 고통의 형태들을 구분하는 것은 어렵기 때문에, 이 장에서는 종종 '고통'이라는 용어를 넓게 사용할 것이다. 이는 각기 다른 유형의 고통이 아이들에게 미치는 영향을 일반화하는 데 도움을 주기 위함이다. 이러한 연구는 개인의 특성을 이해하고 적절한 지원과 개입을 제공하는 데 중요한 기초를 마련한다.

특정 학대 또는 방치의 장기적인 결과를 연구하는 것은 복잡하고 어려운 일이다. 그러나 연구에 따르면, 다양한 고난의 유형을 더 명확하게 구분하는 것이 그 결과를 정확하게 이해하는 데 매우 유용하고 필수적일 수 있다. 특정 형태의 방치와 학대는 그에 따른 특정한 흉터를 남기는 것으로 보인다.

첫 번째 중요한 구분은 방치와 학대다. 종종 이 두 가지는 함께 고려되는데, 그 이유는 대개 서로 관련이 있기 때문이다. 학대받은 사람은 종종 방치도 경험하며, 그 반대의 경우도 마찬가지다. 하지만 늘 그런 것은 아닌데, 이 구분이 중요한 이유는 방치가 학대보다 다른 결과를 낳을 수 있기 때문이다. 최근 내가 속한 연구팀에서 진행한 실험에 연구에 따르면, 방치는 특히 생리적 반응, 예를 들어 교감신경계의 활성화에 영향을 미치는 반면, 학대는 행동 변화에서 더 자주 나타난다는 것이 확인되었다.[11] 방치는 학대와는 다른 방식으로 누군가에게 영향을 미친다고 볼 수 있다. 원인 중 하나는 방치가 종종 더 오래 지속되며 따라서 더 만성적이어서 더 많은 피해를 입힐 수 있다는 것이다. 또 다른 이유는 방치와 학대가 뇌에 다른 신호를 보낸다는 점이다. 방치는 아동의 기본적인 필요를 충족시키지 못하는 것이며, 학대는 언어적 또는 신체적 폭력을 사용한다. 이는 다른 메시지를 전달하며, 방치는 반드시 위협과 관련이 없어도 된다. 반면에 학대는 정의상 위협적이다. 이러한 위협은 뇌 발달에 영향을 미치며, 특히 뇌의 경보 시스템에 주로 영향을 준다. 반면에 방치는 더 넓은 범위의 효과를 가질 수 있으며, 호르몬 시스템에 더 일관된 영향을 미친다.[12] 학대의 경우, 그 영향은 정확한 상황에 따라 크게 달라질 수 있다. 이러한 차이들을 이해하는 것은 이후의 개입과 치료 방향을 결정하는 데 중요한 역할을 한다.

록 밴드 '플로렌스 앤 더 머신'의 리드보컬 플로렌스가 부른 노래 가사 중에 "주먹으로 하는 입맞춤이라도 없는 것보다는 나아요A kiss with a fist is better than none"는 어떤 이들에게는 공감을 불러일으킬 수 있지만, 신체적 폭력을 강력한 사랑tough love으로 정당화하는 것은 결코 바람직하지 않다. 실제로, 이러한 감정 표현은 심각한 폭력을 경험한 사람들에게 깊은 상처를 남기는 경우가 많았다.

방치와 학대 사이의 구분은 중요하며, 경험하는 불확실성의 정도도 중요한 요소다. 맞는 것 자체가 끔찍하지만, 언제 어디서 다음 폭력이 발생할지 모른다는 불확실성은 더욱 큰 스트레스와 공포를 유발한다. 동물 연구에서도 어린 동물이 특히 불확실한 환경에서 성장할 때 더욱 깊은 흔적을 남긴다는 것이 입증되었다.[13]

불확실성이 결국 해소될 때의 안도감은 때때로 깊은 슬픔과 함께 나타난다. 예를 들어, 오랜 시간 실종된 후 사랑하는 사람이 더 이상 살아 있지 않다는 소식을 들었을 때 느끼는 그 복잡한 감정이 그렇다. 나쁜 소식이지만, 불확실성을 마감하는 것이 더 나을 수 있다. 나는 개인적으로도 이를 경험했다. 내 인생에서 가장 힘든 시간은 암 진단을 기다리는 기간과 우리 딸이 다운 증후군 진단을 받기 전이었다. 진단이 확정되고 난 후, 내 옆에 앉아 있던 어머니와 나는 안도의 한숨을 내쉬었고, 이어진 농담은 그 긴장을 풀어주는 역할을 했다. "어떻게 그렇게 나쁜 소식에 기뻐할 수 있죠?"라는 친구의 물음에 대한 답은, 명확한 진단이 주는 안도감 때문이었다. 중환자실에서 더 나쁜 상황을 상상하며 두려워했던 시간 동안, 명확한 진단은 최소한 어떤 상황에 처해 있는지를 알 수 있게 해주었다. 내 딸의 경우도 마찬가지였으며, 이번에는 내가 그 소식을 듣고 그녀의 침대 옆에서 눈물을 흘렸다. 이러한 경험들은 인간이 얼마나 복잡한 존재인지를 보여주며, 특히 심각한 진단이나 상황의 확정이 가져다주는 정서적 안정감의 중요성을 강조한다.

나는 아이의 얼굴, 특히 눈을 바라보았다. 평범한 걸까? 아니면 나는 스스로를 속였던 걸까? 아이의 눈은 약간 비스듬했고, 이는 염색체가 하나 더 있다는 것을 뜻했다. 버텨내기 힘들었다. 딸의 탄생이 믿을 수 없을 만큼 기뻤지만, 동시에 우리가 틀렸기를, 아이가 '우리와 똑같기를' 바라고 있었다. 그리고 아이를 완전히 받아들이지 못했다는 죄책감 사이에서 갈등을 경험했다. 이틀 뒤, 공감적이고 이해심 많으며 차분한 소아과 의사가 우리를 안심시켰다. 그 후 몇 년 동안 결코 쉬운 일은 아니었지만, 불확실성, 두려움, 죄책감이 지배했던 그 시기만큼 어렵지는 않았다.

따뜻함과 애정의 부족은 우리의 기분뿐만 아니라 신경과 호르몬 시스템에도 깊은 영향을 끼친다. 예를 들어, 학대의 위협이나 환경의 불확실성 같은 요소들이 있을 때, 이는 우리에게 매우 큰 영향을 준다. 하지만 왜 이런 경험들에 우리는 그토록 민감할까? 왜 우리는 이런 면에서 특별히 취약할까?

좋은 준비…

"왜 나는 슈퍼히어로가 아닐까요?" 많은 어린이가 완전히 현실적으로 갖는 질문이다. 슈퍼맨, 스파이더맨, 배트맨, 메가마인드, 슈퍼그로버와 같은 인물들에 둘러싸여 있을 때 우리는 왜 인간은 기본적으로 모든 것을 해낼 능력을 갖추고 태어나지 않는지 의문을 품게 된다. 이는 또한 과학적인 질문이다. 왜 우리 인간은 어려운 유년기에 민감할까? 이는 우리의 나중 삶에 여러 가지 불리한 결과를 초래할 수 있다. 아마도 우리가 어린 시절 그런 영향을 덜 받았다면 우리의 삶은 더 나을지도 모른다.

  이 책의 일부는 우리가 사회적 동물로서 가지는 단점을 다룬다. 우리의 연결성과 타인의 돌봄에 대한 의존성은 우리의 협력 방식과 공동체 생활에 깊이 관여하며, 이는 우리를 진화적으로 성공하게 만들었다. 그러나 그 대가는 우리가 서로 없이는 살 수 없게 되었다는 것이다.

그러나 문제는 이뿐만이 아니다. 어린 시절의 경험에서 비롯된 많은 부정적인 결과들이 처음 보는 것처럼 불리하지 않다는 점이다. 그 결과를 보는 관점에 따라 다르다. 심리학자로서 우리는 보상과 처벌에 대한 감도가 감소하고 경계심이 증가하는 것을 부정적으로 보는 경향이 있다. 왜냐하면 이것이 사회에서 문제를 일으킬 수 있기 때문이다. 그러나 생물학적 관점에서 보면, 이러한 특성이 항상 나쁜 것만은 아니다. 결국, 당신의 유년기 상황이 비참했다면, 비참한 삶에 대비하는 것이 더 낫다. 잠재적으로 불안정한 상황에서는 경계심이 높아진다고 해서 나쁘지만은 않다. 보상과 처벌에 대한 민감도가 감소하는 것도 당신을 덜 취약하게 만들기 때문에 유리할 수 있다. 또한, 부족한 세계에서 모든 것이 걸린 상황에서는 더 많은 위험을 감수하는 것이 이점이 될 수 있다. 신화의 관점에서 보면, 상황에 가장 잘 적응한 종과 개체가 더 많은 후손을 낳고 진화적으로 더 성공적일 것이다. 이런 관점에서 볼 때, 앞서 언급한 흉터들은 실제로 유용한 적응일 수 있다.[14]

　행동을 좋다, 나쁘다, 유용하다 또는 문제가 있다고 말하는 것은 주관적이다. 왜냐하면 그것은 환경에 크게 의존하기 때문이다. 예를 들어, '어려운 성격'을 가진 아이를 원하는 부모는 거의 없다. 학계에서는 이런 아이를 '어려운/까다로운 아이'로 부른다. 이런 어려운 성격을 가진 어린이들은 부모로부터 가장 민감한 반응을 이끌어내지 못하고, 결과적으로 더 강압적인 양육을 받을 위험이 커진다.

아이든 부모든 어려운 성격에 큰 장점은 없는 것처럼 느껴진다. 하지만 그런 아이들도 존재한다. 아이들이 항상 순응하고, 협조적이며 온순하지는 않다. 어쩌면 이런 성격이 존재한다는 것은 그 성격이 오히려 장점으로 통하는 상황이 있기 때문일지도 모른다. 이는 동아프리카 마사이족 어린이들을 대상으로 한 연구에서 나타났다. 그곳에서는 아이가 초등학교 나이까지 성장하는 게 당연하지 않다. 개코원숭이 연구 중 마사이족과 함께 생활하던 로버트 새폴스키는 갓 태어난 아이의 이름을 물어보는 무지한 외국인으로서의 실례를 범한 후, 자신의 질문에 어색한 침묵으로 대응하던 마사이족을 보고 이를 깨달았다.[15] 마사이족은 첫 번째 우기와 첫 번째 건기가 지나기 전까지는 아기에게 이름을 지어주지 않는다. 아이가 그 시간을 살아남을 것이라는 보장이 없기 때문이다. 1984년 마스트리히트대학교의 사회정신의학 및 공중보건 교수 마르텐 드 브리스의 연구에 따르면, 극심한 가뭄 동안 마사이족의 어려운 성격을 가진 아이들이 오히려 생존할 가능성이 더 크다.[16] 이는 어려운 성격을 가진 아이들이 희소한 상황에서 추가적인 위험에 처할 것이라고 예상했던 것과는 반대의 결과였다. 연구에는 소수의 가정만 참여했으며, 이 연구가 반복된 적이 있는지는 알 수 없지만, 이는 흥미로운 발견이었다. 연구에서는 다루지 않았지만, 어려운 아기가 부모에게 더 많은 주의를 요구함으로써 더 순한 아기가 받지 못하는 주의를 끌 수도 있다. 여러 개의 알이 있는 둥지에서는 조용한 아기새가 밀려날 수 있다.

동물 연구에 따르면 어려운 유년기가 남긴 흉터가 때때로 유용한 적응이 될 수 있음이 밝혀졌다. 예를 들어, 방치된 설치류가 나중에 스트레스가 많은 임무를 수행할 때 오히려 유리할 수 있다.[17] 동일한 원리가 어린이에게도 적용될 수 있다. 어려운 유년 시절이 어려운 과제를 해결하는 데 유리하게 작용할 수 있다는 증거가 있다. 예를 들어, 어려운 환경에서 자란 성인은 충동을 제어하기가 어렵지만, 필요할 때 빠르게 전략을 전환하는 능력이 뛰어나다.[18] 이미 언급했듯이, 유년기의 위협은 특히 신경 알람 시스템에 큰 영향을 미친다. 이 시스템은 위협 신호에 더 빠르게 반응하며, 이게 긍정적으로 작용할 수 있다. 학대받은 어린이들은 위험한 환경에서 화난 얼굴을 더 빨리 인식하는 것으로 나타났다.[19]

불확실한 유년기는 시속적인 불확실성에 대비하도록 사람들을 적응시킨다. 심지어 이는 생식력에도 영향을 미칠 수 있다. 여러 연구에서 가족 내 스트레스와 불확실한 상황, 예를 들어 아버지의 부재 같은 요소가 가족 내 여아들이 더 일찍 사춘기에 접어들 수 있도록 하며, 호르몬 수준을 더 성숙하게 만든다는 것이 입증되었다.[20] 어려움과 불확실한 환경에서 자란 남성은 더 젊은 나이에 성관계를 갖고 테스토스테론 수치를 더 높게 유지한다.[21] 이는 번식 전략의 변화로 볼 수 있다. 미래가 불확실할 때는 가능한 한 빨리 시작하는 것이 유리할 수 있다. 이러한 방식으로 우리의 생물학적 시스템은 더 이른 번식을 촉진하려고 한다. 이는 현대 젊은 성인들이 안정적인 직업과

주택을 확보하지 못한 이유로 출산을 연기하는 것과는 대조된다.[22]

인간은 생물학적이고 심리적인 존재로서, 항상 명확한 결론에 도달하진 않는다. 하지만 이러한 발견들은 불확실성이 우리의 호르몬 시스템에 큰 영향을 미칠 수 있으며, 우리가 가능한 최선의 상태로 준비하려고 시도한다는 사실을 보여준다.

불확실성은 우리를 생물학적 존재로서 도전에 직면하게 한다. 불확실한 상황에서는 유연성이 필요하지만, 안정된 상황에서는 루틴을 유지하는 것이 더 나을 수 있다. 과거에 효과가 있었던 전략이 현재에도 유효할 가능성이 크지만… 그건 변화가 발생할 때까지만이다. 적응과 유지 사이에서 균형을 잡는 과정은 지속된다. 판다처럼 극히 드물게 번식하고, 단일 종류의 음식에 의존하며, 서식지가 매우 특정한 조건을 요구하는 경우 멸종 위기에 처할 수 있으니, 이러한 상황을 경계해야 한다. 때로는 삶의 충격을 받아들이고 변화에 유연하게 대응하는 것이 고집스럽게 버티는 것보다 나은 전략일 수 있다. 이 모든 것은 환경의 안정성에 달려 있다. 그러나 모든 변화에 지나치게 적응하는 것도 위험할 수 있는 진화 전략이다. 상대적으로 안정적인 시기가 지속될 때에는, 과거에 성공했던 전략이 여전히 미래를 예측하는 가장 좋은 지표가 된다. 이는 호모 사피엔스가 출현하기 이전부터 지속된 지난 수백만 년 동안 지구가 경험했던 안정적인 시대에서도 마찬가지였다.

그 아버지에 그 아들

어려운 유년기는 흉터를 남기며 미래를 위한 프로그램을 설정한다. 이것이 진화적으로 이점을 제공할 수 있지만, 관계의 질에는 도움이 되지 않는다. 유년기의 학대와 방치는 나중에 인생에서, 특히 청소년기와 성인기의 우정 및 로맨틱한 관계에 부정적인 영향을 미친다. 어려운 유년기는 괴롭힘, 공격성, 폭력, 결혼생활의 불만족 및 이혼 가능성을 증가시킨다.[23]

어려운 유년기를 겪은 사람들은 우정과 관계에서 더 큰 도전을 마주할 수 있다. 이러한 도전은 그들이 자녀와 맺는 관계에도 영향을 미친다. 자신이 사랑스럽고 따뜻하게 양육되었는지, 아니면 엄격하게 양육됐는지는 자신이 자녀를 어떻게 양육할지를 예측할 수 있게 한다. 어린 시절에 안정적인 애착을 경험한 사람들은 자기 자녀들에게도 안정적으로 애착하게 될 가능성이 높다. 반면, 학대의 희생자였던 사람들은 자신도 자녀를 학대할 가능성이 더 높다. 이를 '세대 간 양육의 전이'라고 부른다.

지니의 가족 이야기는 이러한 패턴의 안타까운 예다. 지니의 아버지는 아버지가 사망해 없었다. 그의 어머니, 즉 지니의 할머니는 매춘업을 운영했으며 태어난 그에게 여자 이름을 지어주었는데, 이는 그의 유년기를 더욱 힘들게 만들었다. 지니의 형은 딸을 가졌지만, 그녀가 어렸을 때 연락이 끊겼다. 그의 딸은 나중에 마약에 중독되고 자신의 자녀들을 방치했다. 이러한 패턴은 가족 내에서 계속 이어진다. 아니면, 미셸 우엘벡이 쓴 대로, "아이들은 어른들이 만든 세상을 견디고, 최대한 잘 적응하려고 노력한다. 그 후 그들은 대체로 그 세상을 재현한다."[24]

연구자들은 오랫동안 양육이 세대를 거쳐 어떻게 반복되는지 연구해 왔다. 많은 연구는 학습 이론에 초점을 맞추어, 양육자의 행동을 따르는 경향이 있다고 주장한다. 하지만 그것이 전부는 아니다. 우리가 받은 양육은 신경과 호르몬 시스템에도 영향을 미친다. 엄격하거나 방치하는 양육 스타일은 옥시토신에 덜 민감하게 만들 수 있고, 스트레스 호르몬에 대한 당신의 반응성에 영향을 미칠 수 있다. 우리의 애착 스타일은 다른 사람들의 신호에 대한 뇌의 반응 방식에 영향을 미친다.

이러한 경향은 나중에 당신의 사회적 기술에 영향을 미친다. 방치와 학대를 당하면 보상에 대한 민감도가 낮아지고, 감정 반응을 통제하기 어려워지며, 공감 능력이 감소하고, 경계심이 증가할 수 있다. 이러한 특성들은 따뜻하고 민감한 부모나 파트너를 만들어주지 않는다. 설치류나 쥐 등에서는 한 세대에서 다음 세대로 양육의 질이 전달되는 생물학적 메커니즘이 정확히 밝혀졌다. 이런 종에서도 보살피는 부모와 그렇지 않은 부모가 있다. 설치류 어미의 보살핌 변화는 자손의 보살핌에 영향을 미치며, 이는 옥시토신과 코르티솔과 같은 호르몬에 대한 설치류 뇌의 변화된 민감도 때문이다. 어머니가 자신의 새끼에게 더 많거나 적은 주의를 기울임으로써, 그녀는 자손의 뇌에서 호르몬 수용체의 양을 변화시켰고, 그 결과 다음 세대를 더 보살피거나 그렇지 않게 만들었다.

인간에 대한 연구에서도 비슷한 메커니즘을 보여주고 있으며, 엄격한 양육 후 옥시토신에 대한 민감도 감소 등이 포함된다. 그러나 스트레스의 결과에 대한 연구도 점점 더 명확하게 어린 시절의 경험이 한 세대 뒤에 어떻게 영향을 미칠 수 있는지를 보여주고 있다. 어린 시절에 학대를 당한 적이 있거나 스트레스 시스템이 교란된 어머니들은 자신의 자녀에게 덜 민감하다. 또 다른 예로, 우울증 증상을 많이 겪는 어머니의 자녀는 그렇지 않은 어머니의 자녀들보다 코르티솔 수치가 더 높다.[25] 부모의 행동은 자녀의 호르몬 균형에 영향을 미치고, 이러한 변화는 나중에 그 아이들이 어른이 되어 부모가 되었을 때의 양육 행동에 영향을 미친다. 이것은 세대를 거쳐 계속된다. 다른 연구에서는 프로그래밍의 일부가 출산 전에 이미 일어나는 것처럼 보인다는 것이 밝혀졌다. 이에 대해서는 다음 장에서 더 자세히 다룰 것이다.

이미 언급했지만 여기서 다시 강조해 보자. 나쁜 출발은 운명을 정하지 않는다. 그 가능성이 적을 뿐, 끔찍한 양육을 겪었더라도 훌륭한 부모가 될 수 있다. 세대 간 전달을 끊을 수 있는 방법으로 심리

치료가 있다. 어린 시절의 경험이 어떻게 당신에게 영향을 미쳤는지 이해하는 것은 당신이 그 어린 시절의 메아리가 되는 것을 방지할 수 있다. 예방적으로 작용하는 또 다른 요소는 같은 손상을 입지 않은 파트너를 찾는 것이다. 파트너가 스트레스가 많은 상황을 다루는 것에서 서로를 공동 조절할 수 있듯이, 자녀를 함께 키우면서 서로의 단점을 보완하거나 상처를 보듬을 수 있다. 다만, 그러기 위해서는 파트너가 필요하다. 오늘날 한부모 가정에서 자라는 아이들은 점점 증가하고 있다. 네덜란드에서는 여섯 명 중 한 명이 그런 상황이다.[26] 그런 아이들에게는 아빠나 엄마가 엄격하거나 무시할 때 의지할 다른 부모가 집에 없다. 또한, 한부모 가정은 더 자주 재정 문제에 처하게 되어 문제가 쌓일 수 있다. 그리고 다시 스트레스와 사회-경제적 계층의 주제로 돌아간다.

아이를 키우는 일은 많은 노력과 무거운 책임이 따르는 일이며, 우리가 협동적 양육자인 동물종인 것은 결코 우연이 아니다. 그 협동 내에서 아이는 학대나 방치로부터 더 잘 보호받을 수 있으며, 더 이상 아버지나 어머니의 능력에만 의존하지 않는다. 왜냐하면 아이의 성장 환경이 오직 부모의 능력에만 의존하는 것이 아니기 때문이다. 또한, 부모의 양육 능력이 정해진 것이 아니라는 사실도 희망적인 요소이다.

심지어 공격적인 쥐들조차도, 자신의 새끼를 돌보는 대신 그 새끼

들을 물어뜯기를 선호하는 쥐들조차도, 새끼들에게 서서히 익숙해짐으로써 돌봄 행동을 보이기 시작할 수 있다. 그리고 이 과정에서 관련 호르몬 변화도 함께 나타난다. 단지 호르몬 시스템이 민감도가 떨어져 있기 때문에 어떤 이들에게는 다른 이들보다 더 많은 노력이 필요할 것이다. 언젠가는 이런 부모들을 옥시토신 코 스프레이 같은 것으로 도울 수 있게 될지도 모르지만, 현재로서는 아직 만병통치약이 아니다. 스프레이를 장기간 사용하면 연결감과 애착을 강화하는 데 도움이 되는 긍정적인 효과가 있을 수 있다. 하지만 우울증을 가진 어머니들로 이루어진 위험군에서 양육 행동을 개선하기 위해 옥시토신을 사용하는 초기 시도는 아쉽게도 아직 큰 성공을 거두지 못했다.[27] 세대 간 전달의 고리를 끊기 위해서는 옥시토신만으로는 부족하다.

너무 과한 애정

부모에 의한 방치와 학대가 매우 나쁜 이유 중 하나는 바로 아이의 안전을 보장해야 할 사람들이 문제를 일으키기 때문이며, 이로 인해 아이가 피해자가 되고 안식처마저 잃게 된다. 따라서 보살핌은 매우 중요하다. 하지만 보살핌의 이점에도 한계가 있을까? 과한 보살핌도 가능할까? 우리가 보살핌을 안전과 동일시한다면, 가능하다고 생각할 수도 있다.

일부 부모에게 양육은 자녀들이 불편함을 겪지 않도록 하는 것이 큰 부분을 차지한다. 고등학교에서 창의적 과목을 가르치는 한 선생님이 학교 근처의 방치된 땅에서 수업을 진행했다. 그곳에서는 텃밭과 어린이 놀이터가 조성되어 있었다. 학생들은 자연 재료로 음악 악기를 만들 계획이었다. 선생님은 옷이 더러워질 수 있으니 오래된 옷을 입고 오라고 수업 전 학생들에게 요청했다. 그 공지 후에 한 화가 난 아버지가 전화를 걸어 와서 이 프로젝트가 교육과 무슨 관련이 있는지 물었다. "내 딸은 싫어하는 일은 할 필요가 없어요!" 이것은 우리가 요즘 '컬링 부모'라고 부르는 것의 좋은 예다. 이 표현은 아이스컬링 스포츠에서 스톤이 미끄러질 때 모든 요철을 빗자루로 쓸어내는 것에서 유래했다. 이것은 헬리콥터 부모의 한 유형으로, 부모가 자녀의 삶 위를 매니저처럼 맴돌며 그들의 움직임을 추적하고 문제를 감지하여 필요한 경우 그 문제를 해결해 준다.

이 과잉보호하는 부모들에게 소위 스트레스 예방 접종 모델은 흥미로운 관점을 제공한다. 이 모델은 아이가 겪는 스트레스가 항상 나쁜 것은 아니라는 것을 보여준다. 과한 스트레스는 문제가 된다. 왜냐하면 몸이 그것을 제대로 다루지 못하기 때문이다. 스트레스 시스템이 과민 반응하거나, 반대로 둔감해진다. 하지만 스트레스가 전혀 없는 것도 문제가 될 수 있다. 왜냐하면 몸이 스트레스를 제대로 다루는 방법을 배우지 못하기 때문이다. 규칙적으로 경미한 스트레스에 노출되면 스트레스 시스템이 활달하게 반응하면서도 교란을 피할 수 있다. 이 모델에 대한 증거가 점점 더 많아지고 있다. 최근 연구에 따르면, 어려운 가정 환경을 전혀 경험하지 않았거나 또는 매우 어려운 가정 환경을 경험한 유아들이 도전적인 실험 중에 물리적으로 더 많은 스트레스를 경험하는 것으로 나타났다. 반면에 약간의 어려움을 겪은 유아들은 그보다 덜 스트레스 반응을 보였다.[28] 경미한 스트레스에 노출되면 그것에 더 잘 견딜 수 있게 된다. 그러므로 아이를 키우는 데 있어 때때로 아이가 보호받는 환경에서 약간의 불안정함을 경험하게 하는 것이 현명할 수 있다. 그러나 모든 부모에게 이것이 쉬운 일은 아니다.

2018년에 출간된 《나쁜 교육The Coddling of the American Mind》이라는 책에서, 변호사 그레그 루키아노프와 사회심리학 교수 조너선 하이트는 최근 20년 동안 많은 미국 젊은이에게 일어난 과잉보호 양육의 결과에 대한 우려를 표한다. 그들의 주장에 따르면, 세계가 객관적으로 더 안전해졌음에도 불구하고 부모들은 자녀의 안전에 대해 점점 더 불안해하고 있다. 2000년대에 태어난 아이들은 그들의 부모 세대에 비해 성인의 감독 없이 보내는 시간이 적었으며, 야외에서의 놀이 시간도 훨씬 줄었다. 루키아노프와 하이트는 부모가 집에 없을 때 아이가 혼자 정원에서 놀도록 하거나 부모가 가게에 간 사이 차

안에서 기다리게 한 것이 '방치'로 간주되어 체포된 두 가지 사례를 언급한다. 이 사례에서 열한 살의 아이들은 스스로 차에서 기다리기를 원했음에도, 이것이 경찰을 설득하기에는 충분하지 않았다.[29] 저자들은 이러한 '안전 문화'가 현재 성장하는 젊은 세대가 그들의 부모보다 더 취약하고 불안하게 느껴지도록 하는 데 기여한다고 주장한다.

실제로, 그 세대에서 불안장애와 우울증이 증가하는 것으로 보고되고 있다. 물론 소셜 미디어의 등장 등 지난 수십 년 동안 많은 변화가 있었기에 이것이 반드시 인과 관계를 의미하지는 않는다. 하지만 부모의 과잉보호는 아이들이 나중에 인생에서 피할 수 없는 압력과 스트레스에 대응을 어렵게 만들 수 있다는 우려가 있다.

이 발견은 행동주의의 창시자 존 왓슨이 옳았는지, 그리고 우리가 우리 자녀들을 사랑으로만 키우는 것이 옳은지에 대한 질문을 던진다. 왓슨의 접근법에 따르면, 너무 온화한 양육 방식은 결국 의존적이고 약한 개인을 만들어낸다. 과장된 표현일 수도 있지만, 정신의학 명예 교수 프랭크 코어스만도 비슷한 견해를 가지고 있다. 코어스만은 그의 연구 《아버지 시대의 종말Ontvadering: het einde van de vaderlijke autoriteit》에서 오늘날 남성들이 진정한 아버지 역할을 할 수 있는지에 대한 우려를 표현한다. 그는 "아버지는 용감해야 하며 울지 말아야 한다"라고 말한다. 또한, 권위적이고 자녀의 삶에 방향을 제시해야 한다고 주장한다. 그리고 아버지란 "어디서 왔는지, 어디로 가는지를 알고, 목적지에 어떻게 가는지를 알아야 한다"라고 말한다.[30] 코어스만은 아마도 1950년대로 돌아가길 원하는 것처럼 보인다. 당시, 아버지는 아직 전통적인 아버지였고 화폐 단위도 유로가 아닌 길더였다. 말 그대로 베이비부머의 시대였다. 시간을 되돌려 과잉보호를 막아야 한다는 주장이 느껴진다. 일요일에 고기를 자르러 오는 아버지는 곧 엄격하고 냉담한 아버지를 뜻한다. 코어스만 역시 그런 아버지를 가졌다고 말했다. 왓슨도 마찬가지다. 세대 간의 '차가운 양육'의 희생자였음에도 그는 학습 이론을 통해 모든 사람이 자신의 출신과 관계없이 원하는 모든 것이 될 수 있다고 주장했다. 왓슨의 어머니는 극도로 종교적이었고, 그녀의 영향으로 왓슨은 어른이 되어서도 기분이 좋지 않을 때는 밤에 불을 켜고 잤다. 왓슨의 아버지는 폭력적이었고 가족을 떠난 후 다시는 그와 관계를 맺지 않았다. 왓슨 가족의 사례를 통해, 양육 방식이 세대를 거쳐 어떻게 영향을 미치는지 볼 수 있다.[31] 왓슨과 그 자녀들의 인터뷰를 통해, 왓슨 가족의 경우 사과가 나무에서 너무 먼 곳에 떨어지지는 않는다는 점을 알 수 있다.

과잉보호는 피해야 하지만, 그것을 피하려고 할 때 지나치게 거리를 두는 것은 오히려 해가 될 수 있다. 따뜻한 관계와 좋은 접촉을 통해 자녀에게 세상을 탐험하게 하고, 안전한 환경에서 스트레스를 경험하게 할 수 있다. 따뜻함과 사랑, 그리고 아이의 자율성을 인정하는 것은 책임감을 경험하게 하는 것과 반대되지 않는다. 오히려 이는 서로 보완적이다. 안전한 피난처가 있는 아이는 더 멀리 탐험할 수 있는 용기를 갖게 된다. 최근 학부모의 밤에서 한 6학년 선생님은 말했다. "귀하의 자녀는 스스로 학교에 자전거를 타고 갈 수 있고, 도시락과 책가방을 스스로 책임질 수 있으며, 어떤 이유로든 숙제를 완성하지 못한 이유를 스스로 말할 수 있습니다. 자녀에게 그런 책임을 질 기회를 주십시오."

물고기 잡는 법을 알려주기

"매를 차마 들지 못하는 자는 그 자식을 미워함이라. 자식을 사랑하는 자는 진심으로 책망하느니라." 이 구절은 구약성서에서 찾아볼 수 있다.[32] 오랫동안 많은 부모에게 교육적 지침으로 역할하고 있다. 하지만 더 최근의 자료에서도 엄격한 접근이 권장된다. 1950년대와 60년대에 네덜란드에서 부모에게 무료로 배포된 〈네덜란드의 가족들Nederlandsch Gezinsboek〉에서 저자들은 이렇게 조언한다. "때로는 체벌을 피할 수 없습니다." 그러나 이는 '훈계'가 효과가 없을 때만 사용되어야 하며, 항상 존중과 예의를 유지하는 방식으로 이루어져야 한다. 이러한 접근 방식은 부모와 자녀 간의 상호 존중과 이해를 바탕으로 한다는 점에서 중요하다.

나도 이런 체벌을 받았던 걸 기억한다. 하지만 오늘날에는 더 이상 받아들여지지 않는 방법이다. 최근 나는 잠자리에 들기 전에 딸에게 해변에서의 하루에 관한 이야기를 읽어주었다. 이 이야기는 2019년에 출간된 4세 이상 어린이를 위한 이야기 모음집에서 나온 것이었다. "아빠가 문을 아직 열지 않았는데, 아이들은 이미 트렁크 앞에서 서로를 밀치고 있었어요. '우리의 그물은 어디 있어?' 아이들은 짐 사이를 거칠게 뒤지기 시작했어요. '잠깐, 차분하게!' 아빠는 아이들의 손을 쳤어요."[33] 이렇게 쓰니 꽤 다정하게 들린다. 하지만 나는 책을 읽다가 아빠가 아이들의 손을 쳤다는 문장을 건너뛰고 읽었고, 이는 수동적 형태의 불만 표시라는 것을 깨달았다.

부모와 자녀 사이의 관계 질은 아이들의 발달에 매우 중요하다. 그러나 방치와 학대를 예방하기 위한 최선의 접근 방식이 무엇인지에 대해서는 여전히 논란이 있다. 때때로 부모에게 양육에 관한 조언을 제공할 수 있지만, 많은 경우 가정 내 스트레스를 제거하는 것이 더 효과적일 수 있다. 2018년 말, 네덜란드 청소년 건강 센터는 예방 목적으로 현재의 스트레스 호르몬에 관한 지식을 활용할 것을 제안했다. 예를 들어, 유치원생들이 그들의 코르티솔 수치를 표준 검사를 받아야 한다는 제안이 그중 하나다.[34] 나는 이 생각에 동의하지 않는다. 왜냐하면 코르티솔 수치의 높낮이는 많은 다른 것들을 의미할 수 있고, 가능한 스트레스의 원인에 대해서는 아무것도 말해 주지 않으며, 따라서 개입에 대한 유용한 지침을 제공하지 않기 때문이다. 이런 접근은 오히려 부모에게 잠재적 가해자라는 느낌을 줄 수 있고, 죄책감이나 부당한 학대 의혹을 초래할 수 있다. 높은 스트레스 수준이 문제를 나타낼 수는 있지만 그 원인에 대해서는 거의 말해주지 않기 때문이다. 아이들의 스트레스를 읽는 대신, 우리는 젊은 부모들이 스트레스를 예방할 수 있는 방법을 개선하는 데 더 집중할 수 있다. 예를 들어, 좋은 사회 서비스, 보건 및 소득 보장 같은 방법을 통해 이를 달성할 수 있다.

몇 년 전, 나는 케이프타운을 향해 자동차를 운전하고 있었다. 연구를 돕기 위해 가족과 함께 남아프리카공화국의 대도시에서 30분 정도 떨어진 거리에 있는 평화로운 해안 지역에 머물렀다. 운전하는 동안 도로에 집중하려 애썼지만, 한쪽에는 아침 햇살 아래 부드럽게 빛나는 테이블 마운틴, 다른 한쪽에는 바다에서 유유히 떠다니는 고래들의 모습이 내 마음을 흔들었다. 나는 출근을 하고 있는 것처럼 느끼기 위해 라디오 뉴스 채널을 켰다. 그때 한 교육자와의 인터뷰를 듣게 되었는데, 대화의 주제는 아동 학대와 징계 조치의 사용이었다. 교육자는 아이들을 때리는 것 자체는 문제가 되지 않지만, 너무 심하게 해서는 안 된다고 말했다. 인터뷰어가 학대가 언제 발생하는지 더 자세히 설명해달라고 요청했을 때, 교육자는 아이가 더 이상 일어설 수 없을 때 너무 멀리 간 것이라고 덧붙였다. 그 말을 듣는 순간 왼쪽에 보이는 반짝이는 바다가 더 이상 목가적으로 보이지 않았다.

'물고기를 주는 게 아니라, 잡는 법을 가르쳐라Prepare the child for the

road not the road for the child'라는 속담이 있다. 이는 과보호하는 부모들에게 중요한 교훈이지만, 남아프리카공화국의 아이들은 과연 어떤 미래를 준비하고 있었을까? 이 라디오 프로그램은 이후 남아프리카공화국에서 여성의 위치와 폭력에 대해 다뤘고, 그 길에 대한 일부 통찰을 제공했다. 케이프타운에서는, 암스테르담만큼 큰 도시에서 매년 2,500건의 살인 사건이 발생한다. 강간 사건의 수는 언급되지 않았지만, 그 수가 수천 건에 이를 것이다. 남아프리카공화국의 강간 신고율은 세계 1위를 기록하고 있으며 피해자 중 많은 수가 어린이다. 이 모든 것은 빙산의 일각에 불과하다.[35] 남아프리카공화국에서 맞는 아이들이 그들의 미래에 더 잘 준비하고 있다고, 또는 학대가 정당화될 수 있다고 말하는 게 아니다. 내가 강조하고 싶은 것은 양육 방식을 바라볼 때, 그것이 이루어지는 문화적 맥락을 고려하지 않을 수 없다는 점이다. 한 지역에서 학대로 간주될 수 있는 행위가 다른 지역에서는 다르게 해석될 수 있으며, 이는 문화적 배경이 양육 방식에 미치는 영향을 보여준다.

네덜란드에서는 최근 몇 년 동안 양육에 대한 사고방식이 급격히 변화하였다. 이는 우리 사회가 점점 더 위험 회피적이 되고, 안전을 더욱 중시하게 된 결과일 것이다. 때로는 이러한 변화가 터무니없이 극단적인 형태로 나타난다. 예를 들어 인기 있는 벨루베의 모래 언덕 지역에서, 내 아이들이 '사막'이라고 부르는 그곳 가장자리에 아스팔트로 포장된 자전거 도로가 있다. 그런데 그 도로 옆의 언덕에, 아무도 보지 않는 곳에는 '주의, 모래길입니다'라는 경고 표지판이 서 있다. 이는 양육에서 안전과 보호에 대한 우리의 태도가 어떻게 사회적 환경에 영향을 받는지를 잘 보여준다.

9

좋은 점, 나쁜 점, 그 사이의 모든 것

> 모든 건 거기 존재하지. 버리면 안 돼. 모든 걸 천장을 위해 남
> 겨두어야 한다고!
>
> _램보와 램보,《복수들De timmerman》[1]

이전 장에서 어려운 유년기가 사람들의 사회적 삶과 관계에 어떤 영
향을 줄 수 있는지 설명했다. '줄 수 있다'라는 표현에는 중요한 뉘
앙스가 있는데, 이는 모든 사람이 같은 경험에 똑같이 영향을 받지
않기 때문이다. 어려운 유년기나 트라우마의 영향은 개인마다 크
게 다를 수 있다. 나는 종종 큰 어려움에도 불구하고 성공적인 삶을
구축하는 이들을 볼 때마다 그 회복력에 놀라움을 느낀다. 예컨대
1938년생으로 전 정치인이자 TV 프로그램 제작자인 마르셀 반 담
의 사례 같은 경우다. 제2차 세계대전이 시작될 때 그는 두 살이었

고, 유치원생일 때 부모와 떨어져 농부 부부 집에 숨어 있어야 했다. 그의 아버지는 유대인을 추방하는 데 협력을 거부했던 경찰관이었다. 은신 중 그는 아버지가 사망했다는 소식을 들었으나, 나중에 그것이 사실이 아니었음을 알게 되었다. 그보다 나이가 조금 많은 형은 병으로 사망했고, 가장 나이 많은 누나는 아버지 대신 인질로 강제수용소에 갔으나 다행히 생존했다. 전쟁이 끝난 직후 그의 동생은 그의 눈앞에서 자동차에 치여 사망했다. 이 모든 경험은 마르셀 반담에게 긴 그림자를 남겼지만, 그는 자신이 이로 인해 잠을 설치진 않았다고 말했다.

이런 경험은 그가 길고 생산적인 커리어를 발전시키는데 해를 입히지도 않았다. 그는 이미 50년 전에 결혼했으며, 자신의 두 아이가 자랑스럽다고 말했다. 그는 자신의 자상하던 어머니와 가족의 화목이 자신을 보호했던 중요한 요소라고 말했다.[2] 그는 이러한 경험에서 발생할 수 있는 심리적 상처를 겪지 않았지만, 자신을 내성적이고 애정 표현을 잘 하지 않는 사람이라고 설명한다. 그보다 더 나쁜 상황이 왔을 수도 있음에도 불구하고 말이다.

이 사례는 트라우마적 경험이 기능적인 삶을 방해하지 않을 수도 있다는 것을 보여주는 많은 예시 중 하나일 뿐이다. 그럼에도 불구하고, 비슷한 트라우마를 경험한 사람 중에서도 상당수가 더 큰 영향을 받는다. 이 장에서는 왜 유사한 경험이 다른 영향을 미칠 수 있는지 더 깊이 다룰 것이다.

연결 본능

이 주제는 심리학자들이 다음과 같이 질문하는 데 관련이 있다. 사람들은 왜 그럴까? 왜 어떤 사람들은 매우 관대하고 다른 사람들은 매우 잔인할 수 있는가? 이러한 극적인 차이는 어디에서 비롯되는가? 어린 시절의 경험은 중요하지만, 모든 것을 결정하지는 않는다. 최근에는 일부 호르몬이 특정 부분에 어떻게 영향을 미칠 수 있는지에 대해 더 명확해졌다. 호르몬 수준 차이가 우리의 행동에 어떻게 영향을 미칠 수 있는지 알게 된 것이다. 그러나 호르몬만으로는 전체 이야기를 설명할 수 없다. 이 장에서는 인간이 무엇으로 인해 지금의 모습이 되었는가에 대한 만족스러운 답변을 제시하지는 못할 것이다. 대신, 우리가 왜 이 질문에 대한 적절한 답변을 내리지 못하는지, 이론적인 답변이 왜 항상 현실을 완전히 설명할 수 없는지를 보여줄 것이다. 왜냐하면, 현실은 언제나 우리가 세운 이론보다 훨씬 더 복잡하기 때문이다.

과학자들은 항상 우리의 행동이 무엇에 의해 결정되는지에 대한 질문에 관심을 가져왔다. 특히 폭력이나 범죄와 같은 반사회적 행동은 오랫동안 연구의 초점이 되어왔다. 과학적 연구로 제시된 설명은 매우 다양하며 때로는 이상하게 느껴질 수도 있다. 이 분야에서 가장 유명한 역사적인 예는 체형학과 두개골학이다. 이들은 각각 얼굴의 형태나 두개골의 형상을 통해 인간의 성격과 행동을 설명하려 했으나, 웃기는 그림 몇 개를 제외하고는 이들 이론은 크게 신뢰받지 못하고 현재는 대부분 폐기되었다. 그러나 2010년의 한 연구는 더 '남성적인' 얼굴을 가진 사람들(즉, 상대적으로 넓은 얼굴)이 더 공격적이고 지배적이며 신뢰하기 어렵다는 결과를 보여주었다. 이러한 특성은 높은 테스토스테론 수치와 관련이 있을 수 있다.[3] 하지만 이러한 사람들이 평생동안 그들의 지배적인 얼굴 때문에 다르게 대우받았기 때문에, 유독 다른 행동을 보일 수도 있다. 그리고 그 결과, 더 높은 테스토스테론 수치를 가지게 되었을 가능성도 있다. 이는 일종의 자기실현적 예언일 수 있다. 따라서 얼굴의 형태가 행동에 대한 일정 정보를 제공할 수 있을지라도, 이것이 특정 얼굴 형태를 가진 사람들에게 '다른 사람의 삶을 빼앗고, 시체를 가혹하게 다루며, 살을 찢고, 피를 마시는' 욕망이 내포되어 있다는 의미는 아니다. 이는 19세기 범죄학자 체사레 롬브로소Cesare Lombroso(1835~1909)의 추론과 같은 논리다.[4]

체형학자와 두개골학자의 연구는 주로 이상한 행동을 시각적인 원인에 귀속시키려는 경향을 보여주며, 과거에는 이러한 설명이 마녀사냥이나 악마 빙의 등으로 충분했을 것이다. 그러나 때때로 다른 설명이 부족할 때 여전히 사용되는 설명들이 있다. 특히 테러 공격과 같은 극단적인 폭력 행위의 가해자들은 언론에서 '괴물'로 묘사되며, 그들의 행동은 '비인간적'이라고 평가된다. 우리는 같은 인간으로서 이런 행동을 하는 것을 받아들이기 어렵지만, 이런 잔혹한 행위는 오히려 인간만이 가질 수 있는 고유한 특성일지도 모른다.

연결 본능

얼굴과 두개골의 형태가 내면을 이해하는 데 사용된 이유는 그것이 당시에 가장 나은 방법이었기 때문이다. 현재 우리는 DNA 분석이나 호르몬 및 뇌 활동 측정과 같은 방법으로 사람을 이해한다. 이를 통해 이전에는 볼 수 없었던 요인들이 드러났다. 이러한 생물학적 수준의 설명은 두개골의 형태보다 훨씬 더 유익할 수 있으며 이게 이 장의 핵심 주제다.

현대 지식을 감안하면, 어떤 과학 분야가 어리석게 보일지라도 인간 행동의 다양성을 이해하려면 계속해서 그 원인을 탐구해야 한다. 그렇지 않으면 우리는 "원래 그런 사람이야", "아마 왼발로 침대에서 내려온 모양이야", 혹은 "그 아버지에 그 아들"과 같은 단순화된 설명에 머물게 된다. 열린 시각과 철저한 연구만이 우리에게 왜 어떤 사람들은 따뜻하고 사랑이 넘치며 배려심 많은 사람이라 무릎에라도 앉고 싶게 만드는 반면, 어떤 사람들은 문틀만큼이나 공감 능력이 없는 뻣뻣한 사람인지 이해할 수 있게 된다. 확실한 것은 그러한 사람들도 존재한다는 것이다. 그렇다고 그들을 버리면 안 된다. 그들은 천장에 쓸모가 있다.

청사진?

인간 유전자의 해석은 세기의 발견이 될 예정이었다. 솔직히 말하면, 세기의 발견이었을 수도 있지만, 당시에 상상한 방식으로는 아니었다. 인간의 DNA가 완전히 해독된 것이다. DNA는 A, C, G 및 T라는 4개의 염기로 구성되어 있다. 만약 그 숫자가 32억 개가 아니었다면 쉬운 일이었을지도 모른다. 1990년대 초에는 '인간 유전체 프로젝트Human genome project'가 시작되었다. 13년 후에, 50억 달러를 투자한 끝에 이 프로젝트는 완성되었다. 인간의 유전체가 종이 위에 올라왔다. 이 '인간의 구성 요소'의 해독으로 우리가 인간의 본성을 이해할 수 있을 것이라는 기대는 높아졌다. 우리에게 대부분, 아니면 모든 질병을 근절하고, 인간에게 발전의 다음 단계를 선사할 수 있는 지식을 제공하리라는 것이었다.[5]

하지만 실제로 이 성취는 당초 기대와는 다소 동떨어진 결과를 낳았다. 이 결과는 엄청난 기대 속에서 화려한 광고와 함께 발표되었다. 23개 염색체의 모든 32억 개의 글자가 런던의 한 연구소의 몇 미터 길이의 책장을 채우기 위해 종이에 인쇄되었다. 그러나 이 프로젝트를 시작할 때의 거창한 약속들은 이 세기 초에 실현되지 못했다. 지금도 여전히 이루어지지 않았으며, 이제는 그 성과가 다음 이십 년 안에 이루어질 것이라 기대하는 것이 환상에 가깝다는 것을 깨달아야 한다. 연구자들이 계속해서 약속했지만 말이다. 연구 자금을 확보하기 위해 질병 해결을 약속하는 것은 효과적인 수단이다. 그러나 암 연구에 수천억 달러가 투자된 것은 복잡한 문제의 해결책이 돈은 아니라는 것을 분명히 보여준다. 연구자들은 조금 겸손해야

연결 본능

한다. 과도한 약속과 그로 인한 실망은 과학의 신뢰성을 훼손할 수 있기 때문이다.

인간 DNA의 발견은 DNA의 작용이 우리가 상상했던 것보다 훨씬 복잡한 메커니즘을 갖고 있음을 밝혀주었다. 그리고 이것이 바로 문제에 대한 혁신적인 해결책이 나오지 않는 이유 중 하나이다. 인간의 청사진을 우리가 충분히 잘 이해하지 못하고 있기 때문이다.

DNA 연구에서 얻은 주요 교훈은 우리의 초기 생각이 너무 단순했다는 것이다. 처음에는 DNA의 특정 부분, 즉 유전자가 인간의 특성과 직접 연결될 것이라고 생각했다. 그러나 이러한 기대는 실망으로 이어졌다.[6] 무엇보다도 인간은 예상보다 훨씬 적은 약 20,000개의 유전자를 가지고 있으며, 모든 사람의 DNA 중 99.9%가 동일하다는 사실에 놀랐다. 더 큰 문제는 이러한 유전자 차이를 개인의 특성이나 질병의 원인으로 연결하기가 매우 어렵다는 것이었다. 유전자는 세포에서 특정 단백질을 생성하는 역할을 하므로, 이는 지능이나 질병에 대한 감수성과 같은 복잡한 특성을 결정하는 것과는 거리가 멀다. 이는 마치 그림의 품질을 결정하기 위해 페인트 튜브의 조성을 분석하는 것과 비슷하다. 유전자가 세포의 기본적인 기능에 영향을 미치기 때문에, 그 영향은 우리가 다면발현이라고 부르는 다양한 특성에 미치게 된다.

이 메커니즘은 대부분의 특성이 많은 유전자에 의해 영향을 받으며, 단일 유전자로 특성이 결정되는 경우는 드물다. 예를 들어, 키와 같이 상대적으로 단순한 특성조차 400개 이상의 유전자에 의해 영향을 받는다.[7] 유전자가 미치는 다양한 영향의 또 다른 예로는 인간 유전체의 84%가 뇌에서 어떤 형태로든 발현된다는 점이다.[8] DNA의 영향력은 분명 크지만, 부모에게 물려받은 DNA가 중요한 역할을 한다고 하는 특성조차도, 그 DNA의 역할이 정확히 무엇인지에 대해서는 여전히 대부분이 미지수로 남아 있다.

이러한 복잡성에도 불구하고, 심리학자 겸 유전학자 로버트 플로민(1948)은 개인의 특성을 예측하는 데에 집중했다. 그는 수천 개의 작은 DNA 차이가 행동이나 특성에 직접적으로 영향을 미치지 않으며, 그 영향력이 미미하다는 것을 인정했다. 그럼에도 플로민은 이 문제에 대한 해결책을 제시했다. 면봉으로 DNA 샘플을 채취해 미국의 한 연구소에 보내고 2주 이내에 결과를 이메일로 받는 저렴하고 빠른 DNA 검사를 활용하는 방법이었다. 이런 방법을 통해 연구자들은 점차 더 많은 사람의 DNA를 분석할 수 있게 되었다.

최근 개인 1,100,000명들의 수천 개의 DNA 조각을 분석한 결과가 발표되었다.[9] 이 연구에서는 특정 DNA 조각들과 교육 수준 간의 상관관계를 조사했고, 가장 유망한 조각들을 결합하여 교육 수준을 예측할 수 있는지 검토했다. 이 복합적인 접근 방식을 통해, 연구진은 교육 수준 차이의 약 10%를 설명할 수 있었다고 한다. 이는 대규모 연구 노력에 비해 상대적으로 낮은 결과로, 예측값은 연구 참여자들과 유사한 배경을 가진 사람들에게만 적용된다. 수천 개의 유전자 위치를 검토하고 측정하기 쉬운 교육 수준과 같은 결과를 연결하는 이 방식으로는 인간 차이의 최대 10%만 설명할 수 있으며, 관계적 특성과 같은 더 복잡한 특성에서는 이 비율이 훨씬 낮을 것이다. 그럼에도 불구하고, 로버트 플로민은 DNA에 대해 열정적이었다. 또한 DNA를 '삶에 영향을 미치는 주요 요소major force that makes us who we are'라고 여겼고, 다형유전이 우리에게 미치는 영향을 '엄청나다enormous'고 설명했다.[10] 그러나 유전 연구의 이전 약속을 감안할 때 기대치를 낮게 설정하는 것이 현명하다고 느낀다. 플로민의 저서 《청사진Blueprint》은 DNA가 우리를 어떻게 형성하는지에 대한 낭만적인 개념을 담고 있으며, 이는 그가 연구하고 있는 주제에 대한 애정을 드러내는 듯하다. 이해는 가지만 식접적인 설득력은 아직 부족하다.

또 다른 중요한 교훈은 유전적 영향과 환경 요인 간의 전통적인 구분이 실제로는 존재하지 않는다는 것이다. 타고난 기질을 양육으로 바꿀 수 있는지와 닭이 먼저인지 달걀이 먼저인지에 대한 논의에서 유전적 결정론자와 환경적 형성론자가 과학적으로 대립하며 서로를 나치와 히피로 비난하던 것을 생각하면 고통스러운 결론일 수도 있다. 하지만 아이러니하게도, 결국에는 환경의 중요성을 증명했던 것은 유전학자들이었다. 유전자의 시선에서 본 세상이 이를 더 확실하게 만들었다.[11] 유전자에는 그가 속한 세포핵의 내부 환경이 주변 환경이며, 이 환경이 유전자의 발현을 결정한다. 즉, 유전자는 어느 정도로는 다른 유전자들의 환경이기도 하다. 하지만 세포 외부에서, 심지어 세포가 속한 개체의 외부에서도 유전자의 발현을 유도할 수 있다. '그렇다면 환경이 어떤 유전자가 발현되는지 결정한다면, 환경이 중요하다는 것인가?'라고 반문할 수 있다. 그러나 그렇지 않다. 왜냐하면 해당 유전자가 없다면 환경은 아무것도 활성화시킬 수 없기 때문이다.

유전적 결정론을 여전히 의심하는 이들을 위해, 에피유전학(후성유전학epigenetics)이라는 흥미로운 새 연구 분야를 소개한다. 에피유전학 연구는 유전자 코드 자체를 변화시키지 않으면서도 유전자 활동에 영향을 미치는 요인들을 연구한다. 특정 분자가 DNA에 결합해 유전자의 발현을 조절할 수 있다. 이러한 분자들의 활동을 결정하는 것은 무엇일까? 바로 환경이다. 에피유전학 효과의 중요성은 쥐의 육아 행동 세대 간 전달과 같은 연구를 통해 명확해졌다.

이 연구는 어머니의 돌봄 행동이 자손의 뇌가 호르몬 반응성에 미치는 큰 영향을 보여준다. 어머니가 제공하는 돌봄의 정도에 따라 자손의 DNA에 붙는 분자의 양이 조절되어 유전자의 활성화가 증가하고, 이로 인해 호르몬 수용체의 수가 늘어난다.[12] 이런 변화는 자녀가 평생 지니게 되며, 환경의 변화에 따라 일부는 되돌릴 수도 있다. 유전자와 환경의 상호작용은 매우 복잡하며, 이 두 요소는 개발 과정에서 서로 긴밀하게 연결되어 있다.

에피유전학적 변화가 세대를 걸쳐 유전될 수 있음을 보여주는 연구는 이러한 관계의 깊이를 더욱 강조한다. 이는 부모로부터 DNA만을 물려받는다는 기존의 생각에 도전한다. 예를 들어, 어머니의 에피유전학적 변화는 정자를 통해 자손에게 전달될 수 있으며, 이는 스트레스를 받은 쥐가 그 경험을 자손에게 전달하여 그들의 행동에 영향을 미칠 수 있다는 것을 의미한다.[13] 이러한 발견은 부모의 환경이 자녀에게 어떻게 영향을 미칠 수 있는지를 보여주며, 마치 부모의 기억을 물려받는 것과 비슷하다. 마이클 미니Michael Meaney의 연구는 '아이들이 부모의 유전자뿐만 아니라 그들의 환경도 물려받는다'는 결론을 내렸다.[14] 이는 유전과 환경의 구분에 대한 근본적인 질문을 제기하며, 아버지에게도 경고의 메시지를 선달한다. 임신 과정에서 아버지가 전달하는 것이 단지 DNA에 국한되지 않기 때문에, 그들의 나이와 생활 방식이 중요하다는 것을 시사한다.

실제로 아버지가 되기 시작하는 것은 출산 이전부터라고 볼 수 있다. 그러나 이에 대한 더 자세한 논의는 이후에 진행하겠다.

여기서 중요한 메시지는 DNA가 사람들 간의 차이를 만드는 데 중요한 요소라는 것이지만, 그 외에도 다른 요소들이 작용한다는 점이다. DNA는 그 자체로는 성격이나 특성 등 어떤 속성도 숨기고 있지 않으며, 단순히 환경의 영향을 받아 실행될 수도 있고 실행되지 않을 수도 있는 단백질을 생산하는 지시어 집합에 불과하다. 이러한 지시어의 중요성은 유전적 변이의 결과에서 드러난다. 그러나 특정 속성이나 행동이 당신의 DNA에 있다고 주장하는 것은 우리 몸이 어떻게 작동하는지에 대한 올바른 이해와 일치하지 않는다.

시작의 시작

3장에서는 출산 중과 그 직후 어머니의 뇌에서 일어나는 변화를 설명했다. 그 과정에서 아이의 뇌 발달에 대해서는 간단히 언급했지만, 자궁 내에서와 외부로 나가는 과정에서 아이의 뇌에서도 이미 많은 변화가 일어난다. 이를 명확히 보여주는 가장 중요한 자연 실험 중 하나는 네덜란드에서 진행됐던 '네덜란드 대기근hongerwinter' 연구이다. 이 연구는 제2차 세계대전의 마지막 겨울 동안 독일 점령군이 네덜란드 서부를 나머지 지역과 격리하고 농경지를 침수시켜 식량 공급을 차단했을 때, 굶주림을 겪은 인구에 대해 이루어졌다. 내 할아버지는 로테르담 근처의 농장에서 어린 시절을 보내셨고, 감자 한 자루를 부모님께 가져다드리기 위해 고군분투하셨다고 한다. 그는 도시에 도착했지만, 독일 병사에게 감자 자루를 빼앗겼다. 그때 구호소에서 만들던 끓고 있는 수프의 냄새는 그의 기억에서 사라지지 않았다. 이 이야기를 할 때, 할아버지는 몸서리쳤다. 그런데 이 연구에 참여한 아이들은 대기근 중에는 아직 태어나지 않았다. 그들은 여전히 어머니의 몸에, 즉 배고픈 외부 세계에서 멀리 떨어진, 안전한 공간이라고 우리가 늘 이상적으로 생각하는 자궁 속에 있었다. 모체는 태아를 보호하려 최선을 다하지만, 대기근 같은 극심한 스트레스나 영양 부족 상황은 막을 수 없었다.[15] 이후 연구된 바에 따르면, 그 당시 임신 중이었던 어머니들의 자녀들은 성인이 되어서도 심혈관 질환, 당뇨병, 우울증, 조현병과 같은 정신 질환에 걸릴 위험이 더 높다. 이는 어머니의 임신 중 경험이 자녀의 호르몬 스트레스 시스템에 미치는 영향을 시사한다. 대기근만큼 길지 않아도, 9/11과 같은 사건 후에 PTSD를 겪은 어머니의 자녀들에게도 비슷한 영향이 나타난다.[16] 이러한 자연 실험들은 임신 중 겪은 심각한 스트레스가 후대의 스트레스 반응 시스템에 미치는 영향을 명확히 보여준다. 이는 보통 높은 코르티솔 수치와 코르티솔 수용체의 에피제네틱 변화로 나타난다.[17] 어머니의 스트레스가 어떻게 자궁 속 아기에게 전달되는지는 확실히 알려지지 않았지만, 아마도 코르티솔을 통해 태아에게 영향을 줄 것으로 추정된다. 이에 대해 태아는 어느 정도 보호받는다. 대부분의 스트레스 호르몬은 태반에서 효소에 의해 무해하게 처리되어 태아에게는 도달하지 않는다. 이 사실은 임신 중에 아기 방을 제때 마련하지 못해 스트레스를 받는 어머니들에게 안도감을 줄 수 있을 것이다. .

코르티솔 외에도 테스토스테론이 태아에게 영향을 미칠 수 있다. 자궁 내에서 남매 쌍둥이와 함께 있던 여아의 두뇌가 크게 발달한 사례를 언급하며, 이는 태아의 양수를 통해 테스토스테론이 전달되었기 때문이라고 설명했다. 하지만 그것만이 아니다. 연구 결과에 따르면, 자궁 내 테스토스테론은 생후 10년 때 뇌의 부피를 예측할 수 있으며, 이 호르몬은 뇌의 특정 부위의 크기 차이에도 영향을 미친다. 이러한 차이는 남녀 아이들 사이에서도 나타나며,[18] 일부는 태아 시기의 테스토스테론 농도 때문이다. 이 호르몬은 태아 자체에서 생성되거나 어머니로부터 전달될 수 있다. 이 연구들은 자궁 내 테스토스테론 수치가 높은 경우 자폐 스펙트럼 장애와 관련된 특징이 더 두드러지게 나타날 수 있음을 보여주며,[19] 특히 유전적 변이에 의해 자궁 내에서 높은 수준의 테스토스테론에 노출된 여성들이 남성적인 특징을 더 많이 보일 수 있다는 점을 입증한다.[20]

자궁 내 테스토스테론 수치를 측정하는 방법은 많은 논란을 불러일으키는데, 이는 진정한 연구 결과와 많은 허구가 섞여 발표되었기 때문이다. 아마도 측정이 너무 쉬워 이런 일이 벌어질 것이다. 즉, 손가락 길이 차이, 특히 검지와 약지의 길이 비율로 측정할 수 있다. 이 비율을 디짓 비율digit-ratio이라고도 하며, 태아 성장 중 한 손가락의 뼈에 테스토스테론 수용체가 더 많이 분포하는 생물학적 특성 때문에, 테스토스테론이 자궁 내에서 짧은 기간 동안 한 손가락을 다른 손가락보다 약간 더 빠르게 성장시킬 수 있다. 이는 연구자들에게 자궁 내 상황을 더 잘 이해할 수 있는 도구를 제공했다. 많은 연구에서 손가락 길이 비율을 통해 발견된 결과들이 반복 검사에서 우연의 결과로 밝혀졌다. 하지만 레즈비언 여성들이 일반적으로 '남성적인' 디짓 비율을 갖는다는 결과는 일관되게 나타났다. 특히, 자신을 더 남성적인 성향으로 묘사하는 부치butch 레즈비언들에게서 이러한 경향이 더 두드러졌다.[21] 남성의 경우 손가락 길이 비율이 성적 선호와는 연관성이 없다. 아마도 이는 남성이 이미 높은 수치의 테스토스테론이 있는 양수 환경에서 자라기 때문일 것이다. 하지만 이것이 남성의 손가락 길이 비율이 중요하지 않다는 것을 의미하지는 않는다. 최근 연구에 따르면, 성인 남성과 여성의 손가락 길이 비율이 과거 테스토스테론 노출과 관련이 있으며, 이는 공감 능력과 관련이 있다.[22]

이 모든 연구 결과를 종합해 볼 때, 테스토스테론과 성별이 뇌 발달과 행동에 미치는 영향을 부인하기 어렵다. 1만 개가 넘는 뇌 스캔을 분석한 최근 연구에서는 남성과 여성의 뇌에서 통계적으로 유의미한 차이를 확인하였다.[23] 그런데도, 남녀 간 차이가 사실상 없거나 존재한다 해도 그 의미가 미미하다는 주장을 하는 책을 출판하는 것이 매우 유익하다고 여겨지기도 한다. 《테스토스테론 렉스Testosterone Rex》와 《편견 없는 뇌The gendered brain》에서는 연구자들이 신경 성차별주의에 기여하고, 테스토스테론 연구가 남녀 간의 사회적 성 차이를 유지하려는 숨은 의도를 가지고 있다고 주장한다.[24] 이 책들은 전형적인 허수아비 논법을 따른다. 먼저, 신경생물학 연구자들이 성

차이를 바라보는 방식을 의도적으로 과장하여 희화화한 뒤, 그 이미지를 반박하는 방식이다. 《테스토스테론 렉스》는 여기서 언급된 일부 연구들을 편리하게 생략해 버린다. 반면, 《편견 없는 뇌》에서는 해당 연구들을 비판적으로 다루지만, 아이러니하게도 여기서와 유사한 결론을 내린다. 두 저자는 자신들의 작품에서 주의 깊게 표현하고 있음에도 불구하고, 신경 신화와 신경 성차별주의에 맞서 싸우는 전사로서 자신을 드러낸다. 또한, 그들은 성별 사이의 생물학적 차이를 축소해 보인다. 그들의 이러한 접근 방식은 비판적인 독자에게 이들은 성별 부정론자로 보이기도 한다.[25] 그러나 다시 시작해 보자. 나치, 히피… 이러한 극단적인 비유는 잠시 접어두고 말이다.

분만 전후 단계를 살펴보자. 우리는 아직 이에 대해 많이 알지 못하지만 발달의 중요한 순간 중 하나인 건 분명하다. 호르몬적으로 볼 때, 분만과 그 이후의 기간은 매우 중요한 순간이다. 산후기에는 자극이 시작되고, 출산이 일어난 후 수유가 시작되도록 여러 가지 호르몬이 활동한다. 하지만 그 호르몬적 변화가 신생아에게 미치는 영향은 아직 잘 알려져 있지 않다. 그리고 놀랍게도, 분만 방법에는 문화적 차이가 많은데, 그 방식이 아이에게 미치는 영향도 제대로 연구되어 있지 않다.[26] 1970년대에는 제왕절개가 드물었으나, 현재는 브라질이나 중국 같은 나라에서 절반 정도의 출산이 이 방식으로 이루어진다. 그러나 제왕절개가 천식, 비만, 당뇨병과 같은 질병의 위험을 증가시킨다는 증거가 있다. 동물 연구에 따르면, 제왕절개 수술 후에는 어미와 아기 사이의 유대와 관련이 있는 것으로 보이는 호르몬 캐스케이드(호르몬이 세포에 작용하여 일련의 연쇄적인 생화학적 반응을 일으키는 과정-옮긴이)가 생략된다. 분만 중이나 직후에 합성 옥시토신을 투여하는 것이 새로운 관행인데, 이는 의학적으로 꼭 필요하지 않은 경우에도 이루어지며, 어머니에게 이를 원하는지 묻는 경우는 거의 없다. 이것은 아기나 태반이 더 빨리 배출되도록 한다. 그러나 이 합성 옥시토신이 아기에게 어떤 영향을 미칠 수 있는지에 대한 명확한 정보는 부족하다. 쥐를 대상으로 한 연구에서는 이러한 합성 호르몬이 영구적인 영향을 미칠 수 있다고 알려져 있다. 또한, 모유 수유의 시작을 방해할 수 있다는 증거도 있다. 이는 분만 중 경막외 마취를 사용하는 경우에도 해당된다. 그런데 모유 수유는 아기와의 피부 접촉과 함께 어머니와 아기 모두에서 옥시토신 순환을 촉진하는 데 매우 중요한데, 이는 앞서 설명한 생체 행동 동조와 관련이 있다.

이런 모든 관행에 대해 확실하게 연구된 것은 없다. 하지만 제시된 증거와 동물 연구를 토대로 우려를 표현하는 것은 어렵지 않다. 현재 이 문제는 자연적 양육 운동에 의해 강조되고 있으며, 이 운동은 부모들에게 자연주의적 방식을 따르지 않으면 육아에 대한 즐거움보다는 오히려 죄책감을 심어 주는 것으로 보인다. 이러한 이유로 우리는 우려를 해소하거나, 관행을 조정하기 위해 연구를 수행해야 한다. 그렇지 않으면 우리가 의도치 않게 다음 대규모 자연 실험을 만들어낼 수도 있기 때문이다.

양육에 대한 오해

유전학이 우리가 부모로부터 유전자뿐만 아니라 환경도 물려받는다고 요약한다면, 이 글은 그에 반대되는 주장을 제시한다. 우리는 부모의 유전자만이 아니라 그들의 특성도 물려받는다. 양육 방식은 아이의 발달에 분명한 영향을 미치지만, 과거 유전학자들이 DNA의 중요성을 과도하게 강조했듯, 교육학자들 역시 부모가 자녀를 '키울' 수 있는 능력을 과대평가하는 경우가 많다.

주디스 리치 해리스(1938~2018)는 육아 연구에 대한 주요 비평가로, 1998년 저서 《양육가설The Nurture Assumption》을 통해 논쟁을 촉발시켰다. 해리스는 많은 육아 연구가 사실상 타당하지 않다고 주장했다. 그녀의 주요 비판은 연구자들이 종종 상관관계와 인과 관계를 혼동한다는 것이다. 이 둘이 동시에 발생한다 해도, 하나가 다른 하나를 유발한다고 볼 수는 없다. 특정 육아 스타일을 가진 부모가 불안한 자녀를 둔다는 연구 결과가 나와도, 그것이 부모의 양육 행동 때문이라고 단정 지을 수 없는 것이다. 부모와 아이 사이의 유전적 성향이 양육 방식에 영향을 미칠 수 있으며, 이는 불안을 더 많이 표현하는 데 영향을 미칠 수 있다. 불안한 부모는 논리적으로 다른 양육 방식을 선택할 수 있다. 그럼에도 유전적 중복의 영향은 해리스가 지적한 바와 같이, 교육학자들이 거의 고려하지 않았다.

주디스 리치 해리스의 다른 주요 비판은 연구자들이 부모 외부의 환경적 영향을 과소평가한다는 점이다. 예를 들어, 아이들이 나이가 들면서 또래 집단의 영향력이 부모의 영향력보다 커지는 경향이 있다. 특히 사춘기 자녀를 둔 경우 많은 부모가 이를 체감할 수 있을 것이다.

지난 20년간 다양한 과학 분야가 서로 융합되면서, 이전에는 확고했던 입장들도 서로 접근하게 되었다. 유전학자들은 환경의 중요성을 인정하게 되었고, 교육학자들도 조금 덜 열정적일 수 있지만, 생물학적 접근을 받아들이기 시작했다. 이러한 상호작용은 연구에만 도움이 되는 것이 아니라, 해리스의 정당한 비판이 교육학 연구에 통합되면서 또래 집단과 문화적 영향에 관한 관심도 증가했다.

양육의 중요성에 대한 근본적인 질문은 여전히 유효하다. 그러나 이에 대한 대답은 명확하다. 비록 양육 방식이 항상 예측 가능한 것은 아니지만, 일반적으로 민감하고 따뜻하며 조건 없는 양육은 아이의 사회적 및 감정적 발달에 긍정적인 영향을 미친다. 특히 부모가 자녀의 필요를 정확히 이해하고 반응하는 능력은 사회적 기술 발달에 중요한 역할을 한다. 이해와 따뜻함을 결합한 권위 있는 양육 스타일은 아이들의 행동과 발달에 긍정적으로 작용한다.[27] 연구에 따르면, 부모가 자녀를 과도하게 이상화하고 다른 이들을 경시하는 행동은 자녀에게 자기애적 성향을 심어줄 수 있다.[28] 따뜻하고 세심한 양육은 어린이의 자신감과 안전한 애착 형성에 큰 도움을 준다.

하지만 유전적 예측 변수에 관한 연구와 마찬가지로, 이에도 명확한 한계가 있다. 부모의 양육 스타일이 중요하긴 하지만, 그 예측 가능성은 제한적이다. 환경이 개인의 발달과 교육에 미치는 여러 영향을 고려할 때, 교육의 체계적인 영향을 측정하는 것은 쉽지 않다. 연구자들은 종종 양육의 특정 측면을 발달의 특정 측면과 연결하려 시도한다. 하지만 양육은 부모의 다양한 행동이 결합된 것이며, 아이의 발달도 다양한 행동 패턴으로 이루어져 있다. 이러한 일대일 관계를 찾는 시도는 양육과 발달 간의 복잡한 상호작용을 포함하지 못한다. 양육과 발달 사이의 연관성을 찾는 것이 중요하지만, 그 연관성이 강하지 않다는 사실은 놀랍지 않다. 이는 양육의 중요성을 의심할 만한 근거가 되지 않는다. 양육은 분명 중요하지만, 우리가 아직 충분히 이해하지 못하고 있을 뿐이다. 또한 아이들은 각자 다른 유전적 특성을 가지고 있으며, 실제 양육이 시작되기 전에 이미 다양한 경험을 하고 있다. 이러한 차이 때문에 동일한 양육 방식이라도 각 아이에게는 다른 결과를 초래할 수 있다. 예를 들어, 다루기 어려운 기질의 아이는 부모의 민감한 양육을 어렵게 만들며, 나쁜 수면 습관을 가진 아이는 부모의 인내심을 더욱 시험한다. 양육은 단

연결 본능

순히 부모의 행위만을 반영하는 것이 아니라, 아이의 또래 친구들 그리고 지역과 문화의 맥락에도 크게 영향을 받는다.

2018년 미국에서 진행된 연구는 이러한 다양한 요소들이 어떻게 서로 상호 작용하는지를 분명히 보여주었다. 이 연구에서는 흑인과 백인 어린이들이 4개월과 첫 번째 생일에 스트레스 테스트를 받고, 그 결과로 코르티솔 수치를 측정했다. 초기에는 아이들 사이에 차이가 없었지만, 1살이 되었을 때 흑인 아이들의 코르티솔 수치가 상대적으로 높게 나타났다. 이는 어머니가 경험한 차별의 정도와 관련이 있을 수 있다. 차별을 많이 겪은 어머니들의 자녀들은 일반적으로 코르티솔 수치가 높았다.[29] 왜 이런 일이 벌어지는지는 연구가 밝혀내지 못했지만, 이는 어린 나이부터 환경적 스트레스가 아이들에게 심화될 수 있음을 나타낸다.

이전에 소개한 '캐스케이드' 개념은 행동을 이해하려 할 때 초기 단계부터 전체 상황을 파악해야 한다는 것을 강조한다. 왜냐하면 각 단계는 다음 단계에 영향을 미칠 수 있기 때문이다. 이는 양육에 대한 접근 방식에 중요한 통찰을 제공한다. 단순한 팁이나 트릭으로 아이들의 행동을 변화시킬 수 있다는 생각이 왜 환상인지를 명확히 보여준다. 어떤 아이도 다른 아이와 완전히 똑같지 않으므로, 양육은 아이들의 지속적으로 변하는 필요에 맞춰 계속 조정되어야 한다. 아이의 행동을 부모의 양육 스타일만으로 설명하려는 시도는 지나치게 단순화된 접근이다. '저런 부모들과 뭘 할 수 있겠어?'라고 말하는 것이 유혹적일 수 있지만, 그럼에도 불구하고 이런 생각은 너무 단편적이다.

미국의 연구자 앨리슨 고프닉은 양육을 목적을 달성하기 위한 의도적인 과정으로 보는 관점에 근본적으로 반대하며, 부모가 자녀를 이상적인 이미지에 맞춰 형성하려는 양육 서적들을 비판한다.[30] 그녀는 이런 방식이 작동한다고 할지라도, 사회가 필요로 하는 다양성과 창의적인 해결책을 저해한다고 주장한다. 사회는 모두 같은 결과를 내는 것을 목표로 삼아서는 안 되며, 더욱이 그러한 '양육' 방식은 효과적이지 않다. 이를 시도하는 부모와 자녀 모두에게 좌절감을 증가시킬 뿐이다. 아이들은 '풍부하고 안전하며 다양한 환경'에서 자유롭게 성장하는 것이 바람직하며, 그 결과로 양귀비나 민들레가 될지라도 자유롭게 성장할 수 있다. 물론, 양육은 위험하니 피하라는 말이 더 안심될지도 모르지만 말이다.

이상한 손님들

이 장에서 다루는 질문은 사람을 현재의 모습으로 만드는 것은 무엇인가이다. 우리가 어느 정도 관계를 맺고 있는 사람들의 행동에서 보이는 다양성의 근본적인 원인은 무엇인가? 우리가 유전자, 청소년기의 경험, 호르몬의 변화 등을 통해 행동의 '근본 원인'을 찾으려는 시도가 종종 성공적이지 못함을 보았다. 이런 접근들은 행동에 영향을 미치는 여러 요소에 대한 이해를 넓혀주지만, 결국 우리의 행동이나 감정의 결여에 대한 확실한 설명을 제공하지는 못한다. 행동은 그 복잡성과 사회적 맥락 의존성 때문에 단일 원인으로 귀속하기 어렵다. 따라서 끊임없이 답을 찾기보다는 새로운 질문을 제기하는 것이 더 유익할 수 있다. 이러한 관점에서, '행동의 설명'이라는 개념을 잠시 내려놓는 것이 도움 될 수 있다.

암스테르담대학교의 심리학 및 심리측정학 교수인 데니 보르스트붐(1973)은 정신 질환의 원인을 전통적인 의학적 모델과는 다른 방식으로 접근한다. 그는 정신 질환을 단순한 뇌의 문제로 보는 경향에 반대하며, 우울증이나 자폐 같은 현상을 단순히 뇌의 물리적 상태나 호르몬과 신경 전달 물질의 조합으로 축소하는 것에 의문을 제기한다.[31] 우울증은 뇌의 상태 이상이나 특정 호르몬 및 신경전달물질의 조합에 그치지 않는다. 우울증은 또한 사회적 개념으로서의 문화적 의미도 갖고 있으며, 이는 우울증과 같은 정신적 상태를 설명할 때 중요한 요소다. 이러한 사고방식은 우리가 정신 질환에 대해 가지는 이해를 풍부하게 하고, 더 넓은 문화적·사회적 맥락에서 이를 바라볼 수 있게 한다.

보르스트붐 교수가 제안하는 '해결책' 중 하나는 우리의 정신적 상태를 네트워크의 관점에서 바라보아야 한다는 것이다. 행동이나 정신 상태를 설명하는 하나 또는 여러 예측자의 개념과는 달리, 생물학적, 심리적, 환경적 요인들이 모두 동시에 영향을 미치고 서로에게 영향을 미치는 다양한 요소들이 존재한다. 이러한 요소가 모인 네트워크에서 우리가 '정신적 질환'이라고 부르는 것은 특정 시점에서 네트워크의 특정 구성이다. 따라서 정신적 질환의 원인이 바이러스가 질병 증상을 일으키는 것과 같은 방식으로 존재하는 것은 아니다. 단지 인간은 다양한 원인 요소들이 얽힌 거미줄에서 특정 위치에 놓인 것이다.

개인이 처한 심리적 상태에 대한 이러한 관점은 흥미롭다. 왜냐하면, 여기에서 내가 논의하는 돌봄이나 외로움 같은 개념에도 적용되기 때문이다. 이러한 상태들은 단지 생물학적 요소로만 축소될 수 없지만, 이를 이해하기 위해서는 생물학적 요소들이 필수다. 따라서 우리가 하는 일은 발달 단계 안에서 개인으로서 생물심리학적, 사회적, 문화적 네트워크 안에 있는 것이다. 이런 방식으로 인간 행동과 개인의 정신 상태에 대해 생각하는 것은 우리가 사람들을 바라보는 방식에 영향을 미친다. 그 결과 우리는 더 이상 특정 행동에 대해 단순하고 일방적인 설명에 의존할 수 없게 되며, 이는 우리가 책임에 대해 생각하는 방식에도 영향을 미친다. 이런 인간관은 정신적 유연성을 요구한다. 우리는 원인과 결과를 중심으로 사고하는 데 익숙하고, 우리가 물리적으로 관찰할 수 있는 것에 의해 강하게 이끌리기 때문이다. 황여새Bombycilla garrulus는 겨울에 때때로 네덜란드에서 감상할 수 있는 화려한 새다. 이 새는 중세 시대에 흑사병이 유행하던 시기와 일치하는 기간에 나타났다. 하나에 하나를 더해 둘이라는 단순한 연관으로, 이 화려한 새가 재앙적인 전염병을 일으킨 원인으로 비난받았었다. 우리는 다중 인과관계를 다루는데 어려움을 겪으며, 특히 그 원인 중 일부가 육안으로 관찰되지 않을 때 더욱 그렇다.

이렇게 인과 관계에 대한 다른 관점은 이점을 제공한다. 행동의 원인이 고정되어 있지 않다는 생각은 안정감을 줄 수 있다. 그렇다면 문제 행동도 고정되어 있지 않음을 의미하며, 이는 상황이 항상 변할 수 있다는 것을 의미한다. DNA, 양육, 또는 트라우마 경험이 특정한 미래를 결정하진 않는다. 또 다른 중요한 점은 인간 행동에 대한 보편적인 설명이 존재하지 않는다는 것이다. 어떤 사람을 배려 깊고 공감적으로 만들거나, 반대로 불안하고 대인 관계가 어려운 사람으로 만드는 요인이 다른 사람에게는 아무런 영향도 미치지 않을 수 있다. 패턴과 평균은 모든 사람에게 동일하게 적용되지 않는다. 이것은 문제의 원인뿐만 아니라 해결책에도 적용된다. 다양한 개인은 각기 다른 접근 방식이 필요하며, 이들이 도움을 받을 때도 개별적인 접근이 요구된다. 그리고 어떤 경우에는 도와주는 것이 문제를 해결해야 한다는 의미는 아니다. 일부 개인에게는 생물심리학적, 사회문화적 네트워크에서 차지하는 위치가 다른 이들보다 변경이 훨씬 더 어려울 수 있다. 이는 누구의 '잘못'도 아니며, 그저 차이일 뿐이다. 더욱이, 차이가 있어야만 변화에 적응할 수 있는 사회가 된다. "하느님은 항상 이상한 손님을 모셔 오시지." 내 할아버지는 항상 말씀하시곤 했다. 그리고 이 말은 참으로 맞는 말이다.

10

함께 사는 법

The Science of Connection

> 행복은 나눌 때 비로소 그 진가가 드러난다.
>
> — 크리스토퍼 맥캔들리스, 영화 〈인투 더 와일드Into the Wild〉 중[1]

몇 초에 불과했던 것 같다. 밤이 깊은 시간, 입원실에서 환자복을 입은 남자가 창문 너머로 바쁘게 지나가는 차들을 바라보고 있다. 이는 2003년 데니 아르캉 감독의 〈야만적 침략Les Invasions Barbares〉이라는 비극적인 코미디 영화의 한 장면이다. 주인공인 50대 레미는 암 말기 환자로, 남은 시간을 가족 및 옛 친구들과 좋은 관계로 지내려 노력한다. 이 장면은 암에서 회복된 지 얼마 되지 않은 시점에 영화를 본 나에게 깊은 인상을 남겼다. 아마도 그 단순한 이미지가 내가 이전에 경험했던 취약성과 외로움을 강력하게 불러일으켰기 때문일 것이다. 주인공은 외부 활동에 더는 참여하지 않는 자신을 발견한다. 방안에 혼자 남아, 암을 벗 삼아, 죽을지도 모른다는 생각을 하면서 말이다. 외로움이 사무친다. 지나가는 차에 탄 모든 이를 흔들며 "여보세요! 당신은 죽을 수 있어요! 그걸 알고 있나요!"라고 외치고 싶을 만큼. 하지만 아마도 그것은 20대 청년의 생각일지도 모른다. 그는 이전에 한 번도 진지하게 생각해 본 적이 없었을 테니까. 조니 미첼은 〈Big Yellow Taxi〉에서 이렇게 노래한다. "언제나 그렇듯이/그 소중함을 모르다가/잃어버린 후에야 알게 되는 거지."

이는 우리의 건강에도 해당되는 말이다. 암을 겪은 후 몇 년이 지나면서 나는 서서히 건강을 다시 당연하게 여기기 시작했다. 그런데도, 항상 어딘가에는 불안이 자리 잡고 있다. 사소한 통증이나 감기, 발열이 있을 때마다 나는 병원의 침대 옆에 늘어선 의료 기기와 수상한 액체가 든 주머니와 함께하는 모습을 상상하곤 한다. 그 두려움과 함께, 나 자신이 얼마나 취약한지 깨닫는 것은 저주이자 동시에 축복이다.

우리는 필연적으로 죽을 수밖에 없는 존재이며, 정상적으로 기능하는 몸에 의존하기 때문에 우리는 취약할 수밖에 없다. 또한 우리는 다른 사람 없이는 살 수 없기 때문에 더욱 취약하다. 병이나 아픔이 없을 때조차도, 많은 사람들이 타인의 지속적인 가까운 존재 없이 살아갈 수는 없다. 그렇기 때문에, 현대 사회가 더 이상 삶이 집단적이지 않고, 타인의 가까운 존재가 당연한 것이 아니라는 점에서 이는 우리를 더욱 취약하게 만드는 요소이다. 외로움은 스트레스의 주요 원인이 될 수 있으며, 감정적으로 부정적인 영향을 미친다. 그뿐만 아니라, 장기적인 외로움은 만성 스트레스를 유발하고, 거의 모든 종류의 신체적·정신적 질환의 위험을 증가시킨다. 300,000명 이상의 데이터를 포함한 메타 분석에 따르면, 적절한 사회적 관계가 없는 사람들은 일찍 사망할 가능성이 50% 더 높다.[2]

우리의 웰빙은 물론 신체적·정신적 건강에 있어서 다른 사람들은 필수적이다. 우리의 삶을 다른 사람들과 공유하는 것은 우리 인간의 기본적인 존재 방식이라고 할 수 있다. 프란스 드 발이 언급한 바와 같이, "서구 문화는 자율성을 로맨틱하게 여기지만, 우리의 마음과 정신은 결코 진정으로 혼자가 아니다."

생물학자들은 인간이 사회적으로 매우 의존적인 존재임을 잘 알고 있다. 우리는 집단 없이는 생존할 수 없으며, 고립된 상태에서는 고통을 크게 겪는다. 따라서 우리의 정상적인 상태는 사회적 환경에서 모든 감정적 지원과 함께 기능하는 것이다. 이는 카푸친원숭이가 지속적으로 접촉을 유지하기 위해 소리를 지르는 것과 크게 다르지 않다. 원숭이들은 떨어져 있을 때도 자신을 무리의 일부로 여겨 끊임없이 서로의 존재를 확인하며 안도감을 찾는다. 그들은 서로의 소리를 통해 서로의 손을 잡고 있다.[3]

프란스 드 발은 인간의 취약성과 의존성이 특정 사회적 가치들과 부합하지 않는다고 지적한다. 그는 현대 사회가 자율성과 강한 애착을 가지고 있다고 보았다. 20세기 후반 개인주의와 자유주의가 증가하면서 우리의 본성이자 필요인 연결성의 중요성이 점점 외면되고 있다. 의존성은 약점의 동의어로 여겨지며, 이상적인 시민은 자신의 일을 스스로 처리할 수 있는 자립적인 사람으로 그려졌다. 사회에 기여해야 하며 복지국가에 의존해서도 안 된다. 일자리가 없거나 장기간 돌봄이 필요한 사람들은 사회적 기여를 할 수 있도록 '재활성화'되어야 한다. 그리고 여기서 '사회'라 함은 종종 '경제'를 의미한다. 우리는 더 이상 '환자'가 아니라 '의료 소비자'다. 이 용어는 건강에 대한 책임이 오로지 개인에게만 있다는 잘못된 인식을 준다. 사회적 책임은 개인에게 있으며, 사회가 개인을 책임지는 것은 아니다. 먼저 당신은 자신에게 책임이 있으며, 동시에 사회를 만드는 일원이다. 이 이상적인 시민의 이미지 때문에 우리는 매일 현실과의 충돌을 경험하면서, 독립하고자 하는 욕구와 의존하고자 하는 욕구 사이의 괴리에 빠지게 된다. 그러나 그 의존성이야말로 부정적인 것이 아니라, 사실 아름다운 것이다. 오히려 우리를 배려심 있고 연결된 존재로 만들기 때문이다.

언어 사용과 사회적 관습이 개인의 책임을 강조함으로써 사람들은 이러한 이미지에 부합하는 것이 선택의 문제인 것처럼 느낄 수 있다. 우리는 '행동'하기로 선택할 수도 있는 것 아닌가하는 논리가 그

것이다. 이런 인간관은 자신을 만들어갈 수 있는, 즉 스스로를 개척하고 성장시킬 수 있는 인간의 이미지를 내포하고 있다. 그러나 이는 현실과 부합하지 않으며, 우리의 선택과 행동 뒤에 숨겨진 복잡한 원인들을 제대로 반영하지 못한다. 안타까운 사실은, 이로 인해 의도적이든 아니든, 이상적인 모습에 부합하지 않는 사람들을 약한 개인으로 여기고 기여도가 부족한 존재로 간주하게 된다는 점이다. 만약 당신이 '행동하는 사람'이 아니라면, 당신은 무엇인가? 그건 각자가 스스로 결정해야 한다.

가끔 어릴 적 우리 가족 사이에서 농담조로 들었던 속담이 떠오른다. "게으름은 악마의 베개다." 게으른 사람은 쉽게 나태해지고, 결국 나쁜 길로 빠질 수 있다는 뜻이다. 하지만 이런 사고방식은 현대 사회에서 개인의 가치를 '얼마나 열심히 사느냐'로만 평가하는 문제를 낳을 수 있다.

자신을 돕는 것

인간 행동은 맥락에 따라 다양한 결과를 낳는 복잡한 요소들의 산물이다. 여기서 얻을 수 있는 교훈은 교육자로서 의도적으로 무언가를 '생산'할 수 있다는 환상을 품으면 안 된다는 것이다. 이는 부드러운 양육 접근 방식과 양육자에게 적용된다. 부모와 자녀는 그들의 행동에 대해 부분적으로만 책임을 질 수 있다. 이것은 부모와 자녀를 방치해야 한다는 의미가 아니며laisser-faire, 문제에 대한 해결책을 찾을 때 누구의 잘못인지 따지는 책임 문제를 가능한 한 배제하고, 사람들이 자신의 상황에 대해 제한적인 책임만을 질 수밖에 없음을 받아들여야 한다는 의미다.

이러한 관점은 부정적이고 긍정적인 모든 측면에 적용된다. 우리는 원하는 대로 만들어질 수 없으며, 이를 인정하는 접근이 필요하다. 이는 아이 양육뿐만 아니라, 우리 자신과 우리의 가까운 사람들에 대한 시각에도 동일하게 적용된다. 모든 아이와 성인의 행동을 현 사회의 이상에 맞추려는 환상을 버려야 한다. 철학자 프리드리히 니체Friedrich Nietzsche(1844~1900)는 우리에게 "너 자신이 되라"라고 하지만, 과연 우리가 얼마나 '나 자신'이 될 수 있는지는 의문이다. 결국 우리는 스스로를 창조하는 데 한계가 있는 존재다. 역설을 즐겼던 니체는 우리에게 "아모르 파티amor fati, 자신의 운명을 사랑하라"고 말했다.

아모르 파티는 우리 사회가 우리에게 기대하는 것과 정반대다. 사회는 우리가 진정한 뮌히하우젠 남작Baron von Munchhausen처럼 스스로를 늪에서 끌어올리길 바란다.(뮌히하우젠 남작은 사람들의 주목을 받기 위해 가짜를 사실처럼 과장하거나, 믿음이 가지 않는 말과 행동을 꾸며대는 허풍쟁이였다. 동화 〈허풍선이 남작의 모험〉의 실제 주인공이기도 하다.-옮긴이) 이러한 접근은 사회적 문제에 대한 해결책에서 흔히 볼 수 있는데, 그 해결책들은 대부분 개인 차원에서 제시된다. 대학에서는 교직원과 학생들의 스트레스 저항력을 높이기 위한 훈련을 제공하고, 정부는 건강한 생활 방식을 위한 개인 맞춤형 훈련을 지원한다. 이러한 조치들은 모두 좋은 시도들이지만, 모든 책임을 개인에게만 전가한다는 점이 문제다. 그러나 정신적, 신체적 건강에 대한 책임이 항상 개인에게만 있는 것은 아니다. '자신의 바지를 스스로 올리라'는 접근법은 소위 참여 사회의 일부로, 국가 옴부즈맨 레이니어 판 줏펜Reinier van Zutphen은 2017년에 이에 대해 비판적으로 언급했다. "시민들은 자신들을 돌봐줄 정부가 필요하다."[4] 많은 사람이 완전히 혼자서는 자신을 돌볼 수 없다. 실제로, 완벽하게 독립적으로 살아갈 수 있는 사람은 없다.

시민들의 신체적·정신적 건강 문제는 주로 개인의 책임으로 여겨지지만, 이는 광범위한 사회적 문제로서 더 많이 다뤄져야 한다. 예를 들어, 〈드 코레스폰던트〉의 연구 기자 린 버거는 외로움에 대해 다룬 글에서 외로움의 증가를 종종 유행병이라고 언급한다.[5] 이 표현은 외로움이 의학적 문제처럼 다뤄져야 한다고 함축하지만, 외로움은 사회가 해결해야 할 문제이며, 개인의 실패로 간주되어서는 안 된다.[6] 이러한 관점은 앞에서 이야기했던 행동과 정신의 다양성을 뇌질환으로 여기고 그를 치료할 약을 찾는 과학적 접근과 맞닿아 있다. 예를 들어, 성 욕구의 부재, 우울, 또는 남학생들에게 자주 나타나는 집중력 장애들 말이다.[7] 어쨌든, 외로움을 치료하기 위한 치료약이라니 흥미롭다. 왜냐면 이는 알로프레그날론과 같은 호르몬에 대한 연구와 맞닿아 있는데, 이 호르몬은 프로게스테론으로부터 우리 몸이 자연적으로 생성하며, 항우울 효과가 있는 것으로 알려져 있기 때문이다. 연구에 따르면 이 호르몬은 산후 우울증 증상을 완화하고 어머니와 아기 사이의 유대를 강화할 수 있으며, 대부분의 경우 어머니의 모유를 통해 아기에게 전달된다.[8] 좋은 소식이다. 어머니와 아이 사이에 유대가 좋아질 것이며, 어머니가 별도의 항우울제를 필요로 하지 않을 수 있다는 것을 의미하기 때문이다. 모유 수유 때문에 투약이 어려운 어머니들에게 도움이 될 수 있다.

하지만 이제 연구자들은 알로프레그날론을 사용하여 외로움의 감정을 줄이려고 시도하고 있다.[9] 만약 효과가 있다면, 외로움으로 고통받는 사람들에게 안도감을 줄 수 있을 것이다. 하지만 이 문제에 대한 약물 처방이 올바른 해결책인지에 대한 질문은 간과하고 있다.

약물 개발 외에도 현재 많은 연구가 회복탄력성resilience과 저항력에 초점을 맞추고 있으며, 이는 취약성의 반대 개념이다. 연구자들은 어려운 유년기의 부정적인 결과에 중점을 두기보다는, 왜 어떤 사람들은 이러한 부정적인 영향을 덜 받는지에 대한 질문을 주로 다룬다. 이러한 초점의 연구는 당연히 중요하다. 개인의 특성이 어떻게 그들의 회복력에 기여하는지 살펴보는 것은 의미 있는 일이기 때문이다. 하지만 우리는 사람들이 특정 문제를 경험하게 하는 사회적 상황이 무엇인지를 잊어서는 안 된다.

해결책이 반드시 개인 차원에서만 나오지 않아도 된다. 이는 특히 '완전한 삶'에 대한 논의에서 두드러진다. 진보적 자유주의 정당들은 자기 결정권을 주장하는 반면, 기독교 정당들은 자신의 삶이 끝났다고 느끼는 노인들의 고통에 대한 더 많은 사회적 책임을 촉구한다. 내 생각에 이 두 가지 접근 방식은 충분히 공존할 수 있다.

오늘날 우리는 문제를 해결하는 것뿐만 아니라, 자기 자신을 개선하는 것도 개인의 책임으로 간주한다. 다시 말해, 우리 잠재력을 실현하는 것이 필수가 되었다. 단순히 존재하는 것으로는 충분하지 않으며, 우리는 끊임없이 스스로를 끌어올려야 한다. 이는 더 행복하고 성공적인 삶을 약속하는 자기계발서가 엄청난 양으로 존재하는 것에서 볼 수 있다. 심지어 어린이들도 이 흐름에서 벗어날 수 없다. 이는 '더 재미있게' 살기 위한 어린이 자기계발서의 증가로 증명된다.[10] 루스 휘프먼은 자기계발 산업이 우리를 어떻게 돕는다고 주장하는지에 대해 비판적으로 접근한다. 그녀는 개인의 행복을 증진하기 위해 제작된 수많은 책과 앱들이 실제로는 정반대의 효과를 낸다고 지적한다.[11]

이러한 자기계발 도구들은 우리에게 행복은 자신 안에서 찾을 수 있다는 메시지를 전달한다. 자기 자신을 찾고, 내면의 소리를 듣고, 진정한 자기 자신이 되어야 한다고 가르친다. 충분한 자기 관리, 명상, 요가, 슈퍼푸드만 있다면 행복이 저절로 따라올 것처럼 보인다. 그러나 연구는 우리의 행복 경험이 타인과의 관계의 질에 훨씬 더 의존한다는 것을 보여준다. 요가와 슈퍼푸드 자체에 문제가 있는 것은 아니지만, 이것들이 행복의 주된 원천이라는 잘못된 약속을 할 때 문제가 발생한다. 계속해서 내면을 탐색하는 것은 역효과를 낼 수 있다. 내면을 깊게 들여다보면 때로 실망스러운 사실을 발견할 수 있기 때문이다. 행복이 오직 내 안에만 있다는 생각은 자칫 문제를 일으킬 수 있다. '심지어 이것조차도 나는 해내지 못하는구나' 하는 좌절감이 들게 된다.

우리가 불행을 느끼거나 정신적 문제를 겪을 때, 단순히 그 상황을 받아들일 필요는 없다. 우리는 변화하고, 개선되며, 더 행복해질 수 있다. 하지만 우리의 운명이 오직 우리 손에만 달려있는 것은 아니다. 우리는 인간으로서 주변 환경에 크게 의존한다. 우리가 태어난 장소, 부모의 사회적 지위, 자라난 환경의 안전성 등이 우리 삶에 큰 영향을 미친다. 사람들이 자신의 정신적 문제를 스스로 해결할 수 없고, 원하는 미래를 온전히 만들어 낼 수 없다는 통찰은 프로이트와 같은 유명한 임상의에게서도 찾아볼 수 있다.

존 그레이는 이렇게 썼다. "프로이트의 이론은 억압된 성적 욕망에 대해 다루는 것만큼이나 모든 사람이 어린 시절 경험하는 무력감에 관해서도 설명한다. 그는 우리의 초기 경험이 지울 수 없는 흔적을 남긴다고 말한다. 심리치료를 통해 이러한 흔적들을 더 명확히 볼 수 있으나, 지울 수는 없을 것이다. 프로이트의 이론이 도출하는 결론 중 하나는, 개인의 자율성이란 환상에 불과하다는 점이다. 정신분석이란 끝없는 과정이라는 그의 지적과 같이, 정신분석의 목표는 자신의 운명을 받아들이는 것이다."[12]

"너는 나중에 뭐가 되고 싶니?"라는 질문을 어린이들에게 자주 던지곤 한다. 어린 시절 나는 바바파파(프랑스 아동 문학 시리즈에 나오는 캐릭터—옮긴이)가 되고 싶었다. 바바파파는 모든 것이 될 수 있기에, 이 선택으로 나는 결정을 좀 더 미룰 수 있었다. 하지만 우리가 아무리 그렇게 되고 싶어도 우리는 바바파파가 아니며, 스스로를 원하는 틀에 밀어 넣을 수 없다. 이는 인간의 모든 것을 계획할 수 있다는 환상이다. 우리가 물려받은 유전적 구성 요소, 어린 시절의 경험, 그리고 우리가 살아가는 환경 간의 상호작용이 모든 사람이 변화에 대해 같은 움직임의 여유를 가지고 있지 않게 만든다. 우리가 바바파파가 아니라는 점을 좀 더 이해할 필요가 있다. 이는 개인 간의 차이와 모든 사람이 자신의 삶을 제대로 관리할 수 있는 능력을 가지고 있지 않다는 사실을 의미한다. 모든 사람이 잘 해낼 수 있다고 기대해서는 안 된다. 우리는 이 점을 충분히 고려하고 있을까? 다양성과 취약한 사람들, 행동하지 않는 사람들에 대해 충분한 관심을 기울이고 있을까?

변화와 포용성에 대해

1980년대 네덜란드 변두리의 백인 학교를 다닌 백인 소년으로서 변화와 포용성은 내게 생소한 개념이었다. 지금 와서 생각해 보면, 행동 문제를 가지고 있는 학생들도 몇 명 있었지만, 그때의 우리는 그저 그들이 이상하고 특이하다고만 생각했다. 하지만 오늘날 우리는 다양성과 포용성에 대해 조금 더 깊게 생각해 보고 있다.

개인적으로 포용성이라는 주제는 내 큰딸과 특히 관련이 있다. 그녀는 다운 증후군을 가지고 있다. 그녀를 통해 나는 다운 증후군을 가진 사람의 약간 비스듬한 눈으로 세상을 바라본다. 다른 사람의 상황을 진정으로 이해하는 데는 그들과 발걸음을 맞춰 걷는 것만큼 좋은 방법이 없다. 내 딸을 통해 나는 다운 증후군이 우리 사회에 어떻게 맞물리는지, 때론 맞지 않는지를 본다. 우리 아이는 일반 교육을 받고 있다. 아이에게는 도움이 될 테지만 이는 가족, 학교, 보조자, 교사들의 큰 투자 덕에 가능한 일이다. 불행히도 같은 증후군을 가진 아이들과 그들의 부모에게는 그럴 기회가 주어지지 않는다.[13] 학교에서 반복적으로 거절당하는 부모님들의 이야기는 수없이 많다. 왜냐하면 교직원들이 감당하기 어렵다고 판단하기 때문이다. 그것은 때때로 이해할 만하지만, 포용적인 교육을 제공하려면 기관의 많은 노력이 필요하며, 이는 부모와 자녀 모두에게 안타까운 현실이다.

교외 활동의 참여는 교육 참여보다도 더 어렵다. 방과 후 운동을 배우고 싶다면 나의 딸과 같은 아이들도 포용하는 특수한 팀을 찾아 들어가야만 한다. 내 딸이 가장 좋아하는 댄스 수업은 지역 문화 기관과 협력하여 우리가 직접 만들어야 했다. 네덜란드는 장애가 있는 아이들에게 좋은 기회를 제공하지만, 실제로 포용적이라는 것은 종종 더 큰 집단 내에서 분리된 소그룹을 의미한다. 축구에 참여할 수 있지만, 자신의 작은 필드에서만 가능하다.

다운 증후군에 대한 사회적 견해는 특히 태아 선별 검사에 관한 논의에서 가장 뚜렷하게 드러난다. 2017년부터 예비 부모들은 NIPT 검사를 활용할 수 있게 되었다. 임신한 어머니에게서 간단히 혈액을 채취함으로써 다운 증후군을 포함한 세 가지 염색체 이상을 확인하는 것으로, 신뢰성이 뛰어나다. 이러한 간편하고 신뢰할 수 있는 검사는 의학적으로는 진전이지만, 임산부에게 NIPT를 저렴하게 제공하는 것이 사회적으로 어떤 결과를 초래할지에 대해서는 고민해야 한다. 정부가 검사를 제공하는 이유는 부모(어머니)의 선택 자유와 의료적 고통을 예방하기 위해서다. 담당 장관들은 이 검사가 부모가 태아의 이상을 발견한 후 낙태를 선택하도록 유도하여 비용을 절약하려는 의도가 아니라고 강조했다. 그것은 의심할 여지가 없다. 하지만 그것이 의도치 않은 결과를 낳을 수도 있다. 언론에서는 곧바로 '다운 검사'라는 용어를 사용하기 시작했다. 그렇다면 사회는 부모의 '자유로운' 선택에 대해 얼마나 관용적일까?

2015년에는 〈엔에르세이 한델스블라트〉에서 '다운 증후군을 가진 아이를 키우려면 백만에서 2백만 유로가 든다'는 제목 아래 도덕적 문제를 단순한 수식으로 축소시켰다. 이 기사는 많은 논란을 불러일으켰으며, 다운 증후군을 경제적 관점에서만 바라보는 방식이 문제가 될 수 있음을 보여주었다.[14] 충격을 받은 독자들은 나치의 정치적 지지 기반이었던 NSDAP의 선거 포스터와 비교했다.[15] 포스터에는 장애인으로 보이는 남성이 등장하며 '이 유전병 환자는 일생동안 60,000라이히마르크의 비용이 듭니다. 동포 여러분, 이것은 여러분의 돈이기도 합니다!'라는 문구가 있다. 덴마크와 아이슬란드에서는 공동체에 부담을 주지 않도록 하는 사고방식이 일반적이다. 차가우면서도 아름다운 섬, 아이슬란드에서는 다운 증후군을 가진 아이의 임신이 100% 종료된다.[16] 덴마크(가장 아동 친화적인 휴양지로 선정된)에서는 그 비율이 98%에 이른다.

덴마크의 한 어머니는 다운 증후군을 가진 아이를 낳기로 결정했을 때 의사에게서 "그것이 사회에 미치는 영향을 알고 있습니까?"라는 질문을 들었다.[17] 다행히 네덜란드에서는 선별 검사라는 정책은 없으며, 유전적 이상을 가진 아이를 출산하는 일이 북부 이웃 국가들에서보다는 더 많이 받아들여지고 있다. 하지만 나도 페이스북을 통해 다운 증후군을 가진 아이를 고의로 갖는 것이 비윤리적이며, 사회에 높은 비용을 지우는 것이라는 메시지와 함께 적지 않은 비판적인 댓글을 받았다. 사람의 가치를 단순히 의료 비용으로 환원하는 것은 위험한 사고방식이다. 나는 이 말을 할 수 있다. 왜냐하면 나도 꽤 비싼 환자였기 때문이다. 하지만 림프종에 대해서는 (아직) 유전자 검사를 통해 사전 진단을 할 수 없다.

NIPT의 명시적인 목표 중 하나는 고통의 예방이다. 태아 자체의 고통뿐만 아니라 그 아이가 부모에게 양육 부담을 안겨줄 때 부모가 느끼는 고통도 포함된다. 이는 실제로 중요한 고려 사항이지만, 문제는 그것을 어떻게 측정하느냐다. 나는 때때로 내 딸을 돌보는 것이 힘들다고 느낀다. 하지만 다른 아이들을 돌보는 것도 마찬가지이다. 내 딸은 고통받지 않지만, 다른 사람들보다 일상생활에서 어려움을 겪는 일이 있다. 하지만 이것도 다른 두 아이에게도 마찬가지다. 다운 증후군을 가진 사람들과 그 가족의 삶의 질과 경험에 관한 연구는 그들이 일반적으로 오히려 행복하다는 것을 보여준다.[18] 그들이 겪는 많은 문제와 어려움은 대부분 장애를 다루는 사회의 방식 때문이지, 장애 자체 때문이 아니다. 이는 유전적 검사로 해결할 수 있는 문제가 아닌, 우리 사회가 다르게 해결할 수 있는 고통이다. 이러한 연구가 추가로 증명하는 것은, 가족 구성원들이 장애를 가진 사람과 함께 하는 삶을 오히려 가치 있게 느낀다는 점이다. 비록 추가적인 돌봄과 노력은 들지만 말이다.

이것은 내 경험과도 같다. 내 딸은 내 삶을 더욱 풍요롭게 만들었다. 나는 그녀에게서 배우고 있으며, 그녀를 돌보는 과정에서 전에는 전혀 몰랐던 내 안의 아름다운 면모를 발견했다. 그녀 덕분에 나는 사람들을 다르게 바라보게 되었다. 하지만 이런 경험들은 〈엔에르세이 한델스블라트〉의 계산에 포함돼 있지 않았으며, '과도한 돌봄'의 기준에 포함되지도 않는다. 적어도 나는 이런 모든 것들을 놓치고 싶지 않았다.

'흑인의 목숨도 중요하다Black Lives Matter' 운동을 통해 사람들은 거리로 나설 수 있었다. 성소수자나 성 정체성 때문에 차별받는 사람들도 그에 대해 목소리를 높일 수 있다. 하지만 언어적으로 덜 능숙한 사람들에게 이는 어려운 일이다. 어떻게 하면 그들의 목소리를 들을 수 있을까? 우리는 실제로 다양성에 얼마나 열려 있을까? 우리가 진정으로 다양성을 받아들일 준비가 되어 있는지, 그것을 어떻게 이해하고 있는지를 스스로에게 물어봐야 한다. 나 스스로를 돌아보면, 내 딸의 사회적 관계 밖에서는 신체적으로 장애가 있거나 만성적으로 아픈 사람, 청각 장애가 있는 사람, 시각 장애가 있는 사람을 거의 알지 못한다. 내 주변 환경, 동료들과 강의실의 학생들을 포함하여, 대체로 백인이고 상대적으로 건강하다. 사회가 다양하다면, 그 다양성은 도대체 어디에 있을까? 사람들이 처음부터 함께 자라고 함께 살아가지 않는다면, 우리는 이러한 차이들을 어떻게 배워나갈 수 있을까? 우리는 아직 갈 길이 멀고, 모든 사람의 적극적인 참여가 필요하다.

저널리스트 울릭 톨스골드Ulrik Tolsgaard는 덴마크에서 다운 증후군을 가진 아이들의 출생률이 감소하는 현상을 주제로 다큐멘터리를 제작했다. 그는 다운 증후군 아동의 수용에 대해 풍력 발전기와 비유를 들어 설명한다. 즉, 모든 사람이 훌륭하다 여기는 아이디어지만, 정작 그 누구도 자신의 뒷마당에 풍력 발전기를 설치하길 원하지 않는다는 것이다.[19] 그럼에도 불구하고 우리는 모든 사람이 사회의 일부가 되도록 최선을 다해야 한다. 마치 유전적 다양성이 농작물을 자연적인 해충이나 기후 변화로부터 더 강하게 만들어주는 것처럼, 더 다양한 사회는 변화하는 환경에 대해 더 탄력적으로 대응할 수 있다.

앤드루 솔로몬(1963)만큼 포용, 수용, 정체성에 관해 아름답게 글을 쓸 수 있는 작가는 없을 것이다. 그는 특히《부모와 다른 아이들 Far from the Tree》이라는 인상적인 작품을 통해 부모들이 자신과 '다른' 아이들과 어떻게 상호 삭용하는지에 대한 심층적인 탐구를 제공했다. 솔로몬은 이러한 부모들이 가진 원동력에 대해 이야기하며, 그들 중 일부는 열정적인 활동가가 되기도 한다고 말한다. 그들이 이렇게 행동하는 이유는 더 친절한 사회가 그들의 아이들에게 도움을 줄 수 있기를 바라는 마음에서다. 또한 포용적인 교육은 그들의 자녀뿐만 아니라 반 친구들에게도 긍정적인 영향을 미친다. 더 많은 연민을 가진 사회는 포용되는 사람들에게만 유익한 것이 아니라, 포용하는 사람들에게도 더 나은 사회다. 솔로몬은 특별한 사람들을 우리 사회 구조에 편입시키는 것이 시간, 비용, 노력이 들지만, 그만한 가치가 있다고 주장한다.[20] 우리는 종종 포용을 도움이 필요하거나 덜 혜택받은 사람들에 대한 도덕적 의무로만 여긴다. 하지만 어쩌면 포용과 서로를 돌보는 것을 사회에 가치를 부여하는 본질적인 요소로 바라보는 것이 더 나을지도 모른다. 바로 공존이다.

돌봄의 효율성

돌봄은 비용이 많이 들고 힘든 일이다. 그게 바로 정치권과 대중 매체에서 돌봄과 교육을 보는 시선이다. 돌봄이 힘든 일인 것은 분명하다. 자유시장 경제가 활성화됨으로써 시민들도 점점 더 자주 의료 제공자와 보험사로부터 청구서를 받게 된다. 나는 암 치료 후 우연히 병원이 보험사에 보낸 청구서를 볼 기회가 있었다. 나는 매월 내는 보험료에 대해 더 이상 불평하지 않기로 결심했다.

의료 비용의 증가가 그 비용이 과하게 비싸다는걸 의미하진 않는다. 가정에서의 재정적 결정과 마찬가지로 얼마나 비싼지는 사실 중요하지 않다. 중요한 것은 그 비용을 감당할 수 있는지, 그리고 지불할 가치가 있는지이다. 인문과학대학교UvH의 에벨리엔 통켄스(1961) 교수는 비용 증가가 전혀 문제가 되지 않으며 경제적 법칙이라고 주장한다. "경제 성장과 기술 발전이 있을 때 농업이나 산업 분야의 노동 생산성이 증가합니다. 우리는 많은 것들을 훨씬 더 빠르고 저렴하게 만들 수 있게 됩니다. 하지만 의료와 교육과 같은 노

연결 본능

동 집약적인 부문에서는 그 생산성이 그다지 빠르게 성장을 보이지 않습니다. 교사는 동일한 시간에 갑자기 더 많은 수업을 할 수 없으며, 간호사도 더 많은 돌봄을 제공할 수 없습니다. 따라서 상대적 지출이 증가합니다."[21] 하지만 문제는 이러한 경제 법칙이 항상 인정되지 않아 정치인들이 의료가 과도하게 비싸다고 생각한다는 것이다. 해결책으로는 종종 정부의 엄격한 모니터링과 통제가 선택되지만, 이는 이미 높은 업무 부담을 더욱 가중하는 부수적인 효과를 낳는다. 지난 수십 년 동안, 시장 경제가 의료를 더 저렴하고 나은 방향으로 이끌 것이라는 신자유주의적 생각이 지배적이었다. 그러나 현재 호텔 객실이나 항공권을 예약하려고 하거나 유료 의료 서비스에 의존하는 사람이라면, 20년 전과 비교했을 때 얼마나 달라졌는지 알것이다. 만약 비용이 저렴해졌다면, 그것은 사용자와 서비스 제공자로 생계를 유지하는 직원들의 서비스 품질이 크게 저하된 대가일 것이다. 도움을 필요로 하는 사람은 가능한 최고의 방식으로 도움을 받기를 원하지, 가장 높은 의료 수익률을 원하지는 않는다.

보건 및 교육 시스템이 무너져 가고 있으며, 노동자들이 그 부담에 거의 짓눌려 가고 있고, 직장에서 불안정한 일자리를 가진 노동 인구가 가정에서의 돌봄 업무와 일을 조화시키려고 저글링하고 있는 상황에서, 정치철학자이자 돌봄윤리학자인 조안 트론토(1952)와 낸시 프레이저(1947) 교수는 우리가 살고 싶은 사회에 대해 심도 있게 성찰할 때라고 말한다. 또한 이 사회에서 일컬어지는 돌봄과 경제 사이의 소위 대립에 대해 어떻게 생각하는지를 고민해야 한다. 이 두 사상가의 주장은 돌봄의 중요성이 경제적 관점으로 사회를 바라보는 우리에 의해 과소평가되고 있다는 것이다. 하지만 돌봄은 경제의 근본적인 원동력이다. 프레이저는 이렇게 말한다. "무급 돌봄은 우리 사회에 없어서는 안 되는 요소이다. 그것이 없다면 우리는 문화, 경제, 혹은 정치적 조직 없이 살아가야 할 것이다. 사회적 재생산을 체계적으로 훼손하는 사회는 오래 지속되지 못할 것이다."[22] '사회적 재생산'이라는 말에 프레이저는 아이들을 키우고, 우리의 가까운 사람들을 돌보고, 사회적 네트워크를 유지하는 모든 행위를 의미한다. 이 모든 '노동'은 전통적으로 경제 외부에 있지만, 바로 그 경제시장을 가능하게 하는 역할을 한다. 우리는 왜 이미 일하고 있는 노동자에게는 급여를 지급하면서, 새로운 인력을 양육하고 교육하거나 가까운 사람들을 돌보는 데는 비용을 지불하지 않는가? 이 문제가 얼마나 복잡한지 보여주는 사례로, 2020년 7월 림뷔르흐의 한 요양원이 인력 부족 문제를 해결하기 위해 가족 돌봄 제공자들에게 보수를 지급하기 시작했을 때 나타난 반응을 들 수 있다. 이 계획은 많은 단체, 심지어 보건부로부터도 매우 비판적인 반응을 받았다. '가족 돌봄 제공자의 노동은 매우 가치 있지만, 원칙적으로 자발적이고 무급이다'라는 입장이었다.[23]

우리 사회는 부모와 가족 구성원에 의한 무급 돌봄, 그리고 간호사, 가정 돌봄 종사자, 교사, 보육 직원들이 주로 저임금을 받으며 제공하는 돌봄에 크게 의존하고 있다. 이들은 신체적, 감정적으로 더 힘든 일을 하고 있으며, 평균적인 사무직보다 훨씬 더 큰 책임, 즉 타인의 직접적인 안녕을 책임지고 있다. 솔직히 말하자면, 나는 내 월급에 만족하지만, 저임금 또는 무급으로 이루어지는 돌봄 노동과의 격차를 생각하면 그 차이를 설명하기 어렵다.

조안 트론토는 책《돌봄민주주의Caring Democracy: Markets, Equality, and Justice》에서 사회에서 '돌봄'이라는 개념의 재평가를 주장한다. 그녀는 우리의 돌봄 접근 방식의 역사적 뿌리를 탐구하며, 시간이 지나며 특정 사회적 임무를 돌봄으로 간주하지 않게 되었다는 점을 지적한다. '돌봄'이라는 용어는 점점 더 여성과 낮은 사회경제적 계층에 속한 사람들이 수행하는 일, 일반적으로 낮은 보수를 받는 노동에만 국한되어 사용된다. 반면, 전통적으로 남성들이 더 많이 종사해 온 경찰, 소방관, 군대와 같은 직업도 본질적으로 돌봄 기능을 포함하고 있다. 보호는 좋은 돌봄과 안전의 기본 조건이기 때문이다.

트론토에 따르면, 돌봄은 우리 사회에서 훨씬 더 중요한 역할을 해야 한다. 모든 시민을 위한 좋은 돌봄은 제대로 작동하는 민주주의의 기본 조건이며, 제대로 기능하는 민주주의는 시민에 대한 좋은 돌봄의 일환이다. 이 두 가지는 나란히 가야 하며, 낸시 프레이저의 생각과 일치한다. 가장 중요한 질문은 시장과 경제를 어떻게 설계해야 본질적으로 돌봄을 포함한 시스템이 될 수 있는가이다.

우리는 우리 사회가 돌봄 관계로 연결되어 있으며, 우리 개인이 그에 의존하고 있다는 것을 인정해야 한다. 트론토에 따르면, 이럴 때 비로소 정의로운 사회라고 말할 수 있다. "세상을 바꿀 수 있는 방법은 하나 있다. 그것은 우리가 스스로와 다른 사람들을 위한 돌봄에 다시 전념하며, 돌봄 과제를 수용하고 재고하며 이에 충분한 자원을 제공하는 것이다. 그렇게 된다면 신뢰를 강화하고, 불평등을 줄이며, 모두에게 진정한 자유를 제공할 수 있을 것이다."[24]

코로나 시대의 연대

그리고 갑자기 코로나가 찾아왔다. "서로 도우며 할 수 있는 모든 일을 하세요. 지금은 우리가 의견 차이와 대립을 넘어 서로를 찾아야 하는 시기입니다. 공동의 이익을 개인의 이익보다 우선시해야 할 때이며, 혼란한 상황에서 밤낮으로 다른 사람을 돕고 바이러스를 통제하기 위해 노력하는 모든 이들에게 공간과 신뢰를 주어야 할 때입니다. 병원과 노인 요양 시설의 청소부, 간호사, 의사들, 가정의, 보건소 직원들, 경찰관들, 구급대원 및 모든 구조대원들에게, 그리고 학교, 어린이집, 대중교통, 슈퍼마켓, 그 외 다른 모든 곳에서 자리를 지키고 있는 모든 분들께 말씀드리고 싶습니다. 여러분은 정말 훌륭한 일을 하고 계십니다. 정말, 정말 감사합니다. 마지막으로 이 말씀을

연결 본능

드리고 싶습니다. 모든 불확실성 속에서 한 가지는 분명합니다. 우리가 직면한 과제는 매우 크며, 이것을 1,700만 명 모두가 함께 해나가야 한다는 점입니다. 우리는 함께 이 어려운 시기를 극복할 것입니다. 서로를 조금 돌봐주세요. 저는 여러분을 믿습니다.”[25]

나는 이 책의 10개 장을 통해 다른 사람들에게 의존하는 것이 인간의 근본적인 특성이며, 돌봄이 우리의 '본성'이라는 메시지를 전달하기 위해 최선을 다했다. 우리는 서로가 필요하다. 그런데 갑자기, 네덜란드 TV의 프라임 타임에서 그 순간이 찾아왔다. 그것도 한 신자유주의 정치인의 연설에서였다. 바로 마르크 뤼터 총리의 공개 연설이다. 그는 불과 얼마 전까지만 해도 사회적 규범을 따르지 않는 사람들에게 “정상석으로 행동하든지, 띠나든지 헤라”라고 말했던 사람이었다.[26] 그런데 신자유주의 정치인이 코로나라는 바이러스를 통해 사회주의자로 잠에서 깨어나는 모습을 보게 된 것이다.

마치 사회 전체가 나와 같은 병을 겪고 있는 듯한 느낌이 들었다. 나는 스스로 병을 앓으며 겪었던 경험처럼, 사회도 그 자체로 하나의 평행한 발전을 겪고 있는 것 같았다. 갑자기 우선순위가 명확해졌다. 그것은 우리 자신과 우리 가까운 사람들을 돌보는 일이었다. 우리는 취약하다는 것을 깨달았으며, 중환자실에 갈 수도 있다는 사실, 죽음을 맞이할 수도 있다는 사실, 우리의 삶에서 모든 것을 통제할 수는 없다는 사실을 깨달았다. 그리고 우리는 서로 필요하다는 것을 깨달았다. 우리가 취한 조치들은 이러한 느낌을 더욱 강화시켰다. 할아버지와 할머니들이 손자, 손녀들을 볼 수 없게 되고, 더 이상 안아줄 수 없으며, 부모로서, 할머니와 할아버지로서도 더 이상 아이들을 돌봐줄 수 없는 상황이 만들어졌다. 유료 보육이 중단되면서, 부모들은 자신이 온전히 자녀를 돌보는 경험을 하게 되었다. 부모가 갑자기 교사가 되어야 했고, 돌봄에 대한 부담이 더해졌다. 이런 상황에서 교사들이 얼마 전 더 큰 인정과 경제적 보상을 요구하며 파업을 벌였던 사실을 떠올리며, 이보다 교사들에 대한 공감을 불러일으키는 더 나은 방법은 상상하기 어렵다.

가족들은 적어도 서로를 의지할 수 있었다. 비록 그것이 힘들고 많은 노력이 필요했을지라도, 외롭지는 않았다. 하지만 사회적 거리 두기가 더욱 힘들었던 것은 홀로 지내는 사람들, 특히 이미 타인의 방문과 관심이 제한된 노인들이었다. 외롭다는 건 둘째로 치더라도, 사람들이 일에 치이면서도 시간 내어 돌봐주는 것과, 아무도 더 이상 방문하지 않고, 외출도 못하고, 방호복을 입고 오는 의료진을 마주하는 것은 또 다른 차원이다. 온라인 모임, 회의, 커피 미팅, 가족 모임, 영상통화를 통해 최대한 연결을 유지하려 노력했지만, 그건 서로를 끌어안거나 공감의 손길을 대신할 수는 없었다. 이는 미셸 우엘벡이 《어느 섬의 가능성》에서 그린 디스토피아적인 미래상을 연상시킨다. 이 소설에서 사람들은 더 이상 함께 살지 않고, '컴파운드'라고 불리는 개별적인 셀 안에서 살아간다. 신체 접촉은 더 이상 필요하지 않으며, 복제를 통해 스스로를 번식한다. 모든 욕구가 '오버시스터'라고 불리는 종류의 커맨드 센터(조지 오웰의 책 속에 나오던 '빅브라더'와 비슷하다)에서 충족되기 때문에 편안한 삶을 살 수 있다. 하지만 그런 삶은 만족스럽지 않으며, 주인공은 안전한 컴파운드를 떠나 더 나은 삶을 찾기 위해 떠난다. 그러나 안타깝게도 그는 성공하지 못한다.

편안한 삶에는 뭔가가 빠져 있었다. 사랑, 연결. 그것이 바로 고립의 진짜 모습을 명확히 보여준다. 프랑스의 수학자이자 신학자인 블레즈 파스칼(1623~1662)은 "세상의 모든 불행은 사람들이 집에 그냥 머물 수 없기 때문에 생긴다"고 썼다. 그는 틀림없이 옳았다. 하지만, 그 인간의 특성이 바로 삶을 살아갈 가치가 있게 만든다.

코로나19의 발병으로 인해 우리는 이전에 소홀히 여겼던 많은 직업들이 위기의 시기에 가장 필수적인 역할을 한다는 것을 깨달았다. 뤼터 총리는 의료 및 교육 분야의 직업들 외에도 슈퍼마켓 직원들을 옳게 언급했다. 마찬가지로, 작업복을 입고 쓰레기를 수거하러 오는 남녀 노동자들도 그 중요성을 다시금 느끼게 한다.

나는 뤼터 총리의 연설과, 팬데믹 초기에 네덜란드 정부가 상대적으로 사회적 선택을 했다는 점에 놀랐다. 경제는 흔들릴 수 없는 중요성을 가진 것처럼 보였지만, 결국 국민 건강을 구하기 위해 큰 타격을 입었다. 반면, 미국, 남아프리카공화국, 브라질, 인도와 같은 나라들에서는 안전 조치로 인해 경제가 너무 많은 피해를 입지 않도록 했다. 브라질의 자이르 보우소나루 대통령이 "우리는 언젠가 다 죽는다"라고 말한 것처럼 말이다. 이것도 하나의 방법이다.[27] 그런데 그 나라들이 항상 충분한 선택의 여지가 있는 것도 것도 아니다. 시민들을 위한 사회적 보호 장치가 너무 제한적이기 때문에, 경제가 멈추면 그들에게는 더욱 비극적인 상황이 될 수밖에 없다. 그 나라들에서는 많은 사람들이 불안정하고 낮은 수입에 의존해 생계를 유지하고 있다. 경제를 멈추는 것이 그들에게 더 큰 문제일 수 있다. 사회가 이렇게 쉽게 취약해질 수 있다는 것이다.

하지만 네덜란드에서도 우리의 연대와 상호적 참여에 대한 기대에는 한계가 있었다. 자발적으로 서로 돕겠다는 아름다운 움직임들이 있었고, 많은 부모가 집에서 아이들과 함께 보낸 밀접한 시간을 힘들지만 매우 소중하게 느꼈다. 반면에, 사람들은 슈퍼마켓에서 물건을 사재기하고, 불법 마스크 거래에서 이익을 얻으려는 시도가 있었으며, 사회적 거리 두기가 점점 더 자주 위반되었다. 그러나 앞서 언급한 나라들처럼 극심한 실업과 기아와 같은 극단적인 상황까지는 이르지 않았다.

문제는 우리가 이 경험을 사회적으로 어떻게 활용할 것인가이다. 이전처럼 그냥 계속 갈 것인가, 아니면 진정한 변화를 만들어 새로운 정상을 만들어갈 것인가? 그저 우리가 더 자주 온라인 회의를 하는 것을 제외하고 말이다. 비교적 부유한 나라로서 우리는 선택할 수 있는 특권을 가지고 있다. 예를 들어 어디에 투자할지, 어떤 방향으로 나아갈지를 결정할 수 있다. 과중한 업무에 시달리는 의료진의 모습이 아직도 눈에 선한 가운데, 수십억 유로의 국가 지원금이 기업에 흘러 들어가는 동안, 의료 인력에 대한 추가 임금 인상은 이루어지지 않았다. 교사들도 마찬가지였다. 이미 과도한 업무에 시달리던 교사들은 이제는 학생들뿐만 아니라 학부모들까지 이끌어야 했다.

윈스턴 처칠이 제2차 세계대전 후 유엔을 설립하는 과정에서 "좋은 위기를 헛되이 보내지 말라"라고 말했듯, 우리는 코로나바이러스 위기의 경험을 활용하여 사회가 더 나아질 수 있는 기회를 잡을 수 있다. 조안 트론토가 사회에 촉구하는 것처럼, 서로를 돌볼 책임을 재고하고, 그에 필요한 충분한 자원을 제공하는 것이다. 어떻게 하면 이와 같은 상황에 더 잘 대비할 수 있는 사회를 만들 수 있을까? 한 가지 방법은 서로를 위한 돌봄을 더 중심에 두는 것이다. 우리는 그 돌봄이 얼마나 필요한지 깨달아야 한다. 아마도 매년 함께하는 일주일 동안의 자가격리도 그리 나쁘지 않을지도 모른다.

부모로서의 정부

만약 한 나라의 정부를 시민들의 부모로 본다면, 그 부모는 어떤 모습일까? 어떤 양육 방식을 사용할까? 그리고 '우리의 부모'는 다른 나라의 부모와 어떻게 다를까? 마치 가정에서의 폭정에 시달리는 아이들처럼, 독재자들은 자신의 시민들을 방치하고 심지어 신체적으로 학대하기도 한다. 우리는 복지국가 안에서 그리 나쁘지 않은 상황에 있다. 이 '복지국가'라는 말은 정부의 중심 과제가 돌봄이라는 것을 나타낸다. 많은 사람이 이를 과잉보호로 여기며, 정부는 사람들을 최대한 방해하지 않고 그대로 두어야 한다고 생각하기도 한다. 일부 사람들은 이러한 복지국가를 두고 '자유를 침해한다'며 반감을 품기도 한다. 그 이유 중 하나는 복지 정책이 너무 비싸고, 시민들을 과잉보호한다는 것이다.

비용이 비싸냐고 물어본다면, 그 결과가 실제로는 더 긍정적일 수 있다. 이른바 '편안하게 해주기'의 경제적 결과는 순수하게 따져볼 때도 긍정적으로 나올 수 있다.[28] 그러나 왜 넉넉한 사회 복지가 나약한 시민을 키운다는 인식이 여전히 존재하는 걸까? 만약 부모와 자녀의 관계를 비유하자면, 이는 지난 세기의 행동주의적 관점을 가진 교육학자들이 가했던 비판과 비슷하다. "아이들에게 사랑을 너무 많이 베풀면, 아이들은 그것에 의존하게 된다. 아이들의 인성을 길러야 한다." 이러한 정서는 여전히 정부가 시민들을 얼마나, 어떻게 돌봐야 하는지에 대한 논의에서 존재하는 것 같다. 네덜란드 정부가 내세우는 자립성을 강조하는 정책은 좋은 행동에 대한 보상, 즉 스스로 자립하고 독립적으로 행동하는 것에 대한 보상과, 의존적인 행동에 대한 처벌을 함께 담고 있다.[29] 하지만 이러한 접근법이 아이들을 교육할 때 효과가 없듯이, 이 방식이 어른들에게도 효과가 있을

연결 본능

거라 기대해서는 안 된다.

비록 간섭적이거나 가부장처럼 행동하는 것처럼 보일지라도, 시민으로서 우리는 점점 더 정부의 돌봄에 의존하게 되었다. 이제는 우리가 스스로 돌보는 것이 더 이상 당연하지 않다. 도움이 필요한 부모나 가족을 집으로 받아들이는 사람이 이제 얼마나 될까? 누가 다른 사람의 아이를 집에 데려와서(예를 들어 당신의 형제, 자매 또는 가까운 친구) 부모들이 일을 갈 수 있게 해주는 것이 당연하다고 생각할까? 도시화와 세속화와 같은 사회적 변화로 인해, 과거에 돌봄을 제공했던 사회적 네트워크는 점차 붕괴하고 있다.[30]

내 할아버지의 경우를 보자, 그는 치매가 있었지만 작은 마을에 살았기 때문에 오랫동안 혼자 살 수 있었다. 그곳에서 공동체 정신이란 서로를 돌보는 사회적 관습을 표현하는 개념이다. 그 마을에는 할아버지의 이웃들이 있었고, 그들의 자녀, 손자들과 항상 기대 이상으로 더 열심히 노력해주는 가정 간호 서비스가 있었다. 그러나 이제 많은 사람들이 이러한 선의의 사회적 네트워크에 의존할 수 없게 되고 있다. 그런 사람들에게 잘 기능하는 복지국가는 필수다. 시민을 돌보는 것이 정부가 그들을 응석받이로 만든다는 것을 의미하지는 않는다. 부모 역할은 정부가 시민에 대한 책임을 표현하는 데 아주 좋은 비유다. 중요한 것은 그 부모 역할이 어떤 모습인지다. 오늘날 우리가 자녀 양육에서 이루고자 하는 목표를 살펴본다면, 거기에는 어쩌면 다음과 같은 문제가 있을 수 있다. '정체성 발달, 독립,

행복, 재능 펼치기, 경력 쌓기, 정신건강의 유지'.[31] 이것은 정부가 시민을 바라보는 방식과 일치한다. 모두 개인에게 초점을 맞추고 자립과 독립에 중점을 둔다. 이런 교육과 부모 역할에 대한 관점으로는 우리 사회가 더 가까워지지 않을 것이다. 하지만 부모 역할을 우리에게 맡겨진 이들에게 안전한 환경을 제공하는 태도로 본다면, 구체적인 최종 목표 없이도 독립성, 책임감, 자율성을 키울 수 있다. 그리고 스스로 해내지 못할 때에도 언제든지 당신을 돌봐줄 것이라는 확신을 줄 수 있다면, 이는 매우 이상적인 부모의 역할일 것이다.

이 책의 기반이 된 돌봄 행동의 생물학적 연구는 우리의 건강과 행복을 위해 돌봄, 연결감, 상호의존성이 얼마나 필요한지를 보여준다. 우리는 일상생활에서 이러한 연결감과 돌봄에 대한 지식을 더 많이 적용할 수 있다. 우리의 진화적 역사에서 어머니와 아이 사이의 첫 번째 유대를 가능하게 한 신경생물학적 과정은 우리가 다른 사람들과 맺는 모든 사회적 관계의 기초를 형성한다. 마찬가지로, 부모와 자녀 사이의 건강한 관계를 위한 요소들은 일반적으로 사람들 사이의 관계에서도 보편적으로 중요한 요소들이다. 이는 돌보는 마음, 공감, 무조건적인 사랑을 포함하지만, 규칙과 경계가 없는 상태를 의미하지는 않는다. 의존은 부정적으로 여겨져서는 안 된다. 나는 다른 사람이 필요하고, 다른 사람도 나를 필요로 한다. 이것은 의견이나 아이디어가 아니라 생물학적 사실이다.

돌봄은 단순한 '책임'이나 '의무'가 아니라, 우리를 인간으로 만들어준 본질 그 자체이다. 그것은 우리를 서로 연결시켰다. 그것은 우리가 이 끝없는 우주를 떠도는 작은 행성에서 함께 무언가를 이루어나갈 수 있게 해준다. 세라 블래퍼 허디는 그녀의 책 중 하나를 '우리는 양육의 기술을 잃어가고 있는가?'라는 걱정스러운 단락으로 마무리하면서, 우리가 점점 더 독립적으로 살아가면서 공감과 같은 우리의 사회적 성취를 잃어버릴 수 있다는 가능성을 경고한다. 우리는 그 방향으로 가지 않도록 하는 것을 목표로 삼아야 한다.

이 장 초반 인용문의 주인공 크리스 맥캔들리스(1968~1992)는 사회로부터 벗어나고 싶어 했던 인물이다. 그는 구속받지 않는 삶과 자유를 갈망했다. 그의 이야기는 〈인투 더 와일드〉라는 제목으로 성공적으로 영화화되었다. 자유를 찾기 위해 떠난 맥캔들리스는 결국 알래스카의 광활한 자연 속, 버려진 낡은 버스에 다다른다. 그는 그곳에서 생존을 시도했지만, 겨울이 되자 그가 모험을 시작할 때 쉽게 건넜던 작은 강이 거센 물살로 변해 탈출할 수 없게 되었다. 그곳에서 그는 굶주림과 외로움 속에서 버스의 침낭 안에서 잠든 채 생을 마감했다.

생을 마감하기 직전, 맥캔들리스는 종이에 이렇게 적어 남겼다. "완전한 자유와 고독 속에서 행복을 찾는 것은 환상에 불과하다." 이 귀중한 깨달음은 그에게 너무 늦게 찾아왔지만, 우리에게는 그렇지 않기를 바란다.

발달심리학자 레프 비고츠키에 따르면, 우리는 타인을 통해 자아를 발견한다. 나와 이 책 역시 그러하다. 이 책을 쓰는 동안 함께 해준 모든 이들에게 감사의 말을 전하고 싶다.

먼저, 지식과 경험을 나누어 준 몇몇 학계의 동료들에게 감사한 마음을 전하고 싶다. 그중 일부는 내 글에 대한 의견도 나눠주었다. 하지만 무엇보다도, 함께 연구하는 즐거움을 주었다는 점이 가장 감사하다. 함께 연구할 수 있는 동료들이 없었다면, 나는 학계에 오래 머물지 못했을 것이다. 잭 반 혼크, 데니스 호프만, 에스트렐라 몬토야, 데이비드 터버그, 에르노 헤르만스, 크리스토프 아이젠에거, (이 책을 쓰라는 제안도 해준) 에디 브룸멜만, 한나 스펜서, 프란카 파리아넨-레스만, 엘리네 크라이엔방거, 조이스 엔덴다이크, 이자벨 마이어, 캐롤리나 드 웨어스, 로저리에트 베이어스, 엘셀린 호크제마, 온

노 마이어, 릭스트 반 데르 빈에게 감사하다.

그리고 책을 마무리하는 동안 큰 도움을 준 분들이 있다. 첫 번째로, 글을 좋은 방향으로 이끌어준 크리티 토시니왈에게 고맙다는 인사를 전하고 싶다. 이 책에 가장 처음으로 큰 관심을 보여준 폴 세베스와 릭 클루버에게도 감사하다. 또한, 이 책에 저자인 나보다도 더 큰 신뢰를 보여줬던 토마스 랩 출판사의 아렌드 호스만, 사르티 슈바초퍼, 카타리나 실더에게도 감사하고 싶다.

카타리나 또한 예상 밖의 어려운 상황에서도 따뜻한 지도와 격려를 보내주셔서 감사하다. 또한 성공적으로 이 지식의 교류를 이끌어낸 방송국 vpro의 프로그램인 〈중요한 문제들Grote Vragen〉 제작팀의 스테파네 카스, 롭 판 하튐, 올라프 아우트헤위스덴, 그리고 클로에 스타시아에게도 감사 인사를 선한다. 마지막으로, 이 책을 쓰는 데 있어 큰 지원을 해주신 제 주변의 사람들, 즉 나의 할머니, 할아버지, 앰버, 플로어, 메렐, 그리고 나브라스에게 감사 인사를 전한다. 여러분의 응원이 없었다면 이 작업이 더 어려웠을 것이다.

그리고, 내게 가장 가까운 사람들에게도 감사 인사를 전한다. 부모님과 형제들은 함께 안정적으로 시작할 수 있는 환경을 만들어주고, 내가 옳다고 생각한 길로 자신있게 가도 된다는 동기와 영감을 주셨다. 또한 내 가족에게 가장 큰 감사를 전한다. 나와 마찬가지로, 이 책을 쓰는 동안 힘들었던 사람들. 요아너는 항상 든든한 버팀목이 되어주었고, 생각을 나눌 수 있는 숲이었으며 비평가이기도 했다. 밀리아, 오토, 그리고 안커는 내 주의를 산만하게도 만들었고, 그로 인해 새로운 생각도 하게 만들었다. 내 가족들이 이 책의 영감의 원천이다. 이 모든 과정에서 학문적 지식뿐만 아니라, 우리 가족의 이야기가 담겨 있다. 여러분과 함께하는 이 소중한 유대감에 깊이 감사드리며, 앞으로도 우리는 계속 연결되어 있으리라 믿는다.

인용문

1. 아르투어 쇼펜하우어(Arthur Schopenhauer), 《의지와 표상으로서의 세계(De wereld als wil en voorstelling)》, Wereldbibliotheek, 2018, Kap. i (iii, 3).

2. 미셸 우엘벡(Michel Houellebecq), en Martin de Haan, 《소립자(Elementaire deeltjes)》, De Arbeiderspers, 1999, e-book. 10장.

서문

1. www.cijfersoverkanker.nl; kans hodgkinlymfoom (hl)/non-hodg-kinlymfoom

2. 브로니 웨어(Bronnie Ware), 《내가 원하는 삶을 살았더라면(The Top Five Regrets of the Dying)》, Hay House. Inc, 2012.

3. 뤼디거 자프란스키(Rüdiger Safranski), 《쇼펜하우어 전기: 쇼펜하우어와 철학의 격동시대(Arthur Schopenhauer: de woelige jaren van de filosofie)》, Tirion, 1990, p. 30.

4. Arthur Schopenhauer, 《De wereld een hel》, Boom Koninklijke Uitgevers, 2002. p. 154.

5. Arthur Schopenhauer, 《De wereld een hel》, Boom Koninklijke Uitgevers, 2002. p. 153.

6. www.bbc.com/news/world-europe-46192941

7. https://www.nu.nl/gezondheid/4366741/veel-autismegevallen-verklaarbaar-gebrek-specifiek-eiwit.html

8. Quesnel-Vallières, Mathieu 외, 'Misregulation of an activity-dependent splicing network as a common mechanism underlying autism spectrum disorders', Molecular cell 64,6 (2016), pp. 1023-1034.

9. Eddie Brummelman, 《Bewonder mij! Overleven in een narcistische

wereld》, Uitgeverij Nieuwezijds, 2019.

10. www.volksgezondheidenzorg.info/onderwerp/eenzaamheid/cij-fers-context/samenvatting

11. Trudy Dehue, 《De depressie-epidemie: over de plicht het lot in eigen hand te nemen》, Atlas Contact, 2010.

1 관계의 생물학

1. Horatius, 《Epistulae》 'Naturam expellas furca, tamen usque recurret.'

2. 이 책에서는 동양 사상가들의 이론을 다루지 않는다. 그들이 현대 서양 심리학에 미친 영향이 서양 사상가들에 비해 적기 때문이다.

3. Baldwin Ross Hergenhahn, en Tracy Henley, 《An Introduction to the History of Psychology》, Cengage Learning, 2013.

4. 이런 사상가들이 우리의 일상생활에 유용하다는 내용을 담은 책을 소개한다. Jules Evans, 《Philosophy for Life and Other Dangerous Situations: Ancient Philosophy for Modern Problems》, New World Library, 2013.

5. David C. Lindberg, 《Pioniers van de westerse wetenschap》 Boom, 1995.

6. 이 이론은 다음 서적에 잘 설명돼 있다. Elisabeth Badinter, Veronique Huijbregts, 《De mythe van de moederliefde》, Muntinga, 1989.

7. Willem Koops, 《Een beeld van een kind》, Boom, 2016.

8. Midas Dekkers, 《De larf》, Olympus, 2014, p. 274.

9. 버트런드 러셀(Bertrand Russell), 아서 윌리엄(Arthur William), 롭 림부르그(Rob Limburg), 비비안 프랑켄(Vivian Franken), 《러셀 서양 철학사 (Geschiedenis van de westerse filosofie: in verband met politieke en sociale omstandigheden van de oudste tijden tot heden)》, Servire, 1991.

10. 상세한 설명은 다음에서 찾을 수 있다. Willem Koops, 《Een beeld van een kind》, Boom, 2016.

11. 세라 블래퍼 허디(Sarah Blaffer Hrdy), 《어머니의 탄생: 모성, 여성, 그리고 가족의 기원과 진화(Mother Nature: Maternal Instincts and How They Shape the Human Species)》, Pantheon, 1999.

12. www.groene.nl/artikel/de-vrouw-moet-buigen

13. 그 점에서 국제적으로 사용되는 명칭인 '애착 육아(attachment parenting)'가

선호된다. 이 양육 이념에 대한 많은 정보는 www.natuurlijkouderschap.org
에서 찾을 수 있다.

14. 재레드 다이아몬드(Jared Diamond), 《어제까지의 세계: 전통사회에서 우리는
    무엇을 배울 것인가?(The World until Yesterday: What Can We Learn from
    Traditional Societies?)》, Penguin, 2013, p. 177.

15. Jan Drost, 《Het romantisch misverstand: anders denken over liefde》, De
    Bezige Bij, 2015.

16. www.nature.com/articles/523286a

17. https://decorrespondent.nl/6520/luisteren-er-is-een-nieuwopvoedid
    eaal-nodig-stelt-deze-filosoof/459612743040-efc83afa

18. Alison Gopnik, 《De opvoedparadox: over de ouder als tuinman of
    timmerman》, Uitgeverij Nieuwezijds, 2017.

19. 약력에 대해 더 자세히 살펴보려면 다음 책을 참고하면 된다. 피터 잭 게이
    (Peter Jack Gay), 베르트 판 레이스베이크(Bert van Rijswijk), 《프로이트 1:
    정신의 지도를 그리다(1856~1915)(Freud: pionier van het moderne leven:
    biografie)》, De Bezige Bij, 2005.

20. 다음 유튜브 영상을 참고하면 된다. www.youtube.com/watch?v=BvC8Fs0o
    KCQ

21. 융과 볼프의 관계는 위키피디아 페이지에서 더 자세히 찾아볼 수 있으며 다
    른 출처 또한 그곳에서 찾아볼 수 있다. http://en.wikipedia.org/wiki/Toni_
    Wolff

22. 이 내용을 문제삼아 다룬 책은 다음과 같다. 엘리자베스 로프터스(Elizabeth
    Loftus), 캐서린 케참 (Katherine Ketcham), 《우리 기억은 진짜 기억일까?:
    거짓기억과 성추행 의혹의 진실(The Myth of Repressed Memory: False
    Memories and Allegations of Sexual Abuse)》, Macmillan, 1996.

23. 출력물이 나오는 동안 속옷도 입지 않은 채 프린터에 앉아 있는 한 여성의 광고
    가 생각난다. 아니다, 사실 그 광고가 인쇄지 광고였는지 프린터 광고였는지 헷
    갈린다.

24. 네덜란드의 정치인 티에리 보에의 칼럼을 인용한 다음 글에서 일부 정치인들
    조차 이런 입장을 지지한다는 걸 알 수 있다. "현실에서 여성은 자신들의 섹스
    파트너로부터 '존경'을 담은 대우를 원하지 않는다. 자신들이 '아니요'라고 답

할 때 존중을 바라는 것도 아니다. 자신들의 저항을 존중하길 원치 않는다는 말이다. 현실의 여성은 압도와 지배를 바란다. 그렇다, 압도 말이다." https://cult.tpo.nl/2017/03/17/julien-blanc-heeft-volkomen-gelijk/

25. 이 실험을 다룬 영상은 온라인에서 찾아볼 수 있다.

26. 전체 인용문은 다음과 같다. 'Give me a dozen healthy infants, well-formed, and my own specified world to bring them up in and I'll guarantee to take any one at random and train him to become any type of specialist I might select – doctor, lawyer, artist, merchant-chief and, yes, even beggar-man and thief, regardless of his talents, penchants, tendencies, abilities, vocations, and race of his ancestors.' 존 왓슨(John B. Watson), '어린이집이 본능에 대해 말해주는 것(What the nursery has to say about instincts)' 교육학 및 유전 심리학회지 32.2 (1925), pp. 293-326.

27. 이곳에서 인용된 원문은 당시에 유명했던 다음 책에서 찾아볼 수 있다. John Broadus Watson, 《Psychological Care of Infant and Child》, W.W. Norton, 1928.

28. Mufid James Hannush, 〈John B. Watson remembered: an interview with James B. Watson〉, 행동과학의 역사 학회지(Journal of the History of the Behavioral Sciences), 23.2 (1987), pp. 137-152.

29. 종종 이에 반대하는 의견도 있지만, 그중 가장 중요한 후계자는 스키너였다. 그는 위대한 아버지로 알려진 사람이다. 이 주장에 대한 그의 딸의 답변을 다음에서 확인 할 수 있다. www.theguardian.com/education/2004/mar/12/highereducation.uk

30. 이 인터뷰는 다음에서 찾아볼 수 있다. www.psychologytoday.com/us/articles/199201/abraham-maslow

31. 앨버트가 계속해서 어려움을 겪었는지는 알 수 없다. 조사 후, 어머니와 함께 이사하며 소식이 끊겼기 때문이다.

32. 네덜란드의 재범률에 관한 정보는 다음에서 찾아볼 수 있다. www.wodc.nl/cijfers-en-prognoses/Recidive-monitor

33. 읽기 어렵지 않은 문헌은 알피 콘에게서 찾아볼 수 있다. 알피 콘(Alfie Kohn), 《자녀 교육, 사랑을 이용하지 마라: 부모가 알아야 할 조건 없는 양육법 (Unconditional Parenting: Moving from Rewards and Punishments to

Love and Reason)》, Simon and Schuster, 2006. 또한 다음의 짧은 기사 역시 통찰을 보여준다. Katherine Reynolds Lewis, 〈What if everything you knew about disciplining kids was wrong?〉, Mother Jones (2015), pp. 1-7.

34. www.motherjones.com/politics/2007/08/school-shock
35. 이런 오해 또한 바로잡아야 한다. 물론 우리는 현대 유인원의 후손이 아니라 그저 조상을 공유하고 있을 뿐이다. 물론 어떻게 그런 일이 발생했는지에 대해서는 논쟁의 여지가 있다. 이 주제에 관해서는 많은 책이 출판되었다. Douglas Palmer, 《Seven Million Years: The Story of Human Evolution》, Weidenfeld & Nicolson, 2005.
36. 스웨덴에서 벌어지는 일은 다음에서 읽어볼 수 있다. www.pop.org/sweden-eugenics-world-war-ii/
37. Christiaan Jozef Joannes Buskes, 《Evolutionair denken: De invloed van Darwin op ons wereldbeeld》, Uitgeverij Nieuwezijds, 2006.
38. 디크 스왑(Dick Swaab), 《우리는 우리 뇌다: 자궁에서 알츠하이머까지(Wij zijn ons brein: van baarmoeder tot Alzheimer)》, Atlas Contact, 2010.
39. Robert Karen, 《Becoming Attached: First Relationships and How They Shape Our Capacity to Love》, Oxford University Press, 1998.
40. Susanne de Joode, 〈De strijd om de knuffel〉, Skepter 32.1 (2019).
41. Ahn, Woo-kyoung, Matthew S. Lebowitz, 〈An experiment assessing effects of personalized feedback about genetic susceptibility to obesity on attitudes towards diet and exercise〉, Appetite 120 (2018), pp. 23-31.
42. https://babyinnovationaward.nl/verkiezing-2019/genomineerden/toys-gifts/
43. www.analyseme.nl/baby. 하지만 현재는 폐쇄된 상태이다. (웹사이트는 열려 있지만, 'baby'로 연결된 페이지는 존재하지 않는다.-옮긴이)
44. https://babyinnovationaward.nl/analyse-me-baby-stopt-voorlopigmet-de-verkoop/
45. Radio 1의 stand.nl (2019년 3월 5일 방송)

2   원시 어머니의 신화

1. Joe Jackson, 〈Real Men〉, Night and Day, a&m, 1982.

2. www.cbs.nl/nl-nl/nieuws/2018/05/vrouwen-steeds-later-moeder

3. Robin Hadley, Terry Hanley, 〈Involuntarily childless men and the desire for fatherhood〉, Journal of Reproductive and Infant Psychology. 29.1 (2011), pp. 56-68.

4. www.nrc.nl/nieuws/2012/07/25/man-wil-kind-12346250-a573324

5. www.vn.nl/vrouwen-geen-kinderen/

6. www.trouw.nl/cultuur/literair-nederland-in-rep-en-roerover-thema-boekenweek-zo-ga-je-terug-naar-de-jaren-vijftig~aa1243cc/

7. Eddie Vedder, 《Do the Evolution》, Yield, Epic, 1998.

8. Annie M.G. Schmidt, 《Jip&Janneke: In 't kippenhok》, Querido, 2005.

9. https://opendata.cbs.nl/statline/#/CBS/nl/dataset/37201/table?ts=1558519454719

10. David M. Buss, 〈Sexual and emotional infidelity: Evolved gender differences in jealousy prove robust and replicable〉, Perspectives on Psychological Science. 13.2 (2018), pp. 155-160.

11. 세라 블래퍼 허디(Sarah Blaffer Hrdy), 《어머니의 탄생: 모성, 여성, 그리고 가족의 기원과 진화(Mother Nature: Maternal Instincts and How They Shape the Human Species)》, Pantheon, 1999, p. 25.

12. Joanna Williams, 《Women vs Feminism: Why We All Need Liberating from the Gender Wars》, Emerald Publishing, 2017.

13. 코델리아 파인(Cordelia Fine), 《젠더, 만들어진 성: 뇌과학이 만든 섹시즘에 관한 환상과 거짓말(Delusions of Gender: The Real Science behind Sex Differences)》, Icon Books Ltd, 2005.; 지나 리폰(Gina Rippon), 《편견 없는 뇌: 유전적 차이를 뛰어넘는 뇌 성장의 비밀(The Gendered Brain: The New Neuroscience that Shatters the Myth of the Female Brain)》, Random House, 2019.; 코델리아 파인(Cordelia Fine), 프레드 헨드릭스(Fred Hendriks), 《테스토스테론 렉스: 남성성 신화의 종말(Testosterone Rex: het einde van de gendermythe)》, Lannoo Meulen-hoff-Belgium, 2017.(국내 번역 출간 시 제목과 부제가 바뀌었지만, 본문의 맥락상 정확한 의미 전달이 필

요하여, 본문에서는 원제를 직역하였다.-편집자)

14. John Bowlby, 《Attachment and Loss. Volume 1: Attachment》 Random House, 1969, p. 305.

15. 세라 블래퍼 허디(Sarah Blaffer Hrdy), 《어머니의 탄생: 모성, 여성, 그리고 가족의 기원과 진화(Mother Nature: Maternal Instincts and How They Shape the Human Species)》, Pantheon, 1999, p. 315.

16. Elisabeth Badinte, Veronique Huijbregts, 《De mythe van de moederliefde》, Muntinga, 1989.

17. 남미에 사는 타마린과 마모셋은 예외이다. 이 두 종이 인간과 마찬가지로 협력적인 번식을 한다는건 우연은 아닐 것이다. 세라 블래퍼 허디의 책에서 더 자세한 내용을 살펴볼 수 있다.

18. Rachel G. Fuchs, 〈Legislation, poverty, and child-abandonment in nineteenth-century Paris〉, The Journal of Interdisciplinary History 18.1 (1987), pp. 55-80.

19. 또는 이기적인 유전자에 대해서는 다음을 살펴보면 된다. 리처드 도킨스(Richard Dawkins), 《이기적 유전자(The Selfish Gene)》 Oxford University Press, 2006.

20. 마틴 노왁(Martin Nowak), 로저 하이필드(Roger Highfield), 《초협력자: 세상을 지배하는 다섯 가지 협력의 법칙(SuperCooperators: Altruism, Evolution, and Why We Need Each Other to Succeed)》, Simon and Schuster, 2011.

21. 세라 블래퍼 허디(Sarah Blaffer Hrdy), 《어머니, 그리고 다른 사람들(Mothers and Others)》, Harvard University Press, 2011.

22. Karen L. Kramer, Amanda Veile, 〈Infant allocare in traditional societies〉, Physiology & Behavior 193 (2018), pp. 117-126.

23. 피터 그레이(Peter B. Gray), 커미트 앤더슨(Kermyt G. Anderson), 《아버지의 탄생: 진화론, 비교생물학 등으로 살펴 본 아버지의 본질(Fatherhood: Evolution and Human Paternal Behavior)》, Harvard University Press, 2010.

24. Leonie van Breeschoten, 〈Combining a Career and Childcare: The Use and Usefulness of Work-Family Policies in European Organizations〉, proefschrift, Utrecht University, 2019

25. Mirjana Majdandži█, et al., 〈Fathers' challenging parenting behavior predicts less subsequent anxiety symptoms in early childhood〉, Behaviour Research and Therapy 109 (2018), pp. 18-28.

26. Geoffrey L. Brown, Sarah C. Mangelsdorf en Cynthia Neff, 〈Father involvement, paternal sensitivity, and father-child attachment security in the first 3 years〉, Journal of Family Psychology 26.3 (2012), p. 421.

27. Alyssa S. Meuwissen, en Stephanie M. Carlson, 〈The role of father parenting in children's school readiness: A longitudinal follow-up〉, Journal of Family Psychology 32.5 (2018), p. 588.

28. https://en.wikipedia.org/wiki/Grandmother_hypothesis

29. Liisa A.M. Galea, Wansu Qiu en Paula Duarte-Guterman, 〈Beyond sex differences: short and long-term implications of motherhood on women's health〉, Current Opinion in Physiology 6 (2018), pp. 82-88.

30. Armin Falk, en Johannes Hermle, 〈Relationship of gender differences in preferences to economic development and gender equality〉, Science 362.6412 (2018), eaas9899.

31. www.childandfamilyblog.com/early-childhood-development/gender-attitudes-mothering/

32. Katharina Block, et al., 〈Do people care if men don't care about caring? The asymmetry in support for changing gender roles〉, Journal of Experimental Social Psychology 83 (2019), pp. 112-131.

3 연결된 뇌, 관계는 머릿속에 있다

1. 제이슨 라이트맨(Jason Reitman) 감독, 〈Juno〉, Fox Searchlight Pictures, 2007.

2. John T. Cacioppo et al., 〈Just because you're imaging the brain doesn't mean you can stop using your head: a primer and set of first principles〉, Journal of Personality and Social Psychology 85.4(2003): p. 650.

3. Frederico A.C. Azevedo, et al.: 'Equal numbers of neuronal and nonneuronal cells make the human brain an isometrically scaled-up primate brain'. Journal of Comparative Neurology 513.5(2009), pp. 532-

541.

4. http://openworm.org/

5. 다음의 유튜브 영상에서 그 영상을 찾아볼 수 있다. www.youtube.com/watch?v=2_j1NKPzbjM

6. www.nu.nl/politiek/5693165/cda-sluit-zich-aan-bij-wens-d66-encu-voor-versoepeling-kinderpardon.html

7. 이 장에서 다음 서적의 개요를 자주 참조하였다. Jaak Panksepp, 《Affective Neuroscience: The Foundations of Human and Animal Emotions》, Oxford University Press, 2004.

8. 인간 뇌의 진화 발전을 도왔던 건 오직 육식 섭취와 그 조리가 증가했기 때문이라고 주장하는 이론도 존재한다. 소는 식물을 씹는 것만으로도 살아남을 수 있지만, 인간의 뇌는 그것만으로는 생존할 수 없기 때문이다. Leslie C. Aiello, en Peter Wheeler, 〈The expensive-tissue hypothesis: the brain and the digestive system in human and primate evolution〉, Current Anthropology 36.2 (1995), 199-221.

9. Steven T. Piantadosi, en Celeste Kidd: 〈Extraordinary intelligence and the care of infants〉, Proceedings of the National Academy of Sciences 113.25 (2016), 6874-6879.

10. 이 이론은 영장류학자 마이클 토마셀로의 연구에서 밝혀졌다. 마이클 토마셀로(Michael Tomasello), 《생각의 기원(A Natural History of Human Thinking)》, Harvard University Press, 2014.

11. Paul D. MacLean, 《The Triune Brain in Evolution: Role in Paleocerebral Functions》, Springer Science & Business Media, 1990, p. 247.

12. 가독성을 높이기 위해, 나는 몇몇 분야를 간단하게만 설명했다. 자세한 설명은 다음의 서적을 참조하길 바란다. James K. Rilling, 《The neural and hormonal bases of human parentalcare》, Neuropsychologia 51.4 (2013), pp. 731-747.; Ruth Feldman, 〈The adaptive human parental brain: implications for children's social development〉, Trends in Neurosciences 38.6 (2015), pp. 387-399.

13. Ariel Levy, 《De regels gelden niet》, Atlas Contact, 2017, e-book: 16장

14. Ariel Levy, 《De regels gelden niet》, Atlas Contact, 2017, e-book: 23장

15. Elseline Hoekzema, et al., 〈Pregnancy leads to long-lasting changes in human brain structure〉, Nature Neuroscience 20.2 (2017), p. 287.

16. Eyal Abraham, et al., 〈Father's brain is sensitive to childcare experiences〉, Proceedings of the National Academy of Sciences 111.27 (2014), pp. 9792-9797.

17. Vanessa Oliveira, et al., 〈Emotional interference of baby and adult faces on automatic attention in parenthood〉, Psychology & Neuroscience 10.2 (2017), p. 144.

18. Christine E. Parsons, et al., 〈Duration of motherhood has incremental effects on mothers' neural processing of infant vocal cues: a neuroimaging study of women〉, Scientific Reports 7.1 (2017), p. 1727.

19. Donald W. Winnicott, 《The Maturational Processes and the Facilitating Environment: Studies in the Theory of Emotional Development》, Routledge, 2018.

20. Paula Duarte-Guterman, Benedetta Leuner en Liisa A.M. Galea, 〈The long and short term effects of motherhood on the brain〉, Frontiers in Neuroendocrinology 53 (2019), 100740.

21. William F.N. Chan, et al, 〈Male microchimerism in the human female brain〉, PLoS One 7.9 (2012), e45592.

4 우리 사이의 케미스트리

1. 〈Rick and Morty〉, 시즌 1, 에피소드 6: 'Rick Potion #9' (2014), Netflix.

2. Leon Festinger, en James M. Carlsmith, 〈Cognitive consequences of forced compliance〉, The Journal of Abnormal and Social Psychology 58.2 (1959), p. 203.

3. 로버트 새폴스키(Robert M. Sapolsky), 《스트레스: 당신을 병들게 하는 스트레스의 모든 것(Why Zebras Don't Get Ulcers: The Acclaimed Guide to Stress, Stress-related Diseases, and Coping)》, Holt paperbacks, 2004, p. xii.

4. Jiska S. Peper, et al., 〈Does having a twin brother make for a bigger brain?〉, European Journal of Endocrinology 160.5 (2009), pp. 739-746.

5. Aline Bütikofer, et al., 〈Evidence that prenatal testosterone transfer from male twins reduces the fertility and socioeconomic success of their female co-twins〉, Proceedings of the National Academy of Sciences 116.14 (2019), pp. 6749-6753; Chiara Talia, et al., 〈Testing the twin testosterone transfer hypothesis – intergenerational analysis of 317 dizygotic twins born in Aberdeen, Scotland〉, Human Reproduction 35.7 (2020), pp. 1702-1711.

6. Charlotte A. Cornil, Gregory F. Ball en Jacques Balthazart, 〈The dual action of estrogen hypothesis〉, Trends in Neurosciences 38.7(2015), pp. 408-416.

7. Michael Kosfeld, et al., 〈Oxytocin increases trust in humans〉, Nature 435.7042 (2005), pp. 673. 최근의 대규모 연구에서는 동일한 연구책임자가 같은 효과를 재연하지 못했다. 이 말은 즉, 신뢰에 대한 옥시토신의 역할을 완전히 신뢰할 수 없다는 뜻이다. Carolyn H. Declerck, et al., 〈A registered replication study on oxytocin and trust〉, Nature Human Behaviour (2020), pp. 1-10.

8. René Hurlemann: www.uni-bonn.de/Press-releases/oxytocinleads-to-monogamy; Paul J. Zak, 《The Moral Molecule: The Source of Love and Prosperity》, Random House, 2012.

9. Daniel S. Quintana, et al., 〈Evidence for intranasal oxytocin delivery to the brain: recent advances and future perspectives〉, Therapeutic Delivery 9.7 (2018), pp. 515-525.

10. Fabienne Naber, et al., 〈Intranasal oxytocin increases fathers' observed responsiveness during play with their children: a double-blind within-subject experiment〉, Psychoneuroendocrinology 35.10 (2010), pp. 1583-1586; Omri Weisman, Orna Zagoory-Sharon en Ruth Feldman, 〈Oxytocin administration to parent enhances infant physiological and behavioral readiness for social engagement〉, Biological Psychiatry 72.12 (2012), pp. 982-989.

11. Ruth Feldman, et al., 〈Evidence for a neuroendocrinological foundation of human affiliation: plasma oxytocin levels across pregnancy and

the postpartum period predict mother-infant bonding〉, Psychological Science 18.11 (2007), pp. 965-970.

12. Jaak Panksepp, et al., 〈The biology of social attachments: opiates alleviate separation distress〉, Biological Psychiatry 13.5 (1978), pp. 607-618.

13. David T. Hsu, et al., 〈Response of the μ-opioid system to social rejection and acceptance〉, Molecular Psychiatry 18.11 (2013), p. 1211.

14. Tristen K. Inagaki, et al., 〈Opioids and social bonding: naltrexone reduces feelings of social connection〉, Social Cognitive and Affective Neuroscience 11.5 (2016), pp. 728-735.

15. C. Nathan DeWall, et al., 〈Acetaminophen reduces social pain: Behavioral and neural evidence〉, Psychological Science 21.7 (2010), pp. 931-937.

16. https://nos.nl/artikel/2270140-minister-wil-gebruik-zware-pijnstillers-als-oxycodon-terugdringen.html

17. Adriaan Tuiten, et al., 〈Time course of effects of testosterone administration on sexual arousal in women〉, Archives of General Psychiatry 57.2 (2000), pp. 149-153.

18. 이 장에서 나눈 모든 논의는 다음의 연구에서 더 찾아볼 수 있다. Peter A. Bos, et al., 〈Acute effects of steroid hormones and neuropeptides on human social-emotional behavior: a review of single administration studies〉, Frontiers in Neuroendocrinology 33.1 (2012), pp. 17-35.

19. Jennifer S. Mascaro, Patrick D. Hackett en James K. Rilling, 〈Testicular volume is inversely correlated with nurturing-related brain activity in human fathers〉, Proceedings of the National Academy of Sciences 110.39 (2013), pp. 15746-15751; 이 문단에서 다룬 다른 연구 결과는 다음 문헌에서 찾아볼 수 있다. Peter A. Bos, 〈The endocrinology of human caregiving and its intergenerational transmission〉, Development and Psychopathology 29.3 (2017), pp. 971-999.

20. 위와 동일.

21. James R. Roney, et al., 〈Reading men's faces: Women's mate attractiveness judgments track men's testosterone and interest in

infants〉, Proceedings of the Royal Society B: Biological Sciences 273.1598 (2006), pp. 2169-2175.

22. Lee T. Gettler, et al., 〈Longitudinal evidence that fatherhood decreases testosterone in human males〉, Proceedings of the National Academy of Sciences 108.39 (2011), pp. 16194-16199; Christopher W. Kuzawa, et al., 〈Mothers have lower testosterone than non-mothers: Evidence from the Philippines〉, Hormones and Behavior 57.4-5 (2010), pp. 441-447.

23. Nicholas M. Grebe, et al., 〈Pair-bonding, fatherhood, and the role of testosterone: A meta-analytic review〉, Neuroscience & Biobehavioral Reviews 98 (2019), pp. 221-233; Christopher W. Kuzawa, et al., 〈Mothers have lower testosterone than non-mothers: Evidence from the Philippines〉, Hormones and Behavior 57.4-5 (2010), pp. 441-447.

24. Gen Kanayama, et al., 〈Anabolic-androgenic steroid dependence: an emerging disorder〉, Addiction 104.12 (2009), pp. 1966-1978.

25. Lisa E. Hauger, et al., 〈Anabolic androgenic steroid dependence is associated with impaired emotion recognition〉, Psychopharmacology (2019), pp. 1-10.

26. Estrella R. Montoya, en Peter A. Bos, 〈How oral contraceptives impact social-emotional behavior and brain function〉, Trends in Cognitive Sciences 21.2 (2017), pp. 125-136.

27. S. Craig Roberts, et al., 〈Partner choice, relationship satisfaction, and oral contraception: The congruency hypothesis〉, Psychological Science 25.7 (2014), pp. 1497-1503.

28. www.ad.nl/binnenland/huisartsen-gaan-psychische-bijwerkingen-van-de-pil-meer-benadrukken~a8c49703/

29. Hermann M. Behre, et al., 〈Efficacy and safety of an injectable combination hormonal contraceptive for men〉, The Journal of Clinical Endocrinology & Metabolism 101.12 (2016), pp. 4779-4788.

30. 이 회사의 웹사이트는 다음과 같다. https://emotionalbrain.nl/

31. Adriaan Tuiten, et al., 〈Efficacy and safety of on-demand use of 2 treatments designed for different etiologies of female sexual interest/

arousal disorder: 3 randomized clinical trials〉, The Journal of Sexual Medicine 15.2 (2018), pp. 201-216.

32. 젬블라에 관한 비판은 다음의 웹사이트에서 찾아볼 수 있다. www.bnnvara. nl/zembla/artikelen/seks-op-recept

33. www.volkskrant.nl/nieuws-achtergrond/alsof-de-vrouw-evengefixt-moet-worden-zodat-ze-ineens-zin-krijgt~b54c280c/

34. https://decorrespondent.nl/2752/het-is-tijd-om-met-de-pil-testo ppen-want-die-verpest-je-seksleven/350707961472-f5f1768c

35. Eric Barrington Keverne, Fran L. Martel, en Claire M. Nevison, 〈Primate brain evolution: genetic and functional considerations〉, Proceedings of the Royal Society of London. Series B: Biological Sciences 263.1371 (1996), pp. 689-696.

36. Martin Waldherr, en Inga D. Neumann, 〈Centrally released oxytocin mediates mating-induced anxiolysis in male rats〉, Proceedings of the National Academy of Sciences 104.42 (2007), pp. 16681-16684.

37. R.E. Van Kesteren, et al., 〈Structural and functional evolution of the vasopressin/oxytocin superfamily: vasopressin-related conopressin is the only member present in Lymnaea, and is involved in the control of sexual behavior〉, Journal of Neuroscience 15.9 (1995), pp. 5989-5998.

5   우리 편, 반려동물, 그리고 적

1.   Kristine H. Onishi, en Renée Baillargeon, 〈Do 15-month-old infants understand false beliefs?〉, Science 308.5719 (2005), pp. 255-258.

2.   Carol Nemeroff, en Paul Rozin, 〈The contagion concept in adult thinking in the United States: Transmission of germs and of interpersonal influence〉, Ethos 22.2 (1994), pp. 158-186.

3.   https://edition.cnn.com/2020/07/19/us/epstein-weinstein-table-destroyed-new-york-trnd/index.html

4.   https://www.cbs.nl/nl-nl/achtergrond/2018/26/honderd-jaar-alleen staanden

5.   www.psychologytoday.com/us/blog/happy-singlehood/201901/are-

married-people-happier-think-again

6. Cindy Hazan, en Phillip Shaver, 〈Romantic love conceptualized as an attachment process〉, Journal of Personality and Social Psychology 52.3 (1987), p. 511.

7. R. Chris Fraley, en Phillip Shaver, 〈Adult romantic attachment: Theoretical developments, emerging controversies, and unanswered questions〉, Review of General Psychology 4.2 (2000), pp. 132-154.

8. Anne C. Laurita, Cindy Hazan, en R. Nathan Spreng, 〈An attachment theoretical perspective for the neural representation of close others〉, Social Cognitive and Affective Neuroscience 14.3 (2019), pp. 237-251; Michael Numan, en Larry J. Young, 〈Neural mechanisms of mother-infant bonding and pair bonding: similarities, differences, and broader implications〉, Hormones and Behavior 77 (2016), pp. 98-112.

9. www.nu.nl/wetenschap/3638386/knuffelhormoon-stimuleert-monogamie-bij-man-.html

10. Dirk Scheele, et al., 〈Oxytocin enhances brain reward system responses in men viewing the face of their female partner〉, Proceedings of the National Academy of Sciences 110.50 (2013), pp. 20308-20313; Beate Ditzen, et al., 〈Intranasal oxytocin increases positive communication and reduces cortisol levels during couple conflict〉, Biological Psychiatry 65.9 (2009), pp. 728-731; Corina Aguilar-Raab, et al., 〈Oxytocin Modulates the Cognitive Appraisal of the Own and Others Close Intimate Relationships〉, Frontiers in Neuroscience 13 (2019), p. 714.

11. Bonnie Auyeung, et al., 〈Oxytocin increases eye contact during a real-time, naturalistic social interaction in males with and without autism〉, Translational Psychiatry 5.2 (2015), e507.

12. Robin S. Edelstein, et al., 〈Dyadic associations between testosterone and relationship quality in couples〉, Hormones and Behavior 65.4 (2014), pp. 401-407; James R. Roney, en Lee T. Gettler, 〈The role of testosterone in human romantic relationships〉, Current Opinion in Psychology 1 (2015), pp. 81-86.

13. Darby E. Saxbe, et al., 〈Fathers' decline in testosterone and synchrony with partner testosterone during pregnancy predicts greater postpartum relationship investment〉, Hormones and Behavior 90 (2017), pp. 39-47.

14. James R. Roney, et al., 〈Reading men's faces: Women's mate attractiveness judgments track men's testosterone and interest in infants〉, Proceedings of the Royal Society B: Biological Sciences 273.1598 (2006), pp. 2169-2175.

15. Katherine A. Valentine, et al., 〈Mate preferences for warmth-trustworthiness predict romantic attraction in the early stages of mate selection and satisfaction in ongoing relationships〉, Personality and Social Psychology Bulletin (2019), 0146167219855048.

16. Ahra Ko, et al., 〈Family matters: rethinking the psychology of human social motivation〉, Perspectives on Psychological Science (2019), 1745691619872986.

17. Lauren Powell, et al., 〈The physiological function of oxytocin in humans and its acute response to human-dog interactions: A review of the literature〉, Journal of Veterinary Behavior 30 (2019), pp. 25-32.

18. Miho Nagasawa, et al., 〈Oxytocin-gaze positive loop and the coevolution of human-dog bonds〉, Science 348.6232 (2015), pp. 333-336.

19. 브라이언 헤어(Brian Hare), 《다정한 것이 살아남는다: 친화력으로 세상을 바꾸는 인류의 진화에 관하여(Survival of the friendliest: Homo sapiens evolved via selection for prosociality)》, Annual Review of Psychology 68 (2017), pp. 155-186.

20. 프란스 드 발(Frans De Waal), 《공감의 시대(Een tijd voor empathie: wat de natuur ons leert over een betere samenleving)》, Atlas Contact, 2012; 《Mama's laatste omhelzing: over emoties bij dieren en wat ze ons zeggen over onszelf》, Atlas Contact, 2019.

21. Inbal Ben-Ami Bartal, Jean Decety en Peggy Mason, 〈Empathy and pro-social behavior in rats〉, Science 334.6061 (2011), pp. 1427-1430.

22. Dale J. Langford, et al., 〈Social modulation of pain as evidence for empathy in mice〉, Science 312.5782 (2006), pp. 1967-1970.

23. 그 사건은 거울 뉴런에 관한 연구를 쉽게 잘 요약한 이 책에서 설명되고 있다. C. Keysers, 《Het empathische brein》, uitgeverij Bert Bakker, 2012.

24. Michiel van Elk, et al., 〈You'll never crawl alone: neurophysiological evidence for experience-dependent motor resonance in infancy〉, Neuroimage 43.4 (2008), pp. 808-814.

25. Peter A. Bos, et al., 〈Acute effects of steroid hormones and neuropeptides on human social-emotional behavior: a review of single administration studies〉, Frontiers in Neuroendocrinology 33.1 (2012), pp. 17-35; Jenni Leppanen, et al., 〈Meta-analysis of the effects of intranasal oxytocin on interpretation and expression of emotions〉, Neuroscience & Biobehavioral Reviews 78 (2017), pp. 125-144.

26. Jack Van Honk, et al., 〈Testosterone administration impairs cognitive empathy in women depending on second-to-fourth digit ratio〉, Proceedings of the National Academy of Sciences 108.8 (2011), pp. 3448-3452.

27. Amos Nadler, et al., 〈Does testosterone impair men's cognitive empathy? Evidence from two large-scale randomized controlled trials〉, Proceedings of the Royal Society B 286.1910 (2019), 20191062.

28. Jonas P. Nitschke, en Jennifer A. Bartz, 〈Lower digit ratio and higher endogenous testosterone are associated with lower empathic accuracy〉, Hormones and Behavior 119 (2020), 104648.

29. Sylvie Bernaerts, et al., 〈Behavioral effects of multiple-dose oxytocin treatment in autism: a randomized, placebo-controlled trial with long-term follow-up〉, Molecular Autism 11.1 (2020), pp. 1-14.

30. Richard A. Fabes, et al., 〈The relations of children's emotion regulation to their vicarious emotional responses and comforting behaviors〉, Child Development 65.6 (1994), pp. 1678-1693.

31. Paul Bloom, 〈Empathy and its discontents〉, Trends in Cognitive Sciences 21.1 (2017): pp. 24-31.

32. Alessio Avenanti, Angela Sirigu en Salvatore M. Aglioti, 〈Racial bias reduces empathic sensorimotor resonance with other-race pain〉,

Current Biology 20.11 (2010), pp. 1018-1022.

33. Shawn N. Geniole, et al., 〈Effects of competition outcome on testosterone concentrations in humans: An updated meta-analysis〉, Hormones and Behavior 92 (2017), pp. 37-50.

34. Christian L. Burk, Axel Mayer en Bettina S. Wiese, 〈Nail-biters and thrashing wins: Testosterone responses of football fans during World Cup matches〉, Physiology & Behavior 209 (2019), 112596.

35. 연구의 개요는 이 논문에서 찾을 수 있다. Carsten K.W. De Dreu, en Mariska E. Kret, 〈Oxytocin conditions intergroup relations through upregulated in-group empathy, cooperation, conformity, and defense〉, Biological Psychiatry 79.3 (2016), pp. 165-173.

36. Simone G. Shamay-Tsoory, et al., 〈Giving peace a chance: oxytocin increases empathy to pain in the context of the Israeli-Palestinian conflict〉, Psychoneuroendocrinology 38.12 (2013), pp. 3139-3144.

37. Peter A. Bos, et al., 〈Oxytocin reduces neural activity in the pain circuitry when seeing pain in others〉, Neuroimage 113 (2015), pp. 217-224.

38. James McBride Dabbs, en Mary Goodwin Dabbs, 《Heroes, rogues, and lovers: Testosterone and behavior》, McGraw-Hill, 2000; Aart de Kruif, 《Typisch testosteron: de grote invloed van een hormoon op het gedrag van mannen en vrouwen》, Uitgeverij Lias B.V., 2012.

39. Adrián Alacreu-Crespo, et al., 〈Sex differences in the psychophysiological response to an intergroup conflict〉, Biological Psychology 149 (2020), 107780.

40. Susan Sontag, 《타인의 고통(Kijken naar de pijn van anderen)》, De Bezige Bij, 2005, p. 98.

41. Arthur Schopenhauer, 《세상이라는 지옥(De wereld een hel)》, Boom, 2002, p. 140.

6 직장 내 관계와 호르몬 문제

1. 〈The Office〉 시즌 2, 에피소드 2: 'Appraisals' (2004), bbc.

2. www.bnnvara.nl/zembla/artikelen/er-is-al-jaren-onrust-een-

terugblik-op-de-misstanden-bij-het-umc-utrecht

3. www.tijd.be/ondernemen/management-ondernemerschap/
   dewerkvloer-is-net-als-het-huwelijk-we-verwachten-er-te-
   veelvan/10047505.html

4. Cindy Hazan, en Phillip R. Shaver, 〈Love and work: An attachment-
   theoretical perspective〉, Journal of Personality and social Psychology
   59.2 (1990), p. 270.

5. Jeffrey Yip, et al., 〈Attachment theory at work: A review and directions
   for future research〉, Journal of Organizational Behavior 39.2 (2018), pp.
   185-198.

6. Daniel Goleman, en Richard Boyatzis, 〈Social intelligence and the
   biology of leadership〉 Harvard Business Review 86.9 (2008), pp. 74-81.

7. https://www.koninklijkhuis.nl/documenten/toespraken/2013/04/30/
   toespraak-van-zijne-majesteit-koning-willem-alexander

8. 로버트 새폴스키(Robert M. Sapolsky), 《Dr. 영장류 개코원숭이로 살다(A
   Primate's Memoir: a Neuroscientist's Unconventional Life among the
   Baboons)》, Simon and Schuster, 2007.

9. 라윗의 이야기는 다음의 책에서 찾아볼 수 있다. 프란스 드 발(Frans de Waal),
   《공감의 시대(De aap in ons: waarom we zijn wie we zijn)》, Contact,
   2005.

10. Eddie Brummelman, 《Bewonder mij! Overleven in een narcistische
    wereld》, Uitgeverij Nieuwezijds, 2019.

11. www.mt.nl/management-team/aan-testosteron-herken-je-deleider/
    4909; www.mt.nl/columns/testosteron-gevaar-op-de-werkvloer/65977

12. Stefan Pfattheicher, 〈Testosterone, cortisol and the Dark Triad:
    Narcissism (but not Machiavellianism or psychopathy) is positively
    related to basal testosterone and cortisol〉, Personality and Individual
    Differences 97 (2016), pp. 115-119; Nicole L. Mead, et al., 〈Power
    increases the socially toxic component of narcissism among individuals
    with high baseline testosterone〉, Journal of Experimental Psychology:
    General 147.4 (2018), pp. 591.

13. Hannah S. Ferguson, et al., 〈Context-specific effects of facial dominance and trustworthiness on hypothetical leadership decisions〉, PloS one 14.7 (2019), e0214261.

14. Leander van der Meij, Jaap Schaveling en Mark van Vugt, 〈Basal testosterone, leadership and dominance: A field study and meta-analysis〉, Psychoneuroendocrinology 72 (2016), pp. 72-79.

15. www.bnnvara.nl/zembla/artikelen/cultuur-en-stijl-leidinggeven-zor-gelijk-voor-patientveiligheid

16. https://en.wikipedia.org/wiki/Donald_Trump_Access_Hollywood_tape

17. Leander van der Meij, et al., 〈The presence of a woman increases testosterone in aggressive dominant men〉, Hormones and Behavior 54.5 (2008), pp. 640-644.

18. Leander van der Meij, et al., 〈Men with elevated testosterone levels show more affiliative behaviours during interactions with women〉, Proceedings of the Royal Society B: Biological Sciences 279.1726 (2012), pp. 202-208.

19. Tila M. Pronk, Johan C. Karremans en Daniël H.J. Wigboldus, 〈How can you resist? Executive control helps romantically involved individuals to stay faithful〉, Journal of Personality and Social Psychology 100.5 (2011), p. 827.

20. https://www.nrc.nl/nieuws/2019/05/14/bij-hoogleraar-b-moesten-de-vrouwen-hakken-dragen-a3960238

21. http://doctors.ajc.com/

22. Stephen Trzeciak, Anthony Mazzarelli en Cory Booker, 《Compassionomics: The Revolutionary Scientific Evidence that Caring Makes a Difference》, Studer Group, 2019.

23. Jean Decety, 〈Empathy in medicine: What it is, and how much we really need it〉, The American Journal of Medicine 133.5 (2020), pp. 561-566; Jean Decety, en Aikaterini Fotopoulou, 〈Why empathy has a beneficial impact on others in medicine: unifying theories〉, Frontiers in Behavioral Neuroscience 8 (2015), p. 457.

연결 본능

24. Jean Decety, Chia-Yan Yang en Yawei Cheng, 〈Physicians down-regulate their pain empathy response: an event-related brain potential study〉, Neuroimage 50.4 (2010), pp. 1676-1682.

25. www.npr.org/sections/health-shots/2019/04/26/717272708/doestaking-time-for-compassion-make-doctors-better-at-their-jobs?t=1556386765 370&t=1583318197304

26. Tanya L. Procyshyn, Neil V. Watson en Bernard J. Crespi, 〈Experimental empathy induction promotes oxytocin increases and testosterone decreases〉, Hormones and Behavior 117 (2020), 104607.

27. J. Duyndam, 〈De plamoen in de hulpverlening: Over de grenzen van emotionele betrokkenheid〉, Sociale Interventie 8.1 (1999), pp. 2-10.

28. https://nos.nl/artikel/2287889-duitse-moordverpleegkundige-wekte-argwaan-maar-kon-toch-zijn-gang-gaan.html

29. Linda A. Fogarty, et al., 〈Can 40 seconds of compassion reduce patient anxiety?〉, Journal of Clinical Oncology 17.1 (1999), pp. 371-371.

30. https://decorrespondent.nl/10819/waarom-de-zorg-geweldig-isen-niet-te-doen/360478261-326ec95c

7 스트레스와 관계, 최악의 조합

1. www.candybar.co/blog/gordon-ramsay-quotes/

2. Bruce S. McEwen, 〈Stress, adaptation, and disease: Allostasis and allostatic load〉, Annals of the New York Academy of Sciences 840.1 (1998), pp. 33-44.

3. Erno J. Hermans, et al., 〈Stress-related noradrenergic activity prompts large-scale neural network reconfiguration〉, Science 334.6059 (2011), pp. 1151-1153; Erno J. Hermans, et al., 〈Dynamic adaptation of large-scale brain networks in response to acute stressors〉, Trends in Neurosciences 37.6 (2014), pp. 304-314.

4. 존 그레이(John Gray), 《동물들의 침묵: 진보를 비롯한 오늘날의 파괴적 신화에 대하여(De stilte van dieren: Over de vooruitgang en andere moderne mythen)》, Ambo, 2013, p. 126.

5. L. Michael Romero, en Martin Wikelski, 〈Stress physiology as a predictor of survival in Galapagos marine iguanas〉, Proceedings of the Royal Society B: Biological Sciences 277.1697 (2010), pp. 3157-3162.

6. 로버트 새폴스키(Robert M. Sapolsky),《스트레스: 당신을 병들게 하는 스트레스의 모든 것(Why Zebras Don't Get Ulcers: The Acclaimed Guide to Stress, Stress-related Diseases, and Coping)》, Holt paperbacks, 2004.

7. Candace M. Raio, et al., 〈Cognitive emotion regulation fails the stress test〉, Proceedings of the National Academy of Sciences 110.37 (2013), pp. 15139-15144; Deidra Bedgood, Mary M. Boggiano en Bulent Turan, 〈Testosterone and social evaluative stress: the moderating role of basal cortisol〉, Psychoneuroendocrinology 47 (2014), pp. 107-115.

8. Peter A. Bos, et al., 〈Prenatal and postnatal cortisol and testosterone are related to parental caregiving quality in fathers, but not in mothers〉, Psychoneuroendocrinology 97 (2018), pp. 94-103.

9. Shelley E. Taylor, et al., 〈Biobehavioral responses to stress in females: tend-and-befriend, not fight-or-flight〉, Psychological Review 107.3 (2000), p. 411; Debra A. Bangasser, et al., 〈Sex differences in stress regulation of arousal and cognition〉, Physiology & Behavior 187 (2018), pp. 42-50.

10. Loren J. Martin, et al., 〈Reducing social stress elicits emotional contagion of pain in mouse and human strangers〉, Current Biology 25.3 (2015), pp. 326-332.

11. Oliver T. Wolf, et al., 〈Enhanced emotional empathy after psychosocial stress in young healthy men〉, Stress 18.6 (2015), pp. 631-637; Tony W. Buchanan, en Stephanie D. Preston, 〈Stress leads to prosocial action in immediate need situations〉, Frontiers in Behavioral Neuroscience 8 (2014), p. 5.

12. Veronika Engert, Roman Linz en Joshua A. Grant, 〈Embodied stress: The physiological resonance of psychosocial stress〉, Psycho-neuroendocrinology 105 (2019), pp. 138-146.

13. Markus Heinrichs, et al., 〈Social support and oxytocin interact to

suppress cortisol and subjective responses to psychosocial stress〉, Biological Psychiatry 54.12 (2003), pp. 1389-1398; Madelon M.E. Riem, et al., 〈Intranasal oxytocin enhances stress-protective effects of social support in women with negative childhood experiences during a virtual Trier Social Stress Test〉, Psychoneuroendocrinology 111 (2020), 104482.

14. Naomi I. Eisenberger, et al., 〈Attachment figures activate a safety signal-related neural region and reduce pain experience〉, Proceedings of the National Academy of Sciences 108.28 (2011), pp. 11721-11726; James A. Coan, Hillary S. Schaefer en Richard J. Davidson, 〈Lending a hand: Social regulation of the neural response to threat〉, Psychological Science 17.12 (2006), pp. 1032-1039.

15. Beate Ditzen, et al., 〈Intranasal oxytocin increases positive communication and reduces cortisol levels during couple conflict〉, Biological Psychiatry 65.9 (2009), pp. 728-731.

16. Barak E. Morgan, Alan R. Horn, en Nils J. Bergman, 〈Should neonates sleep alone?〉, Biological Psychiatry 70.9 (2011), pp. 817-825.

17. Eddie Brummelman, et al., 〈Parental touch reduces social vigilance in children〉, Developmental Cognitive Neuroscience 35 (2019), pp. 87-93.

18. Camelia E. Hostinar, Anna E. Johnson en Megan R. Gunnar, 〈Parent support is less effective in buffering cortisol stress reactivity for adolescents compared to children〉, Developmental Science 18.2 (2015), pp. 281-297.

19. www.zorgvisie.nl/zorgen-over-toename-huiselijk-geweld door-coronacrisis/; www.nu.nl/coronavirus/6041686/kindertelefoon-40-procent-meer-gesprekken-over-zorgelijke-thuissituatie.html

20. Moïra Mikolajczak, James J. Gross, en Isabelle Roskam, 〈Parental Burnout: What Is It, and Why Does It Matter?〉, Clinical Psychological Science 7.6 (2019), pp. 1319-1329; Van Bakel, Hedwig J.A., Marloes L. van Engen en Pascale Peters, 〈Validity of the Parental Burnout Inventory Among Dutch Employees〉, Frontiers in Psychology 9 (2018), p. 697.

21. Bruce S. McEwen, en Peter J. Gianaros, 〈Central role of the brain in stress

and adaptation: links to socioeconomic status, health, and disease〉, Annals of the New York Academy of Sciences 1186 (2010), p. 190.

22. 로버트 새폴스키(Robert M. Sapolsky), 《행동: 인간의 최선의 행동과 최악의 행동에 관한 모든 것(Behave: The Biology of Humans at Our Best and Worst)》, Penguin, 2017.

23. Danielle S. Roubinov, en William Thomas Boyce, 〈Parenting and ses: relative values or enduring principles?〉, Current Opinion in Psychology 15 (2017), pp. 162-167.

24. https://decorrespondent.nl/10417/in-de-huisartspraktijk-zie-jearmoede-is-een-voedingsbodem-voor-slecht-ouderschap/4282242579461-2a3ae594

25. Frans de Waal, 《Mama's laatste omhelzing: over emoties bij dieren en wat ze ons zeggen over onszelf》, Atlas Contact, 2019, p. 211.

26. Emily E. Cameron, Ivan D. Sedov en Lianne M. Tomfohr-Madsen, 〈Prevalence of paternal depression in pregnancy and the postpartum: an updated meta-analysis〉, Journal of Affective Disorders 206 (2016), pp. 189-203.

27. Arna Olafsson, en Herdis Steingrimsdottir, 〈How Does Daddy at Home Affect Marital Stability?〉, The Economic Journal 130.629 (2019), pp. 1471-1500.

28. www.nu.nl/economie/6028672/finland-maakt-partnerverlof-even-lang-als-zwangerschapsverlof.html

8 나쁜 시작의 긴 그림자

1. https://kurtcobainssuicidenote.com/kurt_cobains_suicide_note_scan.html

2. www.theguardian.com/society/2016/jul/14/genie-feral-childlos-angeles-researchers

3. https://en.wikipedia.org/wiki/Romanian_orphans; http://news.bbc.co.uk/2/hi/europe/4630855.stm

4. 8장에서 나온 연구 결과들은 다음의 문헌에서 찾아볼 수 있다. Ruth A. Lanius, Eric Vermetten en Clare Pain, 《The Impact of Early Life Trauma on

Health and Disease⟩, Cambridge University Press, 2010.

5. Sonia J. Lupien, et al., ⟨Effects of stress throughout the lifespan on the brain, behaviour and cognition⟩, Nature Reviews Neuroscience 10.6 (2009), pp. 434-445; Martin H. Teicher, et al., ⟨The effects of childhood maltreatment on brain structure, function and connectivity⟩, Nature Reviews Neuroscience 17.10 (2016), p. 652; Pia Pechtel, en Diego A. Pizzagalli, ⟨Effects of early life stress on cognitive and affective function: an integrated review of human literature⟩, Psychopharmacology 214.1 (2011), pp. 55-70.

6. www.ad.nl/buitenland/8-jarige-joyrider-zet-weer-eigen-levenop-spel-ik-reed-nu-180-kilometer-per-uur~ab5c0b53/

7. Rasmus M. Birn, Barbara J. Roeber en Seth D. Pollak, ⟨Early childhood stress exposure, reward pathways, and adult decision making⟩, Proceedings of the National Academy of Sciences 114.51 (2017), pp. 13549-13554.

8. Kate Allsopp, et al., ⟨Heterogeneity in psychiatric diagnostic classification⟩, Psychiatry Research 279 (2019): pp. 15-22.

9. Nils Opel, et al., ⟨Hippocampal atrophy in major depression: a function of childhood maltreatment rather than diagnosis?⟩, Neuropsy-chopharmacology 39.12 (2014), pp. 2723-2731.

10. 문헌 개요를 위해. Peter A. Bos, ⟨The endocrinology of human caregiving and its intergenerational transmission⟩, Development and Psychopathology 29.3 (2017), pp. 971-999.

11. Renate S.M. Buisman, ⟨Getting to the Heart of Child Maltreatment: a Multidimensional Investigation Using an Extended Family Design⟩, proefschrift, Universiteit Leiden, 2020.

12. Margaret A. Sheridan, en Katie A. McLaughlin, ⟨Dimensions of early experience and neural development: deprivation and threat⟩, Trends in Cognitive Sciences 18.11 (2014), pp. 580-585.

13. Frances K. Johnson, et al., ⟨Amygdala hyper-connectivity in a mouse model of unpredictable early life stress⟩, Translational Psychiatry 8.1

(2018), pp. 1-14.

14. W. Thomas Boyce, en Bruce J. Ellis, 〈Biological sensitivity to context: I. An evolutionary-developmental theory of the origins and functions of stress reactivity〉, Development and Psychopathology 17.2 (2005), pp. 271-301.

15. 로버트 새폴스키(Robert M. Sapolsky), 《행동: 인간의 최선의 행동과 최악의 행동에 관한 모든 것(Behave: The Biology of Humans at Our Best and Worst)》, Penguin, 2017, p. 208.

16. M.W. de Vries, 〈Temperament and infant mortality among the Masai of East Africa〉, The American Journal of Psychiatry 141.10 (1984), pp. 1189-1194.

17. Esther Nederhof, en Mathias V. Schmidt, 〈Mismatch or cumulative stress: toward an integrated hypothesis of programming effects〉, Physiology & Behavior 106.5 (2012), pp. 691-700.

18. Chiraag Mittal, et al., 〈Cognitive adaptations to stressful environments: When childhood adversity enhances adult executive function〉, Journal of Personality and Social Psychology 109.4 (2015), p. 604.

19. Seth D. Pollak, en Pawan Sinha, 〈Effects of early experience on children's recognition of facial displays of emotion〉, Developmental Psychology 38.5 (2002), p. 784.

20. Bruce J. Ellis, 〈Timing of pubertal maturation in girls: an integrated life history approach〉, Psychological Bulletin 130.6 (2004), p. 920; Paula L. Ruttle, et al., 〈Neuroendocrine coupling across adolescence and the longitudinal influence of early life stress〉, Developmental Psychobiology 57.6 (2015), pp. 688-704.

21. Mallika S. Sarma, et al., 〈Exploring the links between early life and young adulthood social experiences and men's later life psychobiology as fathers〉, Physiology & Behavior 193 (2018), pp. 82-89.

22. www.socialevraagstukken.nl/eerst-zekerheid-dan-pas-kinderen/

23. Thomas J. Dishion, en Gerald R. Patterson, 〈The development and ecology of antisocial behavior: Linking etiology, prevention, and

treatment〉, Developmental Psychopathology (2016), pp. 1-32; Elizabeth D. Handley, et al., 〈Developmental cascades from child maltreatment to negative friend and romantic interactions in emerging adulthood〉, Development and Psychopathology 31.5 (2019), pp. 1649-1659.

24. 미셸 우엘벡(Michel Houellebecq), en Martin de Haan,《소립자(Elementaire deeltjes)》, De Arbeiderspers, 1999, p. 269.

25. Andrea Gonzalez, et al., 〈Maternal early life experiences and parenting: The mediating role of cortisol and executive function〉, Journal of the American Academy of Child & Adolescent Psychiatry 51.7 (2012), pp. 673-682; Cindy H. Liu, et al., 〈Caregiver Depression is Associated with Hair Cortisol in a Low-Income Sample of Preschool-Aged Children〉, Psychoneuroendocrinology (2020), 104675.

26. www.nji.nl/nl/Databank/Cijfers-over-Jeugd-en-Opvoeding/Cijfers-per-onderwerp-Eenoudergezin

27. Sylvie Bernaerts, et al., 〈Long-term oxytocin administration enhances the experience of attachment〉, Psychoneuroendocrinology 78 (2017), pp. 1-9; Beth L. Mah, 〈Oxytocin, postnatal depression, and parenting: a systematic review〉, Harvard Review of Psychiatry 24.1 (2016), pp. 1-13.

28. Nila Shakiba, et al., 〈Biological sensitivity to context: A test of the hypothesized u-shaped relation between early adversity and stress responsivity〉, Development and Psychopathology (2019), pp. 1-20.

29. 그레그 루키아노프, 조너선 하이트(Greg Lukianoff, en Jonathan Haidt), 《나쁜 교육: 덜 너그러운 세대와 편협한 사회는 어떻게 만들어지는가(The Coddling of the American Mind: How Good Intentions and Bad Ideas are Setting up a Generation for Failure)》, Penguin Books, 2019, p. 171.

30. Frank Koersemans, 《Ontvadering: Het einde van de vaderlijke autoriteit》, Prometheus, 2020, p. 40; 눈물에 대한 그의 발언은 〈엔에르세이 한델스블라트〉와 했던 인터뷰에서 찾아볼 수 있다. http://www.nrc.nl/nieuws/2020/02/26/een-vader-moet-flink-zijn-niet-huilen-a3991781

31. Baldwin Ross Hergenhahn, en Tracy Henley, 《An Introduction to the History of Psychology》, Cengage Learning, 2013.

32. 《성경》, 잠언 13장 24절.

33. Carry Slee, 《Lekker weertje koeke-peertje》, Moon, 2019.

34. https://nos.nl/artikel/2259413-kind-onder-drie-jaar-moet-stresstest-krijgen.html

35. https://en.wikipedia.org/wiki/Sexual_violence_in_South_Africa

9 좋은 점, 나쁜 점, 그 사이의 모든 것

1. www.youtube.com/watch?v=wT15gyi02v4

2. www.vpro.nl/programmas/marathoninterview/luister/over-zicht/d/marcel-van-dam.html; 잠에 대한 이야기를 하다 보면 NCRV Gids에 나왔던 인터뷰가 생각난다. 하지만 그 출처를 더 이상 찾을 수 없다.

3. Michael Stirrat, en David I. Perrett, 〈Valid facial cues to cooperation and trust: Male facial width and trustworthiness〉, Psychological Science 21.3 (2010), pp. 349-354; Carmen E. Lefevre, et al., 〈Telling facial metrics: facial width is associated with testosterone levels in men〉, Evolution and Human Behavior 34.4 (2013), pp. 273-279.

4. www.historyextra.com/period/victorian/the-born-criminal-lombroso-and-the-origins-of-modern-criminology/

5. https://theconversation.com/why-sequencing-the-human-genome-failed-to-produce-big-breakthroughs-in-disease-130568

6. 이 주제에 대한 훌륭한 책은 많다. 예를 들어, 칼 짐머(Carl Zimmer), 《웃음이 닮았다: 과학적이고 정치적인 유전학 연대기(She Has Her Mother's Laugh: The Powers, Perversions, and Potential of Heredity)》, Dutton, 2019; Robert Plomin, 《Blueprint: How dna Makes Us Who We Are》, mit Press, 2019; 리처드 C. 프랜시스(Richard C. Francis), 《쉽게 쓴 후성유전학: 21세기를 바꿀 새로운 유전학을 만나다(Epigenetics: How Environment Shapes Our Genes)》, W.W. Norton & Company, 2011.

7. Andrew R. Wood, et al., 〈Defining the role of common variation in the genomic and biological architecture of adult human height〉, Nature Genetics 46.11 (2014), p. 1173.

8. Michael J. Hawrylycz, et al., 〈An anatomically comprehensive atlas of the

adult human brain transcriptome〉, Nature 489.7416 (2012), p. 391.

9. James J. Lee, et al., 〈Gene discovery and polygenic prediction from a 1.1-million-person gwas of educational attainment〉, Nature Genetics 50.8 (2018), p. 1112.

10. Robert Plomin, 《Blueprint: How dna Makes Us Who We Are》, mit Press, 2019, p. xiii.

11. 리처드 도킨스(Richard Dawkins), 《이기적 유전자(The Selfish Gene)》, Oxford University Press, 2006.

12. Ian C.G. Weaver, et al., 〈Epigenetic programming by maternal behavior〉, Nature Neuroscience 7.8 (2004), pp. 847-854.

13. Katharina Gapp, et al., 〈Early life epigenetic programming and transmission of stress-induced traits in mammals: how and when can environmental factors influence traits and their transgenerational inheritance?〉, Bioessays 36.5 (2014), pp. 491-502.

14. Michael J. Meaney, 〈Maternal care, gene expression, and the transmission of individual differences in stress reactivity across generations〉, Annual Review of Neuroscience 24.1 (2001), pp. 1161-1192.

15. 리처드 C. 프랜시스(Richard C. Francis), 《쉽게 쓴 후성유전학: 21세기를 바꿀 새로운 유전학을 만나다(Epigenetics: How Environment Shapes Our Genes)》, W.W. Norton & Company, 2011.

16. Rachel Yehuda, et al., 〈Transgenerational effects of posttraumatic stress disorder in babies of mothers exposed to the World Trade Center attacks during pregnancy〉, The Journal of Clinical Endocrinology & Metabolism 90.7 (2005), pp. 4115-4118.

17. Mallory E. Bowers, en Rachel Yehuda, 〈Intergenerational transmission of stress in humans〉, Neuropsychopharmacology 41.1 (2016), pp. 232-244.

18. Michael V. Lombardo, et al., 〈Fetal testosterone influences sexually dimorphic gray matter in the human brain〉, Journal of Neuroscience 32.2 (2012), pp. 674-680.

19. Hui Xiong, en Stephen Scott, 〈Amniotic Testosterone and Sex Differences: A Systematic Review of the Extreme Male Brain Theory〉,

Developmental Review 57 (2020), 100922.

20. Catherine L. Leveroni, en Sheri A. Berenbaum, 〈Early androgen effects on interest in infants: Evidence from children with congenital adrenal hyperplasia〉, Developmental Neuropsychology 14.2-3 (1998), pp. 321-340.

21. Teresa Grimbos, et al., 〈Sexual orientation and the second to fourth finger length ratio: a meta-analysis in men and women〉, Behavioral Neuroscience 124.2 (2010), p. 278; Windy M. Brown, et al., 〈Differences in finger length ratios between self-identified "butch" and "femme" lesbians〉 Archives of Sexual Behavior 31.1 (2002), pp. 123-127.

22. Jonas P. Nitschke, en Jennifer A. Bartz, 〈Lower digit ratio and higher endogenous testosterone are associated with lower empathic accuracy〉, Hormones and Behavior 119 (2020), 104648.

23. R. Dunbar, et al., 〈10,000 social brains: sex differentiation in human brain anatomy〉, Science Advances 6.12 (2020), eaaz1170.

24. 코델리아 파인(Cordelia Fine), 《테스토스테론 렉스: 남성성 신화의 종말 (Testosterone Rex: Unmaking the Myths of Our Gendered Minds)》, Icon Books, 2017; 지나 리폰(Gina Rippon), 《편견 없는 뇌: 유전적 차이를 뛰어 넘는 뇌 성장의 비밀(The Gendered Brain: The New Neuroscience that Shatters the Myth of the Female Brain)》, Random House, 2019.

25. Rhonda Voskuhl, en Sabra Klein, 〈Sex is a biological variable - in the brain too〉, Nature 568.7751 (2019).

26. Ibone Olza-Fernández, et al., 〈Neuroendocrinology of childbirth and mother-child attachment: The basis of an etiopathogenic model of perinatal neurobiological disorders〉, Frontiers in Neuroendocrinology 35.4 (2014), pp. 459-472.

27. Robert E. Larzelere, Amanda Sheffield Ed Morris en Amanda W. Harrist, 《Authoritative Parenting: Synthesizing Nurturance and Discipline for Optimal Child Development, American Psychological Association》, 2013; Marianne S. De Wolff, en Marinus H. Van IJzendoorn, 〈Sensitivity and attachment: A meta-analysis on parental antecedents of infant

attachment⟩, Child Development 68.4 (1997), pp. 571-591; 알피 콘(Alfie Kohn), 《자녀 교육, 사랑을 이용하지 마라: 부모가 알아야 할 조건 없는 양육법(Unconditional Parenting: Moving from Rewards and Punishments to Love and Reason)》, Simon and Schuster, 2006; Cristina Colonnesi, et al., ⟨Fathers' and mothers' early mind-mindedness predicts social competence and behavior problems in childhood⟩, Journal of Abnormal Child Psychology 47.9 (2019), pp. 1421-1435.

28. Eddie Brummelman, 《Bewonder mij! Overleven in een narcistische 8wereld》, Uitgeverij Nieuwezijds, 2019.

29. Andrew Dismukes, et al., ⟨The development of the cortisol response to dyadic stressors in Black and White infants⟩, Development and Psychopathology 30.5 (2018), pp. 1995-2008.

30. https://decorrespondent.nl/11314/maak-kennis-met-de-opvoedex-pert-die-opvoeden-een-gevaarlijk-idee-vindt/376971166-b3e3572c

31. Denny Borsboom, Angélique O.J. Cramer en Annemarie Kalis, ⟨Brain disorders? Not really: Why network structures block reductionism in psychopathology research⟩, Behavioral and Brain Sciences 42 (2019).

10 함께 사는 법

1. Sean Penn, ⟨Into the Wild⟩, Paramount Vantage, 2007.

2. Julianne Holt-Lunstad, Timothy B. Smith en J. Bradley Layton, ⟨Social relationships and mortality risk: a meta-analytic review⟩, PLoS medicine 7.7 (2010), e1000316.

3. Frans de Waal, 《Mama's laatste omhelzing: over emoties bij dieren en wat ze ons zeggen over onszelf》, Atlas Contact, 2019, p. 245.

4. www.nrc.nl/nieuws/2017/10/08/nationale-ombudsman-de-overheid-kan-niet-zeggen-u-kunt-het-meeste-zelf-13395425-a1576476

5. https://decorrespondent.nl/10704/eenzaamheid-eenepidemienoemen-maakt-van-het-leven-een-ziekte-en-van-ernstige-eenzaamheid-een-vergeten-probleem/356646576-bf43a04d

6. www.theguardian.com/us-news/2019/jan/26/pill-for-loneliness-

psychology-science-medicine

7. Trudy Dehue, 《De depressie-epidemie: over de plicht het lot in eigen hand te nemen》, Atlas Contact, 2010; 《Betere mensen: over gezondheid als keuze en koopwaar》, Atlas Contact, 2014.

8. Samantha Meltzer-Brody, et al., 〈Brexanolone injection in post-partum depression: two multicentre, double-blind, randomised, placebo-controlled, phase 3 trials〉, The Lancet 392.10152 (2018), pp. 1058-1070.

9. S. Cacioppo, en J.T. Cacioppo, 〈Why may allopregnanolone help alleviate loneliness?〉, Medical Hypotheses 85.6 (2015), pp. 947-952.

10. www.nrc.nl/nieuws/2019/11/28/een-zelfhulpboek-voor-hetkind-a398 1869

11. www.nytimes.com/2017/10/27/opinion/sunday/happiness-isother-people.html

12. John Gray, 《De stilte van dieren. Over de vooruitgang en andere moderne mythen》, Ambo, 2013, p. 71.

13. https://downpride.com/2016/02/16/zwartboek-downsyndroom/

14. www.nrc.nl/nieuws/2015/10/06/en-kind-met-down-kost-1-tot-2-miljoen-euro-1542020-a250826

15. https://joop.bnnvara.nl/opinies/beste-nrc-u-bent-twintig-bruggen-te-ver-gegaan

16. www.cbsnews.com/news/down-syndrome-iceland/

17. 이 내용은 여태 내가 봤던 다양한 다큐멘터리에서 발췌했지만, 그 정확한 출처는 찾지 못했다. 하지만 다음의 문헌이 몇몇 국가 건강 재정의 감소 동기에 대해 이야기한다. www.trouw.nl/nieuws/down-kind-kost-kopenhagen-te-veel~bae69f38/

18. http://brianskotko.com/

19. 첫 번째 에피소드의 제목은 〈De laatste Downer〉다.; www.npostart.nl/VPWON_1250534

20. 앤드루 솔로몬(Andrew Solomon), 《부모와 다른 아이들: 열두 가지 사랑(Far from the Tree: Parents, Children and the Search for Identity)》, Simon and Schuster, 2012, p. 687.

21. https://decorrespondent.nl/10902/in-een-welvarend-landwordt-de-zorg-steeds-duurder-niks-mis-mee-zegt-deze-hoogleraar/447069216-5f3c3ba3

22. Nancy Fraser, 〈Contradictions of capital and care〉, New Left Review 100.99 (2016), p. 117.

23. https://nos.nl/artikel/2339927-mantelzorgers-in-loondienstbij-zorginstellingen-ministerie-sceptisch.html

24. 조안 트론토(Joan C. Tronto), 《돌봄민주주의(Caring Democracy: Markets, Equality, and Justice)》, NYU Press, 2013, p. 182.

25. www.rijksoverheid.nl/documenten/toespraken/2020/03/16/tv-toespraak-van-minister-president-mark-rutte

26. www.vvd.nl/nieuws/lees-hier-de-brief-van-mark/

27. www.ad.nl/buitenland/president-brazilie-wil-door-ooit-gaanwe-toch-dood~aaadfa0e/

28. https://decorrespondent.nl/2676/de-verzorgingsstaat-werktletter-lijk/102878820-0a002445

29. https://decorrespondent.nl/8612/de-overheid-wil-dat-we-voorel-kaar-zorgen-maar-diezelfde-overheid-maakt-dat-onmogelijk/3530174243860-ac75ad51

30. Hans van Ewijk, 《Maatschappelijk werk in een sociaal gevoelige tijd》, swp, 2010; Martin Bulmer, 《The Social Basis of Community Care》, Routledge, 2015.

31. Micha De Winter, 《Verbeter de wereld, begin bij de opvoeding》, swp, 2011.

호르몬이 어떻게 인간관계에 영향을 미치는가
연결 본능

초판 1쇄 인쇄 | 2025년 3월 6일
초판 1쇄 발행 | 2025년 3월 17일

지은이　　　| 페터르 보스
옮긴이　　　| 최진영
펴낸이　　　| 전준석
펴낸곳　　　| 시크릿하우스
주소　　　　| 서울특별시 마포구 독막로3길 51, 402호
대표전화　　| 02-6339-0117
팩스　　　　| 02-304-9122
이메일　　　| secret@jstone.biz
블로그　　　| blog.naver.com/jstone2018
페이스북　　| @secrethouse2018
인스타그램　| @secrethouse_book
출판등록　　| 2018년 10월 1일 제2019-000001호

ISBN 979-11-94522-04-1　03400